WALTHER VON DER VOGELWEIDE

DIE GEDICHTE

WALTHERS VON DER VOGELWEIDE

NEUNTE AUSGABE

VON KARL LACHMANN

BESORGT VON CARL v. KRAUS

VERLAG VON WALTER DE GRUYTER & CO.
VORMALS G. J. GÖSCHEN'SCHE VERLAGSHANDLUNG — J. GUTTENTAG, VERLAGSBUCHHANDLUNG — GEORG REIMER — KARL J. TRÜBNER — VEIT & COMP.
BERLIN 1930 LEIPZIG

Druck von Walter de Gruyter & Co., Berlin W. 10

LUDWIG UHLAND

ZUM DANK FÜR

DEUTSCHE GESINNUNG POESIE UND FORSCHUNG

GEWIDMET

VORREDE.

Den reichsten und vielseitigsten unter den liederdichtern des dreizehnten jahrhunderts in würdiger gestalt wieder erscheinen zu lassen hatte ich schon im jahr 1816 *mit ernsthafter arbeit anstalt gemacht, damahls in verbindung mit K. Köpke, der nun leider schon lange der theilnahme an erforschung des deutschen alterthums entsagt hat. vorläufige proben gab Köpke in herrn Büschings wöchentlichen nachrichten* 4, 12—19 (1818), *ich in meiner auswahl s.* 178 *bis* 203 (1820). *wohl das zurücktreten des mitarbeiters, aber nicht die verzögerung, hat meinem unternehmen geschadet: denn ich habe mich indessen bestrebt die neuen und noch immer wunderbar scheinenden entdeckungen J. Grimms nicht ungenutzt vorüber gehen zu lassen, bin auch wohl selbst fortgeschritten, und die aufmerksamkeit der empfänglichen ist aufs neue geweckt worden durch L. Uhlands eben so lebendige als genaue schilderung Walthers* (1822). *so kommt meine ausgabe jetzt, da ich alle gewünschten hilfsmittel beisammen habe, nicht unvorbereitet. ich habe sie mit frischem eifer und mit der grösten lust vollendet, indem mich Beneckens J. und W. Grimms und Uhlands freundschaftliche theilnahme ganz glücklich machte, mit der sie, mühe und zeit nicht sparend, alles was mir nützlich sein konnte, abschriften, nachweisungen, und selbsterforschtes, ohne rückhalt beisteuerten. diese freunde begehren sonst keinen dank, als dass ich alles aufs beste gebraucht haben möge: urtheilen sie selbst ob es geschehen ist. sie wissen am besten wo sie geholfen haben, wenn ich auch ihre namen nicht jedes mahl nennen konnte. [dieselbige frische lust wird man auch in den damahligen beurtheilungen meiner arbeit spüren, von W. Grimm in den göttingischen gelehrten anzeigen,* 1827, *s.* 2025, *von J. Grimm in der bibliothek für schulwesen,* 1828, *s.* 33, *die für die zweite ausgabe dankbar benutzt sind: und ein edler jugendlicher nachklang der freudigkeit ist in K. Simrocks wohlgelungener übersetzung, wie in seinen und W. Wackernagels anmerkungen* (1833), *und in M. Haupts anzeige ihres buches in der Leipziger litteraturzeitung*, 1833, *n.* 108.]

Die wichtigsten quellen) sind die alten sammlungen von Walthers liedern.*

A. die heidelbergische handschrift n. 357 *enthält von bl.* 5 *rückw. bis bl.* 13 *rückw.* 151 *strophen Walthers von der Vogelweide. sie ist unstreitig im dreizehnten jahrhundert sehr schön aber nicht genau geschrieben. sie bezeichnet die anfänge der töne auf dem rande mit § — für uns eben so unwichtig als die blauen und rothen anfangsbuchstaben in C.* [*von den handschriften A und B habe ich die abdrücke [Pfeiffers, liter. verein bd.* 9 (1844) *und bd.* 8 (1843) *] nachverglichen und sehr selten eine kleinigkeit von Lachmann unbemerkt gefunden. Haupt.*]

B. die liederhandschrift aus dem kloster Weingarten, jetzt in der königl. privatbibliothek [landesbibliothek] zu Stuttgart und vor einigen jahren neu gebunden und beschnitten, giebt 112 *strophen s.* 140—170. *Uhland hat mir eine abschrift mitgetheilt, die er zum theil früher für sich, zum theil aber erst um meinetwillen, genommen hat. [über B s. auch die bei C angeführten schriften von Ehrismann, Zangemeister, Zeppelin, Brunner, Ganz.]*

*C. die handschrift zu Paris, die ohne grund so genannte mannessische**), ist bei weitem die reichste, aber jünger als* **[VII]** *ABD, und nicht so gut dass eine buchstäbliche vergleichung von grossem*

---

*) [*Von den im folgenden aufgezählten handschriften habe ich selbst in händen gehabt und verglichen AaDEeFHo: abschriften oder vergleichungen habe ich gebraucht von BbCFkLnrs; nach drucken benutzt CiMpqrxy. vergl. zu Ulrich von Lichtenstein s.* 681.]

) *Es ist erweislich dass die liedersammlungen in den handschriften ABC und einer vierten, von der herr von Nagler* [*jetzt die hiesige königliche bibliothek*] *zwei blätter besitzt (das eine mit liedern Krafts von Toggenburg* = 8—22 *C, übereinstimmend auch in den blauen und rothen anfangsbuchstaben; das andere mit dem namen und wapen herrn Heinrichs von Stretelingen), zwar durchaus nicht in unmittelbarer verbindung mit einander stehn, aber theilweise aus denselben handschriften abgeschrieben sind, und dass, wie in den drei letzteren die orthographie auffallend überein stimmt, sich alle vier durch schwäbische oder vielleicht richtiger thurgäuische formen auszeichnen. allein ob die Mannessen in* *nutzen sein würde, weshalb ich mich gern mit dem gedruckten begnüge. doch habe ich genau verglichen* 1) *den abdruck in Bodmers sammlung von minnesingern* (1758) 1, 101—142; 2) *die auszüge in Bodmers proben der alten schwäbischen poesie* (1748) *s.* 73—108. 270; 3) *die von Benecke mir nachgewiesenen ersten anführungen daraus in Goldasts erster ausgabe des* Valerianus Cimelensis episcopus (1601) *s.* 120. 151. 153—156; 4) *die stellen bei Goldast zu den* paraeneticis (1604);*) 5) *die lesarten der abschrift zu Bremen, nicht nur die wichtigeren in Beneckens beiträgen* (1810) *s.* 267. 280—282 *abgedruckten, sondern alle die Benecke sich angemerkt und mir mitgetheilt hat;* 6) *die verbesserungen aus Rassmanns vergleichung der Pariser handschrift, in der jenaischen litteraturzeitung* (1810) *VII,* 4, 159: *aber die verschiedenheiten anzumerken wäre meistentheils unnütz gewesen. die zahl jeder strophe (es sind außer dem leich* 447 *und zwei auf dem rande: ob alle von einer hand geschrieben, erfährt man nirgend) habe ich wie die aus den anderen handschriften angegeben, d. h. hoffentlich richtig: wie sich Schobinger oder Goldast bei bezifferung der Pariser handschrift geirrt habe, wird niemand zu wissen wünschen.*) *[abdruck von Pfaff, die grosse heidelberger liederhandschrift, Heidelberg* 1909, *sp.* 416*ff. da Pfaff nur diese falsche bezifferung verzeichnet hat, war es nöthig die alten zahlen den richtigen in eckigen klammern an die seite zu setzen. beschreibung von*

Zürich ein liederbuch geschrieben oder schreiben lassen, davon wissen wir nichts: Johann Hadlaub sagt in der bekannten stelle (MS. 2, 187ª) *nur dass sie liederbücher sammelten. — Man vergleiche die bemerkungen des freiherrn J. von Lassberg im liedersaal* 2, *XLIII f., deren weiterer ausführung in seiner wichtigen ausgabe der handschrift B ich mit verlangen entgegen sehe.*

*) [*Die ansehnlichen auszüge in Goldasts* replicatio pro imperio (1611) *ergeben so wenig als die übrigen goldastischen anführungen eben sicheres. etwas mehr als ich glaubte hat mir aber ein exemplar der bodmerischen sammlung mit eingetragener vergleichung der Pariser handschrift genützt, welches herr von der Hagen mir im jahr* 1829 *gefällig geliehen hat.*]

**) [*Denn die zählung der strophen hat den doppelten zweck, dass sich aus den anmerkungen der leser die gesamte strophenfolge jeder einzelnen handschrift herstellen könne, und dass in den handschriften, wenn man die ziffern mit bleistift eingetragen hat, jede einzelnheit leicht zu finden sei. die töne zu zählen ist unnütz.*]

Apfelstedt in der Germania bd. 26, *s.* 213; *F. X. Kraus, die miniaturen der Manesseschen liederhandschrift, Straßburg* 1887; *Zangemeister, die wappen, helmzierden und standarten der grossen heidelberger liederhandschrift, Heidelberg* 1892; *zur geschichte der handschrift: Zangemeister, Westd. zeitschrift* 7, 325*ff.*; *Öchelhäuser, neue heidelberger jahrbücher* 3, 1, 152*ff.*; *graf von Zeppelin, deutscher herold* 29, 133 *ff.*; *Brunner, beilage zur münchener allgem. zeitung vom* 29. *märz* 1899; *Ganz, gesch. der herald. kunst, Frauenfeld* 1899; *Schulte in Haupts zeitschrift* 39, 185 *ff.*; *vgl. noch Schulz, typisches der großen heidelberger handschrift, Göttingen* 1899.*]* [**VIII**]

D. die heidelbergische handschrift n. 350 *[Bartsch, die altdeutschen handschriften nr.* 178*], sicher noch aus dem dreizehnten jahrhundert, liefert von bl.* 38 *rückw. an eine sammlung waltherischer lieder ohne seinen namen, die jedoch schon in der achtzehnten strophe mit der rückseite des* 40*sten blattes, aber mitten im quatern, abbricht.*

E. die Würzburger [nunmehr auf der universitätsbibliothek zu München befindliche] handschrift, vor der mitte des vierzehnten jahrhunderts geschrieben [s. Wilh. Meyer, abhandlungen d. kgl. gesellsch. d. wiss. zu Göttingen, phil.-hist. kl., n. f. 1, 6; *Edw. Schröder, arch. f. hess. gesch. u. altertumskunde, n. f.* 3, *h.* 1.*] gewährt eine bedeutende menge, aber, weil das ende der sammlung verloren ist, beinah nur liebeslieder, deren jedes zu anfang die rothe überschrift* walther *oder* her walther *oder* her walther von der vogelweide *führt. die sammlung fängt bl.* 168 rück*w. an und endigt mit bl.* 180 *in der* 212*ten strophe und nach einer späteren nicht ganz richtigen bezifferung im* 46*sten liede. dann fehlen, wie auch Docen bemerkt hat, sieben folioblätter, die ausser dem schlusse von Walthers liedern noch nach dem repertorium* (*vorn bl.* 2) ein getiht des Ruphermans *enthielten. mit bl.* 181 *folgen von derselben hand lieder Reimars des alten, von denen zufolge der erwähnten bezifferung elf ganze und ein theil des zwölften verloren ist.*

F. in einer liederhandschrift zu Weimar [nun öffentliche bibliothek, Q. 564, *s. Kellers ausgabe der fastnachtspiele s.* 1440*] von* 150 *quartblättern papier aus dem anfange des funfzehnten jahrhunderts enthält eine abtheilung* [*bl.* 101—106. 109] *eine sammlung von* 49 *strophen Walthers ohne überschrift und namen.* [*bei der ersten ausgabe benutzte ich W. Grimms abschrift: bald nachher habe ich die handschrift selbst verglichen.*]

Ausser diesen sammlungen finden sich aber noch hier und da zerstreute strophen, ohne des dichters namen oder gar unter anderen [mit seinem namen in Hqrs [Z]]. ich wünschte wohl sicher zu sein dass mir nichts bedeutendes der art entgangen wäre.

A. fünfundzwanzig und drei strophen unter den namen anderer dichter in A.

a. zehn [auf einander folgende strophen und noch zwei unter liedern von Rubin,] in einer liedersammlung die von einem späteren der handschrift A angehängt worden ist, bl. 41. 42. 40. **[IX]**

b. drei in der zweiten liederreihe von Reinmar (85—87) *in der handschrift B s.* 103. *auch diese hat Uhland mir abgeschrieben.*

[*D. eine namenlose: s. zu* 17, 11.]

E. eine unter hern Reymar (334) *in E bl.* 188 *rückw.*

e. ein gedicht in dem anhange den E Reimars liedern beifügt, bl. 190. *der Würzburger abschreiber hielt diesen anhang mit unrecht für gedichte Reimars und setzte jedem liede* her Reymar *vor.*

[G. ein doppelblatt einer liederhandschrift aus der mitte des vierzehnten jahrhunderts mit einundzwanzig strophen und strophenteilen ohne namen, enthaltend Walther s. 49, 25—50, 18; 63, 32—64, 30 *nebst einer zusatzstrophe*; 90, 24—91, 8 *sowie Pseudo-Reimar Minnesangs frühling s.* 182, 34—183, 14 *nebst dem anfang einer bisher unbekannten strophe und* 184, 38—185, 22, *bekannt gemacht von Carl v. Kraus in Germanica, festschrift für Eduard Sievers, Halle* 1925, *s.* 504 *ff. jetzt im besitze der Münchener staatsbibliothek, Cgm.* 5249/74.*]*

[*H. in einer der handschrift D angebundenen sammlung geistlicher und moralischer lieder (Heidelb. handschr.* 350, *bl.* 43—64) *ein untergeschobenes lied, bl.* 55. 56.

i. eine strophe vor der erweiterung des wolframischen Parzivals, die Claus Wiße und Philipp Colin 1336 *vollendet haben, in der Donaueschinger handschrift; heraus gegeben von Uhland in H. Schreibers taschenbuch für geschichte und alterthum von Süddeutschland* (1840) *s.* 261. *[vergl. Edw. Schröder in Haupts zeitschr.* 43, 184*ff.] aus der römischen handschrift giebt dieselbe strophe herr von der Hagen in seinen minnesingern* 3, *s.* 468[c].]

k. der leich in der heidelbergischen handschrift 341 *[Bartsch, die altdeutschen handschriften nr.* 169*] bl.* 6*ff.* [*die königliche bibliothek zu Berlin besitzt jetzo eine gute abschrift der ganzen handschrift von F. Jarick.*] *ohne zweifel enthält auch die Koloczaer handschrift dies gedicht, wahrscheinlich ohne bedeutende abweichungen.*

[*k^a. der leich in der Koloczaer handschrift, deren abweichungen nach einer abschrift von Franz Pfeiffer mitgetheilt sind. wo k^a nicht besonders genannt ist, gilt k für die Heidelberger und für die Koloczaer handschrift.*

l. der leich in der Wiener handschrift n. 2677, *bl.* 54^a—55^a. *[Tabulae* II *s.* 115, *wo übersehen ist, dass was sich ohne überschrift anschliesst, bis bl.* 56^c, *der leich Reimars von Zweter, Roethe n.* I, *ist.] Lachmann hatte nur auf Hoffmanns verzeichniss s.* 84 *verwiesen: eine vergleichung habe ich von Karajan. Haupt. [s. über l sowie über k, k^a auch Zarncke in den beiträgen zur geschichte der deutschen sprache und literatur* 7, *s.* 599 *f.]*

L. eine strophe im frauendienst Ulrichs von Lichtenstein, [*nach meiner ausgabe* (1841) *s.* 240.]

M. drei strophen in einer andern handschrift des dreizehnten jahrhunderts zu München [cod. lat. Mon. 4660*], abgedruckt in Docens miscellaneen* 2, (1807) 200. 202. 207 [*und in Schmellers ausgabe der carmina Burana* (1847) *s.* 72. 190. 205. *Haupt*]. *[über die handschrift Wilhelm Meyer, fragmenta Burana, in der festschrift zur feier des* 150*jährigen bestehens der kgl. gesellsch. d. wissensch. zu Göttingen, Berlin* 1901; *vgl. auch Schönbach, sitzungsberichte der kais. akademie d. wissensch. zu Wien, phil.-hist. kl. bd.* 97, *n.* 5, *s.* 97 *f.]* [*die handschrift* [**X**] *ist so prachtvoll, dass ihr anblick Docens vermutung s.* 193 *widerlegt: im jahr* 1824 *meinte er mit größerer wahrscheinlichkeit, ein geistlicher herr habe darin zusammen schreiben lassen was er von fahrenden leuten zu hören liebte.*]

[*N. sechs strophen und der anfang einer siebenten auf dem vorletzten blatte [*130^{ab}*] eines lateinischen psalteriums in der stiftsbibliothek zu Kremsmünster, nr.* 127. *VII.* 18, *pergament, abgedruckt in der Germania* 2 (1857) *s.* 472. *Haupt.*]

n. eine strophe in einer handschrift [*II*, 70^a] *der rathsbibliothek zu Leipzig* [*bl.* 95^b]. *s. herrn v. d. Hagens litterar. grundriss s.* 511 *[Reinmar v. Zweter herg. von Roethe s.* 145 *f.] ich habe eine abschrift von Jacob Grimm.* [*jetzt auch eine von Haupt.*]

o. eine in einer pergamenthandschrift der hiesigen königlichen bibliothek [Ms. Germ. 4°, 284, *bl.* 63^d*], nach der chronik* des van Ripechoue (*bis* 1230), *und vor Gottfrieds Tristan, unter längeren gedichten und zwei anderen liedern, [s. die gedruckte probebeschreibung der kgl. preuss. akademie d. wissensch.] bl.* 63 *rückw. da herr de Groote in seiner beschreibung der handschrift* (*Tristan, s. LXIX*) *nichts davon sagt, so wäre sie mir entgangen, wenn mich herr Wilhelm Wackernagel nicht aufmerksam gemacht hätte. n und o sind in niederrheinischer mundart.*

[*p. drei strophen in einer handschrift zu Bern [nr.* 260*] aus dem vierzehnten jahrhundert* (*s. Wackernagel in Haupts zeitschr.* 4, 479), *abgedruckt in Graffs Diutisca* 2 (1827), *s.* 264*f. [vergl. Edw. Schröder in den Göttinger gelehrten nachrichten, phil.-hist. kl.* 1899, *s.* 49—71 *und in Haupts zeitschr.* 43, 184*ff.]*

q. eine mit namen in einer handschrift des vierzehnten jahrhunderts in der universitätsbibliothek zu Basel [B. XI. 8*], daraus gedruckt in den altdeutschen blättern von Haupt und Hoffmann* 2 (1838), *s.* 131.

r. eine mit namen in dem Schwabenspiegel der juristischen bibliothek zu Zürich aus dem anfang des vierzehnten jahrhunderts; mir 1827 *von herrn doctor Finsler freundlich mitgetheilt, dann nach neuer abschrift heraus gegeben von Wackernagel in den altdeutschen blättern* 2, *s.* 124.

s. funfzehn strophen, darunter acht mit Walthers namen, in einer sammlung holländischer und deutscher gedichte in der königlichen bibliothek im Haag [nr. 721 (*AA.* 64.)*]; von denen ich eine abschrift der zuvor kommenden gefälligkeit des herrn Julius Zacher verdanke. er hat die handschrift in Haupts zeitschrift für* **[XI]** *deutsches alterthum* 1, (1841) *s.* 227*ff. beschrieben. Walthers strophen sind nach der beschreibung unter den nummern* 29. 30. 41. 81.

[*t. drei strophen in der Kolmarer liederhandschrift* (*Münchener cod. Germ.* 4997) *bl.* 718[ac]. *[normalisierter abdruck von Bartsch, literarischer verein bd.* 68, *Stuttgart* 1862.*] nur von der ersten* (26, 3—12) *lag mir eine in der schreibweise genaue abschrift vor. Haupt.*]

die 'traurigen rudera einer alten pergamentenen handschrift' (*nämlich aus dem vierzehnten jahrhundert*) *'von liedern Walthers mit den ursprünglichen melodieen' habe ich nach Docens angabe im altdeutschen museum* 2, *s.* 27 *in der ersten ausgabe nicht erwähnt, um ihm nicht weh zu thun: er klagte mir im juli* 1824 *dass sie verschwunden wären. man sehe herrn von der Hagen in seinen minnesingern* 4, *s.* 188[b]. 901[b]] *[sowie Plenio in den Beiträgen z. gesch. d. deutschen sprache u. liter.* 42, (1917) *s.* 480*f.]* [*eine verlorene, ehemals in der schlosskapelle zu Wittenberg befindliche* handschrift enthielt unter anderen Walthers leich, s. Serapeum 1860 s. 299. Haupt.]

[U^{X}, früher kurzweg U. zweiunddreissig strophen und strophenbruchstücke (darunter 1 U^{X} in e 376 unter Reimars namen, s. Minnesangs Frühling s. 314, und zwei sonst nirgends überlieferte, 15. 16 U^{X}, s. u. die vorrede zur achten ausgabe s. XXV) auf zwei pergamentdoppelblättern der landesbibliothek zu Wolfenbüttel, signatur 404. 9 Nov. 16, aus dem ende des dreizehnten jahrhunderts, abgedruckt von Zarncke, berichte d. phil.-hist. kl. d. kgl. sächs. gesellsch. d. wiss. 1883, 2; s. auch v. Heinemann in Haupts zeitschr. 32, (1888), s. 86f. und Liter. centralblatt 47, (1883), sp. 1643. die blätter entstammen derselben handschrift wie

U^{XX}. ein in vier teile zerschnittenes einfaches blatt derselben bibliothek, signatur 404. 9 Nov. 16ᵃ, bekannt gemacht von v. Kraus in Haupts zeitschr. 59, (1922), s. 309ff. das blatt enthält zehn strophen und strophenstücke, darunter als str. 3 bis 6 den neuen, in der vorrede zu dieser ausgabe auf s. XXVI f. abgedruckten spruch.

w^{X}, früher kurzweg w. zwei kleine bruchstücke einer zerschnittenen pergamenthandschrift derselben bibliothek, signatur 404. 9 Nov. 21, aus dem dreizehnten jahrhundert, abgedruckt von v. Heinemann in Haupts zeitschr. 32, (1888), s. 87f., genauer und in der richtigen folge von v. Kraus in Haupts zeitschr. 59, (1922), s. 323ff. sie enthalten sieben strophen und strophenbruchstücke und gehörten, wie Plenio in den Beiträgen z. gesch. d. deutschen sprache u. liter. 42, (1917), s. 257 anm. 3 und 455 anm. 1 erkannt und der augenschein bestätigt hat, zu derselben handschrift wie

w^{XVII} und w^{XX}. zwei einfache blätter, von denen das erste, w^{XVII}, bis auf kümmerliche abklatschreste, verloren ist; es enthielt unbekannte strophen Walthers. das zweite, w^{XX}, in der preussischen staatsbibliothek zu Berlin, signatur Ms. germ. oct. 462, bringt zwei strophen und zwei bruchstücke von solchen, von denen str. 1 den grösseren teil eines neuen, im Reimarton 82, 11—84, 13 abgefassten spruches enthält, der in der vorrede zu dieser ausgabe s. XXVII abgedruckt ist. veröffentlicht mit zwei lichtdrucktafeln von Degering in Haupts zeitschr. 53, (1912), s. 337ff. die reste von w^{XVII}, aus denen für diese ausgabe nichts zu holen war, zeigt tafel 2 bei Degering.]

[XI] *x. y. stücke von zwei strophen in dem liede vom edeln Möringer. zwei abdrücke im Bragur, aus einem drucke von* 1493 (8, 207) *und aus einer handschrift von* 1533 (3, 411. 412).

[Z. ein pergamentdoppelblatt aus dem 14. *jahrhundert im staatsarchiv zu Münster, signatur Manuscript VII*, 51, *veröffentlicht von Jostes in Haupts zeitschr.* 53, (1912), *s.* 348*ff. mit zwei doppeltafeln in lichtdruck, die sämtliche siebenundzwanzig strophen und strophenbruchstücke wiedergeben; ein bis auf wenige druckfehler besserer abdruck bei Plenio in den Beiträgen z. gesch. d. deutschen sprache u. liter.* 42, (1917), *s.* 491*ff., vgl. das. s.* 455*ff. und über die melodien, die das blatt zu dem abgesang des neuen tones str.* 1. 2. 3, *zum kreuzlied* 14, 38 *und zu den stollen der sprüchtöne* 26, 3 *und* 16, 36 *enthält, das. s.* 488. *das doppelblatt bringt ausser str.* 16 (*anfang einer unbekannten strophe unter der überschrift* Meister Reymar) *durchaus strophen, die der schreiber für Walthers eigenthum hielt* (*s. Plenio das. s.* 462*ff.*), *darunter von bisher unbekannten jenen neuen ton in str.* 1. 2. 3, *ferner zwei neue strophen* (21 *und* 26) *im tone* 26, 3; *sie sind in der vorrede zu dieser ausgabe s. XXVIIIff. abgedruckt. das doppelblatt gehörte nicht zu der handschrift, deren 'traurige rudera' Docen erwähnte* (*Lachmann oben s. XI*), *s. Plenio a. a. o. s.* 480*f.*

α. ein eintrag in der handschrift nr. 40 (92) *der stadtbibliothek zu Luxemburg, der nach dem Lumen animae, lat., vom jahre* 1443 *und der Historia trium regum des Johannes von Hildesheim, lat., vom jahre* 1445 *das Walthercitat* 87, 1—4 *enthält, s. N. van Werveke, Catalogue déscriptif des manuscrits de la bibliothèque de Luxembourg, L.* 1894; *Borchling, Mittelniederdeutsche handschriften, vierter reisebericht, nachrichten d. kgl. gesellsch. d. wiss., philolol.-hist. kl.* 1913, *beiheft, s.* 143*]*.

[XI] *Die anzahl der strophen und lieder zu vermehren habe ich nicht gestrebt. an eine vollständige sammlung ist doch nicht zu denken, so lange das von Eschenbach erwähnte gedicht fehlt,*

Guoten tac, bœse unde guot :

unkritische vermehrungen aber könnten der sammlung nur einen zweifelhaften werth geben. [*was die möserischen [jetzt Berliner, s. Minnesangs Frühling neu bearbeitet von Vogt, dritte ausgabe s. XIV unter m] bruchstücke unter der aufschrift* Walter *enthalten* (*litterar. grundriss s.* 507), *durfte, da ihnen keine andere handschrift beistimmt, nicht in betracht kommen.*] *so habe ich die meistens unbedeutenden zusätze in EF, die auch der sammler von C verschmähte oder noch nicht fand, als zum theil unecht, zum theil verderbt, nur in die anmerkungen gesetzt. ferner habe ich folgende lieder übergangen, die zwar ein theil unserer quellen Walther zueignet, andere aber, wenn auch nicht mit allen strophen, anderen dichtern.*

Werder gruoz von frowen munde 144 *A*, 11 *F* [*HMS*. 1, 315[b]].
wîlen frâget ich der mære 145 *A*, 13 *F*.
sist vil guot, daz ich wol swüere 146 *A*, 12 *F* [XII]
Got in vier elementen 344 [360] *C* [*HMS*. 1, 267[b]].
wer mac daz begrîfen 345 [361] *C*.
viur ist niht sô kreftec 346 [362] *C*.
wazzer hât nâtiure 347 [363] *C*.
Liep, dû hâst mich gar gewert 445 [468] *C* [*HMS*. 2, 130[b]].
liep, dir sol niht wesen leit 446 [469] *C*.
liep, ich weiz dîns lobes mê 447 [470] *C*.
Ich wil immer singen 20 *E* [*MF*. 146, 11—147, 3].
si sint unverborgen 21 *E*.
frowe, ich wil mit hulden 22 *E*.
nieman sol daz rechen 23 *E*.
Wol ir, sist ein sælic wîp 40 *F* [*MF*. 54, 1—55, 5].
owê tuon ich swes er gert 41 *F*.
erst mir liep und lieber vil 42 *F*.
ich wil tuon den willen sîn 43 *F*.
solt er des geniezen niht 44 *F*.

denn dass diese lieder nicht Walther gehören, ist selbst äusserlich erweisbar aus sprachlichen und metrischen unregelmässigkeiten in den verschlüssen, wie hêrre: verre, elementen : erkenten, daz ich daz weiz sô sicherlich, und hât dâ bî mâz und wârheit, swîge ab ich, jugende : tugende [*s. zu s.* 98, 40], schîn : sî, hân : gewan, sê *für* sehe. *aber auch folgende haben nicht Walthers eigenthümlichen charakter, und werden auch anderen zugeschrieben, zum theil mit überwiegenden zeugnissen.*

Ich lebte ie nâch der liute sage 24 *A*, 355 [371] *C* [*MF*. 152,25—153,4].
ist daz mich dienest helfen sol 26 *A*, 357 [373] *C* (*Benecke s.* 267).
Hiute gebe ir got vil guoten tac 126 *A*, 34 *E*, [20 U^x (*HMS*. 1, 88[a])].

si bat mich, dô ich jungest von ir schiet 127 *A*, 35 *E*, *[*21 U^{x}*]*.
waz ob mich ein bote versûmet gar 128 *A*, 36 *E*, *[*22 U^{x}*]*.
mir seit ein ellender bilgerîn 129 *A*, 33 *E*, *[*19 U^{x}*]*.
mîner sinne ich halber dô vergaz 37 *E*, *[*23 U^{x}*]*.

Der welte vogt, des himels künec, ich lob iuch gerne 31 *B [s.* 153*]*.

Dir hât enboten, frowe guot 121 *E [MF.* 214, 34—215, 13*]*.
dû solt im, bote, mîn dienest sagen 122 *E*.
dô ich der rede alrêrst began 123 *E*. (*s. zu s.* 120, 24).
swer giht daz minne sünde sî 124 *E*, 29⁴ *s. [s. zu s.* 120, 24*]*.

Sich huop ein ungefüeger zorn 138 *E [HMS.* 1, 308ᵃ*]*.
zehant dô si versuonden sich 139 *E*.
si gît uns immer freude vil 140 *E*. [XIII]
wan daz ich minneclichen tobe 141 *E*, 29¹ *s*.
ez wizzen alle liute niht 142 *E*, 29² *s*.

Ich hân ein herze daz mir sol 143 *E [HMS.* 1, 309ᵇ*]*.
sol mir nû leit von ir geschehen 144 *E*.
der ungezogenen ist sô vil 145 *E*.
vil sælic man, gedenke mîn 146 *E*.
die liebes wal und wehsel hânt 147 *E*.

Ich was ledec vor allen wîben 187 *E*, 38 *F [MF.* 84, 37—85, 38*]*.
man sagt mir daz liute sterben 188 *E*, 39 *F*.
wer hât ir gesaget mære 189 *E*.
mir gât einez ime herzen 190 *E*.
waz würre daz si mich vernæme 191 *E*.
*[*Ich hete im alle wîle vor gestân, ob mich diu huote lieze 376*e*, 1 U^{x} (*MF. s.* 314)*]*.

auch mehrere lieder die ausser EF keine handschrift hat und die man keinem andern dichter zuweisen kann, habe ich verworfen, 16—19 *[HMS.* 3, 321ᵇ*]*. 88—92 *[das.* 3, 323ᵇ*]*. 106—109*E [das.]*, 9 *F [das.]* [*jetzt aber, weil sie doch in keine ausgabe eines andern dichters gehören, der vorrede angehängt*]. *in diesen liedern findet man freiheiten am ende der verse, wie* daz lob ich, nehte (*nächte*): rehte, vervâ. *in einem andern,* 72—77 *E [HMS.* 3, 322ᵇ*]* [*ebenfalls im anhange zu dieser vorrede*], *weiss ich zwar dergleichen nicht nachzuweisen, aber es ist theils gewöhnlich theils albern. zwei ganz artige liederchen* (42*A [das.* 3, 325ᵃ*] und* 50*E [das.* 3, 322ᵇ*]*) *mögen hier eine stelle finden, nicht als gedichte von Walther, sondern damit sie nicht umkommen.*

**Jâ lige ich mit gedanken
der alrebesten bî.
mirst leit daz ich si ie gesach,
sol si mir fremede sîn.
ichn mac ir niut vergezzen**
deheine zît: sist guot;
und ist behuot:
des trûret mir der muot.
ir sult mir alle helfen
klagen diu leit diu man mir tuot.
Herzeliebez frouwelîn,
tuo an mir dîn êre!
dâ von solt du sælic sîn
hiut und immer mêre. [XIV]
frouwe, du solt machen
mich und manegen frô,
daz wir dich an lachen.
wol dir, [und] tuost alsô!
frouwe, du solt tragen
pfeller unde sîden,
daz si gar verzagen,
jene die uns dâ nîden:
und suln als schône zieren dich,
daz du noch solt geweren mich.

Über die kritische behandlung der aufgenommenen lieder weiss ich nichts bedeutendes zu sagen, als was man in den anmerkungen finden wird. es sollte mich sehr freuen, wenn die gegenwärtige ausgabe für die echt kritische gelten könnte, die Docen schon 1809 (*Museum f. altd. litt. u. kunst* 1, 216) *von der folgezeit hoffte. mögen nun diesem liederdichter bald andere nachfolgen* [*aber die guten, welche der sorgfalt lohnen*], *zunächst der von Docen längst verheißene Ulrich von Lichtenstein.* [*ein freund wünschte dass ich Reinmars lieder den waltherischen beifügen möchte. ich hatte selbst schon bei der ersten ausgabe auf eine sammlung aller lieder des zwölften jahrhunderts gedacht. die arbeit ist aber unmög-*

---

10. diu man an ir tuot *A.*
15. frouwe *fehlt E.* 23. *das heißt wohl* und suln wir. *oder ist* und sol *zu lesen?*

lich, so lange uns die benutzung der Weingarter handschrift nicht gegönnt wird.]

Berlin den 1. mai 1827. [vermehrt bis 10. juli 1843.]
K. L.

[Es schien unnöthig in der dritten und vierten ausgabe durch zeichen hervorzuheben was Lachmann seit dem jahre 1843 gebessert und nachgetragen hatte. dagegen durfte ich meine zusätze nicht unbezeichnet lassen, wie gering sie auch an zahl und bedeutung sind.

Leipzig den 31. mai 1852. Berlin den 24. december 1863.
Moriz Haupt.]

[In der fünften ausgabe sind einzelne irrtümer der letzten abdrücke, soweit sie namentlich von Wilmanns bei seinen arbeiten über den dichter [XV] *bemerkt wurden, berichtigt worden. auch Wilmanns neue, genauere vergleichung von l ist nachgetragen und außerdem habe ich wie Haupt in den anmerkungen ein paar kleinigkeiten angemerkt.*

Berlin den 30. mai 1875. K. M.]

*[Für die siebente ausgabe ist eine vermehrung der anmerkungen nicht angestrebt worden: es konnte nicht in meiner absicht liegen Wilmanns vorzüglichen kommentar streckenweise abzuschreiben oder neuere datierungsversuche, die Lachmann vielleicht anders beurteilt hätte als ich, in sein werk aufzunehmen. dagegen habe ich dem apparat die äusserste sorgfalt zugewendet. von AaBbC Mt habe ich die abdrücke nachverglichen und in allen fällen wo sich eine verschiedenheit ergab die handschriften selbst einsehen lassen:**) *dies hat für AaC Ehrismann, für Bb (durch freundliche*

*) *für AB waren trotz M. Haupts versicherung (oben s. VI) eine ganze anzahl von kleinigkeiten zu berichtigen: in den meisten fällen erwies sich Pfeiffers abdruck als sehr getreu. weniger vertrauen verdient Pfaffs abdruck von C: wenn auch bei den häufig vorkommenden divergenzen die ungenauigkeit meist auf seite von Lachmanns gewährsmännern zu finden war, so ergaben sich doch auch ganz bedenkliche fehler im neuen abdruck: dreimal sind sogar ganze wörter übersehen (37,21 das zweite* si; *90,13* ich; *90,38* ir); *ich habe Lachmanns angabe, wo sie gegen die vorhandenen abdrücke zu recht besteht, jedesmal mit einem ausrufungszeichen versehen, bezw. mit einem 'so auch in C!' gegen zweifel geschützt. da ferner Pfaff an der alten vielfach falschen strophenzählung in C leider festgehalten hat, so war ich genöthigt, den richtigen zahlen Lachmanns die anderen in eckigen klammern beizusetzen.*

vermittlung Bohnenbergers) Bonhöffer, für M und t von der Leyen besorgt; letzterem danke ich ausserdem eine in der schreibweise genaue abschrift der beiden letzten strophen in t. abschriften von opqr haben mir Roethe, S. Singer, J. Meier und K. Bachmann mit liebenswürdiger bereitwilligkeit übersandt; zweifel über zwei stellen in l hat mir M. H. Jellinek aufgeklärt. ihnen allen sei auch an dieser stelle mein verbindlichster dank ausgesprochen. die handschriften DEeFHlNns habe ich selbst nachverglichen, für iLxy bin ich auf die drucke zurückgegangen sodass also nur k (das gerade von anderer seite entlehnt war) sowie k^s *ohne vergleichung geblieben sind. ferner wurden die seit der fünften ausgabe hinzugekommenen bruchstücke* U^X *(nach neuerlicher vergleichung) und* w^X *in den apparat aufgenommen.*

In der auswahl der varianten habe ich mich nach den von Lachmann beobachteten grundsätzen gerichtet. einige von ihnen hat er selbst ausgesprochen (zu s. 11, 34; 26, 36; 41, 19; 42, 13; 92, 36; 98, 31; 105, 31); *sonst setzt er* v *für* u *und umgekehrt,* uo *für* ů, æ *für* ę, *löst die abkürzungen auf, übergeht die fälle, wo der schreiber seinen fehler selbst gebessert hat, sowie ganz sinnlose verschreibungen, aus denen nichts zu holen ist (wie dittographien von silben und worten); setzt stillschweigend gewisse allgemein gebräuchliche einsilbige formen an die stelle der überlieferten zweisilbigen* (zer, sîns, derst, diust, als, dan, dazs, dast, mirst, wiech, ichs, scheides, gein, *vgl.* gnâde) *oder umgekehrt* (zuo der, habent, mere, vîent); *und notiert abweichungen orthographischer oder lautlicher art nur dann wenn sie nicht im system des betreffenden schreibers begründet sind: so wird* üch *st.* iu *zwar für C angemerkt, nicht aber für B,* hohe *udgl. st.* -iu *nicht für A,* ę *für* e *nicht für B; bei C übergeht er* ue *st.* iu, uo; u *st.* ou, üe; o *st.* œ; u *st.* ü; s *st.* z; um- *st.* un-; unbe *st.* umbe; wenne *st.* wæne; denne *st.* danne; har *st.* her; alse *st.* alsô; nieman *st.* -en; nahe *st.* nâhen; -liche *st.* lîchen; dien *st.* den; *auch setzt er die durch das metrum gebotenen (ev. von anderen handschriften überlieferten) formen stillschweigend mit der nöthigen silbenzahl an, wo irgend eine handschrift durch apokope oder synkope eine silbe zu wenig oder mit der längeren form eine silbe zu viel überliefert* (werlte — werlt, wolte — wolt *usw.*).

Was den text betrifft, so habe ich nur geändert wo die vergleichung der handschriften oder U auch Lachmann zweifellos zur änderung veranlasst hätten, also an folgenden stellen: *XVII* 15 fröuden *st.* freuden (*s. XVII* 2. 3: *E schreibt überall gleichmässig* au); 27, 29 touwes *mit C st.* towes (*s.* 27, 21, *wo L. das* towes *der ersten ausgabe später in* touwes *geändert hat*); 36, 36 durch *mit C st.* dur; 94, 36 swiez *st.* swies (*druckfehler*); 100, 5 konde *st.* kunde (*da C so schreibt und Lachmann dies sonst recipiert, s.* 84, 25); 124, 35 Owê *st.* Ouwê (*da C hier ebenso schreibt wie* 124, 1. 18, *wo L. der handschrift gefolgt ist*). *ferner ergab sich durch die vergleichung mit der ersten ausgabe als druckfehler:* 4, 3 cristenheite *st.* kristenheite; 13, 16 *fehlerhaftes komma nach* türne, 47, 24 *nach* wîp; 52, 31 *fehlte der doppelpunkt nach* gezogen, 76, 34 *das komma nach* begozzen; 53, 1 *war* Owê *nicht eingerückt. gegen alle ausgaben habe ich* 110,1 *das komma nach* schîn *getilgt und* 154, 33 *nach* verlorn *eingesetzt. in folgenden fällen habe ich die gestalt, die L. dem text gegeben hatte, in den anmerkungen angeführt:* 20, 17; *s.* 149, *z.* 50; *sowie bei den durch U gebotenen änderungen* 70, 12. 13; 94, 20—23. 35; 95, 7; 114, 2. 4—6. 8. 12. 13. 19. 25. 27. 29.; 115, 1. 3. *endlich sei noch auf* 54, 7 *hingewiesen, wo auch N* chussen (*nicht* chussin) *überliefert: geändert habe ich hier nicht, da sich Lachmann in seinem widerwillen gegen wortspiele trotz der übereinstimmung aller vier handschriften zur aufnahme von* küssen *kaum verstanden hätte.*

Die äussere einrichtung der ausgabe wurde von mir wesentlich umgestaltet, indem ich die lesarten (nebst der bezeichnung der neuen töne durch einen stern) unter den text gesetzt und nur die erklärenden anmerkungen sowie die vermutungsweise vorgebrachten vorschläge an ihrem alten platz belassen habe. die ästhetischen bedenken, die sich gegen lesarten unter dem text geltend machen lassen, hat Lachmann nicht gehegt, — das zeigt seine ausgabe Wolframs; zudem scheint mir bei der vorliegenden ausgabe, die noch immer wie vor 80 *jahren die einzige grundlage für gelehrte beschäftigung mit Walther ist, der kritisch-nachprüfende leser vor allem rücksicht zu verdienen, nicht der bloss geniessende. dass der alten zählweise, nach der auch in zukunft zu citieren sein wird, gegenüber der neuen paginierung der vorrang bleibe, dafür ist nach möglichkeit gesorgt worden.*

Die zusätze, die ich in der vorrede gemacht habe, stehen in kursiven eckigen klammern. die sehr zahlreichen kleinen verbesserungen des apparats sind stillschweigend vorgenommen worden, da die klammern hier nur verwirrung gestiftet hätten.

Zum schluss ist es mir eine angenehme pflicht, den verwaltungen der bibliotheken in Haag, Heidelberg, Kremsmünster, München, Weimar, Wien und Wolfenbüttel für die übersendung der handschriften sowie denen von Leipzig und Prag für die gelegenheit zur ungestörten benutzung meinen dank auszusprechen.

Prag den 12. januar 1907.

C. v. K.]

[*Die achte ausgabe ist bereichert worden durch den gewinn, der sich aus den neuen funden* U^{xx}, w^{xx}, *Z sowie aus Borchlings hinweis auf* α *ergab. um den preis des buches nicht all zu sehr zu verteuern, sollten die platten zur siebenten ausgabe möglichst verwendet werden. so habe ich den apparat zum text selbst zwar vervollständigen können, aber die bisher unbekannten strophen und bruchstücke von solchen nebst* 15. 16 U^{x} *dieser vorrede anhängen müssen, während Lachmann sie teils in der vorrede, teils in den anmerkungen untergebracht hätte; doch habe ich durch kurze hinweise an letzterer stelle dafür gesorgt, daß man sie nicht leicht übersehe. aus demselben grunde müssen weitere literaturangaben zu den handschriften A bis t hier ihre stelle finden. es ist nachzutragen:*

A. Marg. Regendanz, die sprache der kleinen Heidelberger liederhandschrift A, Marburger dissertation, 1912; *über das verhältnis von A zu B und zu C s. unter C.*

B. Löffler, einundvierzigstes beiheft zum Zentralbl. f. bibliothekswesen, Leipzig 1912, *s.* 35*f.* 139; *s. auch Pfeiffers German.* 29, (1884), 488 *nr.* 1219; *geschrieben in Konstanz nach Vogt in den Beiträgen z. gesch. d. deutschen sprache u. liter.* 33, (1908), 377*ff.*; *Hertha Wienecke, Konstanzer malerei des* 14. *jahrhunderts, dissertation, Halle* 1912, *s.* 12. *über das verhältnis zu C s. unter C.*

C. signatur: Heidelberger universitätsbibliothek cod. Pal. germ. 848. *zu Pfaffs abdruck s. Ehrismann, Zeitschr. f. deutsche philol.* 32, (1900), 96*ff.*; (1913), 309*ff.*; *Roethe, Anz. f. deutsch. altert.* 25, (1899), 152*ff.*; *Schönbach, Allgem. literaturzeitung* 18, (1909), 175*f.*; *Clara Riecke, die vokalbezeichnungen i. d. großen*

Heidelberger liederhandschrift, dissert., Greifswald 1918, *s.* 148*ff. geschrieben in Zürich s. Vogt, Beiträge z. gesch. d. deutschen sprache u. liter.* 33, (1908), 373*ff. zur geschichte: Edward Schröder, Anz. f. deutsches altert.* 31, (1907), 127; *Sillib, zur geschichte d. großen Heidelberger (Manesseschen) liederhandschrift, sitzungsberichte d. Heidelberger ak. d. wiss.* 1921, *nr.* 3; *Trübner, Centralblatt f. bibliothekswesen* 5, (1888), 225*ff. anordnung: Schulte, zeitschr. f. gesch. d. Oberrheins n. f.* 7, 542*ff.*; *Grimme, Neue Heidelberger jahrbücher* 4, 53*ff.*; *Alemannia* 24, 98*ff. Wisser, das verhältnis der minneliederhandschriften A und C zu ihrer gemeinsamen quelle, Eutin* 1895, *gymnasialprogramm nr.* 692; *ders. über B und C das.* 1889, *nr.* 628, *vgl. Vogt, zeitschr. f. deutsche philol.* 24, (1892), 90*ff. über die bilder: v. Öchelhäuser, die miniaturen d. universitätsbibliothek zu Heidelberg t.* 2, *Heidelberg* 1895; *zur schrift von Schulz, typisches usw. s. Ehrismann, zeitschr. f. deutsche philol.* 35, (1903) 114*ff.*; *R. M. Meyer, Haupts zeitschr.* 44, (1900), 197*ff.*; *Wallner, beiträge z. gesch. d. deutschen sprache u. literat.* 33, (1908), 483*ff. (auch über anordnung, wappen und titel)*; *Erich Stange, die miniaturen d. manesisschen liederhandschrift und ihr kunstkreis, Königsberger dissert.*, 1909; *ders., Manessecodex und rosenroman, Anz. f. schweizer. altertumsk. n. f.* 11. 12, (1909. 1910); *R. Stettiner, das webebild der Mannessehandschrift und seine angebl. vorlage, Berlin* 1912; *s. auch Edw. Schröder an der oben angegebenen stelle.*

E. signatur cod. ms. 731. *vgl. Lachmann, Haupts zeitschr.* 3, (1843), 345*ff.*; *Ruland, Archiv d. hist. vereins f. Unterfranken bd.* 11, (1851); *Zarncke, beiträge z. gesch. d. deutschen sprache u. liter.* 7, (1880), 583*ff.*; *Dobbeck, untersuchungen z. Würzburger liederhandschrift, dissert., Greifswald* 1910; *Ehrismann, Renner bd. IV*, (1911), *Liter. verein* 256, *s.* 46*ff. und schon Pfeiffers Germ.* 30, (1885), 284*ff.*; *v. Grauert, Magister Heinrich d. poet, abhandlungen d. bayer. ak. d. wiss., phil.-philol. u. histor. kl. bd. XXVII*, (1912), *s.* 377*ff.*; 398; *Plenio, Beiträge z. gesch. d. deutschen sprache u. liter.* 42, (1917), 482 *anm.* 2.

k. über diese handschrift und ihr verhältnis zu k^2 *s. Gustav Rosenhagen, kleinere mhd. erzählungen, fabeln u. lehrgedichte III (Deutsche texte d. mittelalters bd.* 17), *Berlin* 1909, *s. Iff.*; *Edw. Schröder, Haupts zeitschr.* 52 (1910), 56*ff.*; *Bernt, das. s.* 245*ff.*; *Ehrismann, anzeig. f. deutsches altert.* 35, (1912), 34*ff.*; *Otto*

Richard Meyer, der borte von Dietrich v. d. Gletze (Germanist. arbeiten herg. von Baesecke h. 3), *Heidelberg* 1915.

M. zu Schmellers ausgabe Wustmann, Haupts zeitschr. 35, (1891), 328*ff.*; *Patzig, das.* 36, (1892), 187*ff.*; *zu den melodien Plenio a. a. o. s.* 486*ff.*

n. signatur CCCCXXI rep. II fol. 70 *a. Wallner, anzeiger f. deutsches altert.* 38, (1919), 116 *f.*

s. Anton Kalla, über die Haager liederhandschrift nr. 721 (*Prager deutsche studien herg. von C. v. Kraus, h.* 14) *Prag* 1909.

t. Runge, die singweisen d. Colmarer handschrift, Leipzig 1896; *Plenio a. a. o. s.* 489.

Während die lesarten überall, wo die neuen funde es nötig machten, vervollständigt wurden, ist der text Lachmanns wieder unverändert belassen worden, ausser in folgenden kleinigkeiten, auf die ich durch Wilmanns besprechung der siebenten ausgabe im Anzeiger f. deutsches altert. 33, (1909), 237 *f. geführt wurde:* 62, 34 *habe ich* war (*st.* wâr) *wieder eingesetzt und* 75, 1 *wieder vom vorhergehenden abgetrennt; ebenso wurde* 73, 31 *Lachmanns textfassung in der lesart und in den anmerkungen erklärt und zu* 20, 17 *die in den anmerkungen gegebene berichtigung von Lachmanns angabe auch in den lesarten gebracht (s. Pauls ausgabe, vierte auflage, Halle* 1911, *in der lesart zu nr.* 69, 197). *sonst waren nur die siglen von U in U^x und die von w in w^x zu ändern sowie die strophenzählung in w^x nebst einigen unbedeutenden lesungen auf grund meines erneuten abdrucks (s. o. s. XIV unter w^x) zu berichtigen. ferner habe ich in der vorrede p. XVI f., sowie in den lesarten (nicht aber in den anmerkungen, weil dies zu viele änderungen nötig gemacht hätte) Lachmanns hinweise auf Bodmers Minnesinger durch solche auf v. d. Hagens Minnesinger oder auf Minnesangs frühling ersetzt. endlich sind auf p. XVII und im verzeichniss der strophenanfänge am schlusse der ausgabe die eingänge der neu hinzugekommenen strophen berücksichtigt worden. Conrad Borchling hat mir eine collation von α freundlichst überlassen; sonst habe ich für allerlei auskünfte diesmal zu danken dem director der Wolfenbüttler landesbibliothek, herrn dr. Otto Lerche sowie den verwaltungen der preussischen staatsbibliothek zu Berlin und des preussischen staatsarchivs zu Münster.*

München den 30. *juni* 1922. *C. v. K.*]

[In der neunten ausgabe ist der apparat durch die einbeziehung der i. j. 1925 *bekannt gewordenen bruchstücke G vermehrt worden. die zusatzstrophe* 17 *G findet man in den anmerkungen (zu s.* 64,30) *abgedruckt; ihr eingang ist in das verzeichnis der strophenanfänge am schlusse der ausgabe aufgenommen worden. ferner wurden, soweit es im plane Lachmanns lag, hinweise auf die seit der achten ausgabe hinzugekommene literatur gegeben. auch wurden einige druckfehler gebessert, darunter einer, auf den mich Rudolf Meißner freundlichst aufmerksam gemacht hat.*

Zu den handschriften sind folgende angaben nachzutragen, die aus den im eingang der vorrede zur achten ausgabe angegebenen gründen hier ihre stelle finden müssen:

B. Die Weingartner liederhandschrift in nachbildung. mit begleitwort von Karl Löffler, Stuttgart 1927; *über die bilder Wallner, Zeitschr. f. deutsch. altert.* 64, (1927), 88; *über das prinzip der anordnung der lieder s. Hermann Schneider, Beitr. z. gesch. d. deutsch. sprache u. liter.* 47, (1924), 225 *ff.*

C. Faksimile-Ausgabe der Manesseschen handschrift, Leipzig, Inselverlag 1925—29; *Hilliger, Die Manessehandschrift (beobachtungen bei ihrer auseinandernahme), Zentralblatt f. bibliothekswesen* 43, (1926), 157 *ff.*; *über die heimat Kiefer, Beitr. z. gesch. d. deutsch. sprache u. liter.* 47, (1924), 491 *ff.*; *dagegen Vogt, das.* 48, (1925), 291 *ff.*; *Baesecke, Anz. f. deutsch. altert.* 46, (1927), 15; *über die bilder Vogt a. a. O.* 127 *f.*; *Wallner, Zeitschr. f. deutsch. altert.* 64, (1927), 85 *ff.*; *Panzer und Haseloff in der Faksimile-Ausgabe, woselbst auch Sillib über die geschichte von C. über das prinzip der anordnung der lieder s. Schneider unter B.*

F. Michels, Studien über die ältesten deutschen fastnachtsspiele s. 108 *ff.*; *Hacker, Untersuchungen z. Weimarer liederhandschrift, Beitr. z. gesch. d. deutsch. sprache u. liter.* 50, (1927), 351 *ff.*

k. Zwierzina, Festschrift f. Max Hermann Jellinek, Wien 1928, *s.* 209 ff.; *s. besonders s.* 225.

t. H. Riederer, Ein Speyerer meistersinger, Pfälz. Museum 41, 81.

U^{xx}. Wilmanns-Michels, Walther II. s. 456; *Leitzmann, Zeitschr. f. deutsche philol.* 50, (1926), 468 *ff.*

w. Günter Rosendahl, Die verbreitung mhd. lyrik am Niederrhein u. die bruchstücke aus Heiligenstadt u. Münster, s. Marburger Jahrb. 1922/23, *s.* 211 *ff.*

Z. s. Rosendahl unter w; Molitor, Sammelbände d. internationalen musikgesellschaft 12, 475 *ff.*

Auf eine verlorene liederhandschrift des dreizehnten jahrhunderts, die auch lieder Walthers enthalten hat, weist hin Edward Schröder, Zeitschr. f. deutsch. altert. 61, (1924), 126 *f.*

München den 15. *april* 1930.

C. v. K.]

[NEUE LIEDER UND SPRÜCHE.]

'Ez was an einer wünneclîchen stat
daz wir zwei gerieten.
mîn hêrre der mich hie belîben bat,
der mac mir gebieten.
jâ enist ez niht ein dürre wîdenblat
dar an ez mir wirret.
hêrre, ir habt es sünde ob ir mich irret.'
Diu guote der ich immer dienen sol
sunder valschez lôsen,
ir wangen diu gelîchent sich vil wol
den liljen unde rôsen.
waz ist wunders ob ich ...

Ez sprach ein *wîp* bî Rîne
zeinem *vogelîne*
'*mîn* man *der* heizet Isengrîn.
du solt im sagen, bote mîn,
daz er umb *unser êre*
von Pülle wider kêre.
Unser *alten veste*
*d*ie suochent vremede geste.
wan *daz ich vil* listec bin,
sie stigen nahtes zuo *zir in*
und slichen zeiner lucken.
die bei .... rucken.

---

*1 = 15 U^{X} *ohne namen unter liedern Walthers, aber sicherlich mit unrecht.* 5. ia nistet nicht *U.*

8 = 16 U^{X}. 11. *str.* den? 12. *mit* ich *endet dieses blatt U.*

*1 = 3 U^{XX} *ohne namen unter liedern Walthers, nicht mit recht, s. Leitzmann, Zeitschr. f. deutsche philol.* 50, 468 *ff. cursives ist ergänzt.*

7 = 4 U^{XX}. 7. *das adjectiv begann nicht mit* g, h, y, z *U.* 8. *d*ie] *da U.* 12. bei] *der letzte buchstabe kann* i *oder der erste theil eines* m, n, u *sein U.*

*I*ch hân gegen ir mang*en*
niht schermes vor gehangen
wan einen *igel* riht *ich hin vüre*,
der snellet vaste unz an die *türe*.
waz vrumte ich alters eine?
er wirfet *ringe st*eine.'
An disem vogel*î*ne
sô stêtz *nu Isen*grîne.
verdirbet nu daz vogelîn,
*daz klaget i*emer Isengrîn.
'wan hebestu dic*h ze Pülle*?'
'wîp, den kragen gevülle!'

. . . .
. . . .
. . . .
. . . .
. . . .
. . . .
. . sich leiden vriunden unde mâgen
und umbez guot lîp unde sêle wâgen,
ob er dan sô biderb ist daz er daz selbe guot
gerne umb êre teilte, ob man in lieze,
unde ez in den biutel niene stieze.
stolze marschalc . . ., swâ man diz allez tuot,
ich smecke Sibechen in dem râte: ein brant lît in der gluot.

---

13 = 5 U^{xx}. 15. *igel hat nie dagestanden U.*

19 = 6 U^{xx}. 20. so stet *ez U.* 24. die graben; *über* die *von gleicher hand durchstrichenes* den *U.*

1 = 1w^{xx} *ohne namen, aber (wohl mit recht) vor lauter sprüchen Walthers, im tone* 82, 11—84, 13. *die zahl der puncte entspricht der zahl der fehlenden silben.* 7. *erg. etwa* der wil. 8. umb iz *w.* 11. den stel butel *w*; *oder l.* seckel? *ich meine, der spruch wendet sich gegen einen marschall, der seinem an sich freigebig gesinnten fürsten zum geize gegenüber seiner umgebung rät und sie ihm dadurch wie* Sibeche *entfremdet. das unmetrische* stel *verdunkelt diesen klaren sinn und paßt weder zum vergleich mit Sibeche noch zum epitheton* stolze. *anders Singer, beiträge z. gesch. d. deutschen sprache u. literat.* 44, (1920), 468*f.* 12. *erg. etwa, da der vocativ sonst zu unvermittelt dasteht,* sît gemant, *s.* 106, 29; 21, 9. 13. seueken *w, richtig gedeutet von Frantzen, Neophilologus* 1, 27*ff.* 14. '*salzig wie ein brand ist brennend, beissend salzig' Deutsches wörterbuch* 2, 294.

. . . .
. . . .
. . . .
. sîn henne genomen.
sô ist des alten . . klage
daz sîne tage zergangen sîn
mit alsô maneger swære.
der junge denket 'wirde ich grâ,
mir vrömedet sâ diu vrouwe mîn'
und trûret von dem mære,
als ich die wîsen hœre sagen,
wie kumberlîche ez allez stê.
sich beginnent noch die jungen klagen
des sich die grîsen vröuten ê.
der milte sich nâch êren sent,
dem kargen ist nâch guote wê
naht unde tage, wier vil bejage,
unz im daz eine gar gestê.

Schadetz im an *den triuwen* iht,
den alter mache*t* grîse?
nein ez, des entuot ez ni*h*t.
wirt aber der junge iht wîse,
daz er dem rehten bî gestê,
den sult ir ê ze bürgen nemen
dan der von künsten liege.
iuch sol des argen übermuot
niht dunken guot noch iu gezemen
ob er den vrömeden triege.
welt ir im lop dar umbe geben,
waz ob er iu daz selbe tuot?
nu hazzet ouch des rîchen leben

---

*1 = 1 *Z, vom schreiber wie str.* 2 *und* 3 *für Walthers eigenthum gehalten; ich denke, mit unrecht. s. Plenio, beiträge z. gesch. d. deutschen sprache u. liter.* 42, (1917), 465. *über den ton s. das. s.* 455 *ff.*; *besserungen s.* 468. 4. *l.* sîn genomen hinnen? 6. zergangen *Plenio*, zcargen *Z.* sîn] sint *Z.* 9. sâ] za *Z*, '*von anderer hand nachträglich in die vom schreiber offen gelassene lücke eingesetzt' das. s.* 502. die vrowen *Z.* 13. beginnet *Z.* 15. heren *Z.* 17. tach *Z, verb. von Plenio.* 18. *l.* unz er dâ (*oder* des) eine gar gestê?)

1 = 2 *Z, s. zu* 1 *Z.* Scadet iz im *Z.* 9. noch uch zo vruont gezemen *Z.*

XXIX

der âne milte habe sîn guot.
daz mer ist bœse vür den durst
und hât doch wâc und manegen visch:
waz hilfet daz? mich trenket baz
ein kleine brunne, vinde i'n vrisch.

Einen tiuvel ich beswuor
daz er mir sagete mære,
dô er von der helle vuor,
wâ der sêle iht wære
'wâ sint sie hin die milte hie
begiengen ie? waz den geschiht,
dar umbe muoz ich sorgen'.
mîn vrâge was im ungemach.
vor zorne er sprach 'in weiz ir niht,
sie sint vor mir verborgen.
der guot ist hie gemeine gewesen,
der keines sêle enpfienc ich nie,
sie sint vor mir vil wol genesen.
mînem meister werdent die,
die girec sint und hordent schatz:
die sint zen êwen gar verlorn.
nu wizze daz, in quæme baz,
wær ir deheiner nie geborn'.

Swâ nu ze hove dient der hêrre sînem knehte
und swâ der valke vor dem raben stêt ze rehte,
dâ spürt man offenlîche unart, unadel und ungeslehte.
du werde ritterschaft, dîn dinc stêt jâmerlîche.
swâ der sester vor dem schilte hin ze hove vert,
vrou Êre, dâ sint iuwer snellen sprünge erwert.

---

15. mer *Jostes*, mir *Z.* 16. visch *Jostes*, wisc *Z.* 18. i'n *Plenio*, ich in *Z.*

1 = 3 *Z*, *s. zu* 1 *Z.* 2. daz] des *Z.* 6. ie *Plenio*, e *Z.* 9. vor *Jostes*, wo *Z.* in *Plenio*, ine *Z.* 11. *l.* gemeine ist hie? 16. zon ewigen *Z*, *verb. von Plenio.*

1 = 21 *Z*, *zwischen anderen strophen des tones* 26, 3—31, 12 *und unter der überschrift* Meister walter. *die echtheit nehmen an, kaum mit recht, Plenio a. a. o. s.* 461 *f. und Singer in denselben beiträgen* 44, (1920) s. 468 *f.* 5. tzester *Z*, *s. Singer a. a. o.*

wol ûf mit mir und varen wir dâ heim in Osterrîche!
dâ vinden wir den vürsten wert, der ist iu holt.
welt ir mich dâ ze hove leiten alse ir solt,
sô wirt gehôhet wol dîn name von mir, werder Liupolt.

Swelch man sich gerne vrîjen wil von bœser sache,
dem râte ich daz er sîne tugent wol bewache
und vliehe ouch die dâ sîn gesezzen under schanden dache.
weiz got, tuot er des niht, sô mac im misselingen
an êren unde an wirdekeit. swelch man gern êre hât,
der sol sich machen vrî von aller missetât.
. . . .
er ist zer werlde ein sælec man den sô sîn muot
getiuret hât daz er daz beste gerne tuot
und sich der schanden hât bewegen: der mac wol heizen guot.

UNECHTE LIEDER. [XV]

Jâ waz wirt der kleinen vogelîne?
der kalte snê
der tuot in wê.
daz sint nû die meiste swære mîne,
mir enfüege got
sülchen spot
daz diu schœne gnâde an mir spæte,
diu mir næhest mînen arn vernæte.

---

7. vare *Z.* 8. vinde *Z.* den] der *Z.* 9. also *Z.* *Plenio meint*: wilt du — du solt. *aber das geleite steht der Ehre zu, mit der der dichter fährt und der Leopold* holt *ist.* 10. werder *stammt wohl aus z.* 8. *ich vermute* hêr Liupolt. lippolt *Z.*

1 = 26 *Z, unter der überschrift* Meister walter *als letzte strophe des tones* 26, 3—31, 12. *mit unzulänglichen gründen für die echtheit Plenio, s. zu* 21 *Z.* Swelich *Z.* 3. die gesezzen sin under *Z.* 5. swelich *Z.* 8. tzuo der *Z.* 10. unde *Z.*

1 = 16 *E.* vogelin *E. aber z.* 4 mine. 7. spæte] tete *E.*

Owê daz ich alsô rehte verre
von ir hin
gevaren bin!
jô fürhte ich sêre daz ez mir gewerre,
dazs ein ander siht,
und ich niht.
wolte got, und wærens alle tôren,
die ir sô vil gerûnen zuo den ôren!
Wil si wider si sô lange strîten
als wider mich,
daz lob ich:
sô getuot siz noch in langen zîten.
ê denn ez ergê,
ich kum ê.
wan des einen fürht ich harte sêre:
kan ich vil, sô kan si lîhte mêre.

Tumbe liute nement mich besunder,
und frâgent bî,
wer si sî.
rieten siz, daz wære ein michel wunder;
wan daz nie geschach
des ich dâ jach.
müget ir hœren gemelîchiu mære?
gerne weste ich selbe wer si wære.

Ich hân die zît wol gesehen an der linden: [XVI]
sist worden val:
owê jô lît al ir loup vor den winden
verre imme tal.
des müezen beide
walt unde heide
werben ze leide.

9=17 *E.* rehte *fehlt E.* 10. hin] her *E.* 16. gerumen *E.* 17=18 *E.* sô *fehlt E.* 23. förht *E.* 24. vil sie kan liht mere *E.*
25=19 *E.* 26. und fragent mich da bi *E.* 32. ich wer si selbe were *E.*
1=72 *E.* 3. allez ir laub vor der linden *E.* 7. werden *E.*

Swaz grüenes was, das blüchet besunder
. . . . .
loup unde gras, schœne bluomen dar under
. . . . .
noch klag ich mêre,
daz die vogel hêre
trûrent ze sêre.

Als ez nû stât, sô ist ez ze sorgen
sêre gewant.
der winter hât michel êre verborgen,
die ich hân genant.
daz klagt ich vil kleine,
wolt ein wîp aleine.
owê si vil reine!

Swer wîp wil sehen beide schœne unde wîse,
der sol frâgen dar:
sô muoz er jehen daz nie sunne ze prîse
stüende sô gar.
hôrt ir ie baz grüezen
mit worten sô süezen,
ich wil lüge büezen.

Dâ mac ein man wol verliesen die sinne
von grôzer nôt.
lachet sin an, so ist ir munt und ir kinne
wiz unde rôt.
seht, disiu schulde
machet deich dulde
nôt umb ir hulde.

Sich, sælic wîp, daz ich sô lange mîde
dich, daz tuot mir wê.
dîn süezer lîp ist unsenfte als ein sîde,
swarz als ein snê.
nâch sülchen güeten
mac mîn herze wüeten:
wie sol i'z behüeten?

8=73 *E.* 14. alzuo sere *E.*
15=74 *E.* 19. clage ich *E.*
22=75 *E.* 23. fregen *E.* 26. hœrt *E.* 28. die lüge *E.*
29=76 *E.*
36=77 *E.* Sie *E.*

Jârlanc sint die tage trüebe, [XVII]
lützel ist daz sich ze fröuden üebe.
des sint löuber unde gras
verdorben, dar zuo bluomen unde klê,
daz der ougen wünne was.
den vogeln tuot der kalte rîfe wê.
Sumer, dû hâst manege güete,
dû gîst al der werlde hôchgemüete.
winter, hâst dû trôstes iht,
sô trœste mich, daz ich gelobe dich.
leider, dû hâst liebes niht,
wan ein: des selben des gelüstet mich.
Winter, dû hâst lange nehte.
der ist sælic, dem sie kumen rehte.
der mit fröuden leben sol
bî . . . . . , dem sint si niht ze lanc:
dem entæte niht sô wol
der blüende meige noch sîn vogelsanc.
Ligents ân angest unde warme,
sie an sînem munde, er an ir arme,
so ist in liep der kurze tac.
der langen naht sint sie, ich wæne, frô:
lît man noch als man dô lac,
dô i's pflac, sô ist ez noch alsô.
Wol bedorfte ich guoter sinne:
mich entrœstet weder zît noch minne.
wâ von ist mir daz geschehen,
wan daz ich mich durch friunt versûmet hân?
wellen si daz übersehen.
daz stêt in übel, und hân ich wol getân.

Wie hân ich unsælic man
zallen spilen so getân ungevelle,

1=88 *E*.
7=89 *E*. 10. lobe *E*. 11. liebes niht *fehlt* *E*. 12. nûwen einen *E*.
13=90 *E*. 16. *etwa* bî liebe gelegen. dem ist si *E*. 17. en *fehlt* *E*.
19=91 *E*. Ligens *E*.
25=92 *E*. beduorfte *E*. 28. versûmet *E*.
31=106 *E*, 9 *F*. vil selig *E*, vil unselig *F*. 32. zuo allen spiln sus getan geviele *E*, zu allem spil solich ungevelle *F*.

daz ich niht gedienen kan
daz mir ieman rehte lônen welle?
mac ich dienen anderswâ,
dâ mîn dienest mich vervâ,
als ich bite, daz man spreche jâ?
Wære ich bî ir tûsent jâr, [XVIII]
sô enkönde ich aller rede mêre,
wan daz ich ir gerne wâr
sage und liep hân ir lîp und ir êre.
des biut ich ir mînen eit:
wil sis grœzer sicherheit,
mac si sprechen jâ, ich bin bereit.
Eines dinges prîse ich sie,
daz sie ist sô rehte wol versunnen,
daz si gerne mîdet die
die sô vil unnützer rede kunnen.
wol mich dazs erkennen kan
einen lachenden man!
daz sint dinc der ich ir vil wol gan.
Könde ich des geniezen iht
dazs an mir genædeclîche tæte,
son könd ich verderben niht:
sus ist al mîn fröude gar unstæte.
seht an disen grîsen roc:
ich gewinne alsülchen loc,
und ein grâwez kinne als ein boc.

---

33. gediene *F.* 34. das nymant *F.* 35. denn *F.* 36. das *F.* 37. pete *F.*
1=107 *E.* 3. 4. gerne sage war. und *E.*
8=108 *E.* 9. des ist sie so *E.* 13. *etwa* lechelenden?
14. vil *fehlt E.*
15=109 *E.* 21. kinde *E.*

HER WALTHER
VON DER VOGELWEIDE.

HER WALTHER VON DER VOGELWEIDE.

I.

3, Got, dîner Trinitâte,
die beslozzen hâte
dîn fürgedanc mit râte,
der jehen wir, mit drîunge
diu drîe ist ein einunge.
Ein got der hôhe hêre,
sîn ie selbwesende êre,
verendet niemer mêre,
der sende uns sîne lêre.
uns hât verleitet sêre
die sinne ûf mange sünde
der fürste ûz helle abgründe.
Sîn rât und bœses fleisches gir
die hânt geverret, hêrre, uns dir.
sît disiu zwei dir sint ze balt
und dû der beider hâst gewalt,
sô tuo daz dînem namen ze lobe,

Her *BC; fehlt A in allen überschriften.* Hie hebent sich die lieder an des meisters von der vogelweide hern walthers *E, und im repertorium bl. 2 vorw.* Lider hern walthers von der vogelweide und hinden nach ein getiht des Ruphermans.

1. *Den leich hat C, in welcher die erste reihe mit ihm beginnt, und k, aber diese wie die zu Wien in umgekehrter ordnung, s.* 5, 19—8, 3. 8, 1—5, 18. *in der Koloczaer handschrift steht darüber* Hie sulle wir lesen ein lop unde einen leich suzen von unser vrowen, *in der wienischen* Ein laich von unser vrowen. 2. die *Ck,* die ploz *l.* 3. din *kl,* sin *C.* 4. des iehe wir *kl.* mit triunge *C.* 5. dú drú *C,* die dri *k,* die drie *k*², die drei *l.* sint *l.* 7. din (den *l*) ie selbe bernde ere *kl.* 8. volendet *k,* volendent *k*², wol endet *l.* 9. nu sende *kl,* nu sendet *k*². uns din lere *kl.* 10. hant *C.* 11. an manic *kl.* 13. blodes *kl.* 14. habent *k.* geverre uns herre *l.* her *C.* 15. swa *k,* zwa *l.* uns sint *l.* 16. sint du *kl.*

und hilf uns daz wir mit dir obe
geligen, und daz dîn kraft uns gebe
sô starke stæte widerstrebe,
Dâ von dîn name sî gêret
und ouch dîn lop gemêret.
dâ von wirt er geunêret,
der uns dâ sünde lêret
Und der uns ûf unkiusche jaget:
sîn kraft von dîner kraft verzaget.
des sî dir iemer lop gesaget,
und ouch der reinen süezen maget,
von der uns ist der sun betaget,
der ir ze kinde wol behaget.
Maget und muoter, schouwe
der kristenheite nôt,
dû blüende gert Arônes,
ûf gênder morgenrôt,
Ezechîêles porte,
diu nie wart ûf getân,
dur die der künec hêrlîche
wart ûz und in gelân.
alsô diu sunne schînet
durch ganz geworhtez glas,
alsô gebar diu reine Krist, diu magt und muoter was.
Ein bosch der bran,
dâ nie niht an
besenget noch verbrennet wart:
breit unde ganz
beleip sîn glanz
vor fiures flamme unverschart.
daz was diu reine
magt alleine,
diu mit megetlîcher art
Kindes muoter worden ist

18. da wir *l.* 19. daz *fehlt l.* 21. si *kl,* wirt *C.* 23. So wirt *kl.* der geweret *l,* der geveret *k.* 24. da *fehlt kl.* geleret k^2. 25. und *fehlt kl.* der uns ouch von kusche iaget *kl.* 26. diner krefte *k, nicht* k^3. 1. *fehlt kl.* 2. schowet *C,* vsowe (*so*) *l.* 4. die plunde *l.* 8. erlich *kl.* 9. in und uz *kl.* 11. gewúrhtes *C.* 12. dich reiner krist (christ *l*) *kl.* 13. pusch enpran *kl.* 16. grun unde ganz *kl.* 17. da beleib *C.* 18. von *kl.* und unverschart *kl.* 19. ist *kl.* 21. magetlicher *kl.* 22. ir kindes *kl.*

ân aller manne mitewist,
wider menneschlîchen list
den wâren Krist
gebar, der uns bedâhte.
wol ir, daz si den ie getruoc,
der unsern tôt ze tôde sluoc!
mit sînem bluote er ab uns twuoc
den ungefuoc
den Even schulde uns brâhte.
    Salomônes
hôhes trônes
bist dû, frowe, ein selde hêre und ouch gebieterinne.
balsamîte,
margarîte,
ob allen magden bist dû, maget, ein magt, ein küneginne.
gotes amme,
ez was dîn wamme
ein palas kleine,
dâ daz reine
lamp aleine
lac beslozzen inne.
    Dem lamme ist gar
gelîch gevar
der megde schar:
die nement sîn war
und kêrent swar ez kêret.
daz lamp ist
der wâre Krist,
dâ von dû bist
nû alle frist
gehœhet und gehêret.

---

23. mitte vart *C.* 24. *fehlt C.* 26. gebar. da von uns selden (von unselden *l*) acht (*d. i.* sælde nâhte) *kl.* 27. wol uns *kl.* 29. tode er abe twuc (twanch *l*) *kl.* 30. unfuog *C.* 33. hohes *kl,* hohen *C.* 34. ein selde (selden *ohne* ein *l*) here *Cl,* selden hers *k.* 35. gebalsamte *l.* 37. ein magt ein *C,* muter *kl.* 38. lamme *C.* 39. ez *fehlt C.* 40. reine *C.* 1. 2. daz daz reine. lamp aleine *kl,* da er eine *C.* *im folgenden habe ich die zeilen nach kl geordnet: in C stehen* 9—13 *vor* 4—8. 4. daz lamp *kl.* 6. maget *kl.* 7. di (die *l*) nement *kl,* nu nemt *C.* 8. und keret swa sis keret *C.* swa *l.* 9. 10. Das lamme ist crist Der warer got ist *C.* *kl haben für beide zeilen nur* daz lamp ist krist. 11. von *fehlt kl.* 12. nu und alle vrist *kl, fehlt C.* 13. geret *C,* geeret *l.*

des bistû frowe gêret.
nû bite in daz er uns gewer
durch dich des unser dürfte ger:
dû sende uns trôst von himel her:
des wirt dîn lop gemêret.
Dû maget vil unbewollen,
der Gedêônes wollen
glîchest dû bevollen,
die got selbe begôz mit sîme touwe.
ein wort ob allen worten
beslôz dînr ôren porten,
daz süeze an allen orten
dich hât gesüezet, süeze himelfrouwe.
Daz ûz dem worte erwahsen sî,
daz ist von kindes sinnen frî:
ez wuohs ze worte, und wart ein man.
dâ merket alle ein wunder an:
ein got der ie gewesende wart
ein man nâch menneschlîcher art.
swaz er noch wunders ie begie,
daz hât er überwundert hie.
des selben wunderæres hûs
was einer reinen megde klûs
wol vierzec wochen und niht mê
ân alle sünde und âne wê.
Nû biten wir die muoter
und ouch der muoter barn,
si reine und er vil guoter
daz si uns tuon bewarn:
wan âne si kan niemen
hie noch dort genesen:
und widerredet daz iemen,

---

14 *fehlt kl.* 15. du bit *kl.* 17 *fehlt kl.* du *C, nicht* nu. 19. Du *fehlt Ckl.* 20. des *C.* 21. du den vollen *k,* du envollen *l.* 22. selbe *fehlt kl.* mit himel towe *kl.* *auf* 22 *folgt* 26 *in l.* 23. din *kl.* 24. beslos dinr *C,* entslozzen diner *kl.* 25 *fehlt l.* daz ist suze *k.* ob *C,* in *k.* 26. die suze himel vrowe *k,* di hymel vrowe *l.* 27. Swaz *k,* waz *l.* gewachsen *l.* 28. da *l.* vor *kl.* sinnes *C.* 29. daz wuchs *k,* daz wuech *l.* ze worte *C,* von kinde *kl.* 30. ein *fehlt kl.* 31. der ie wesende *kl.* 33. noch *fehlt kl.* 34. ie *kl.* 35. wunders *C.* 36. meide *kl.* chus *l.* 1 *vor* 5, 40 *kl.* si guten und er vil (vil *fehlt l*) gûter *kl.* 3. wan an si zwei *kl.* 4 *nach* 5 *l.* 5. und *fehlt C.* wider red *C.*

6, 6 der muoz ein tôre wesen.
Wie mac des iemer werden rât,
der umbe sîne missetât
niht herzelîcher riuwe hât?
sît got enheine sünde lât,
Die niht geriuwent zaller stunt
hin abe unz ûf des herzen grunt.
dem wîsen ist daz allez kunt,
daz niemer sêle wirt gesunt,
diu mit der sünden swert ist wunt,
sin habe von grunde heiles funt.
Nû ist uns riuwe tiure:
si sende uns got ze stiure
bî sînem minnefiure.
sîn geist der vil gehiure
Der kan wol herten herzen geben
wâre riuwe und lîhtez leben:
dâ wider solte niemen streben.
Swâ er die riuwe gerne weiz,
dâ machet er die riuwe heiz:
ein wildez herze er alsô zamt,
daz ez sich aller sünden schamt.
Nû sende uns, vater unde sun, den rehten geist her abe,
daz er mit sîner süezen fiuhte ein dürrez herze erlabe.
unkristenlîcher dinge ist al diu kristenheit sô vol.
swâ Kristentuom ze siechhûs lît, dâ tuot man im niht wol.
In dürstet sêre
nâch der lêre
als er von Rôme was gewon:
der im die schancte
und in dâ trancte
als ê, dâ wurd er varnde von.

---

7. mac *kl*, kunde *C*. 10. dehein *k*, dhain *l*. 11. gerewet *kl*. 12. des (!) *C*. 13. uns ist daz allen vil wol kunt *kl*. 16. si *l*. von rewen (rewe *l*) helfe funt (funft *l*) *kl*. 17. ruowe *C* (!). 18 *fehlt kl*. 19. mit *kl*. 21. der *fehlt l*. 22. lihtez *k*, liehtez k^2l, reines *C*. 23 *fehlt C*. dar (da *l*) wider sol *kl*. 25. da *k*, do *l*, dem *C*. 26. Sin k^2. 27. er k^2l. 28. uns *fehlt kl*. den selben *kl*. har aben *C*. 29. das wir mit diner *C*. vruht durre herze labe *kl*. erlaben *C*. 30. dinge ist die werlt al (alle k^2l) vol *kl*. 31. zu sich uns lit *l*. dem tuot niemen wol *kl*. 34. als ere *l*. waz gewon her *kl*. 35. die *kl*, da *C*. 36. da *C*, nu *kl*. 37. warnde *l*, varnde *Ck*.

6,38 Swaz im dâ leides ie gewar,
daz kam von simonîe gar,
und ist er dâ sô friunde bar,
7,1 daz ern getar
niht sînen schaden gerüegen.
kristentuom und kristenheit,
der disiu zwei zesamne sneit,
gelîche lanc, gelîche breit,
liep unde leit,
der wolte ouch daz wir trüegen
In Kriste kristenlîchez leben.
sît er uns hât ûf eine gegeben,
sô suln wir uns niht scheiden.
swelch kristen kristentuomes giht
an worten, und an werken niht,
der ist wol halp ein heiden.
daz ist unser meiste nôt:
daz eine ist ân daz ander tôt:
nû stiure uns got an beiden,
Und gebe uns rât,
sît er uns hât
sîn hantgetât
geheizen offenbâre.
nû senfte uns, frowe, sînen zorn,
barmherzic muoter ûz erkorn,
dû frîer rôse sunder dorn,
dû sunnevar wiu klâre.
Dich lobet der hôhen engel schar:
doch brâhten si dîn lop nie dar
daz ez volendet wurde gar,
Dâ ez ie wurde gesungen
in stimmen oder von zungen
ûz allen ordenungen
ze himel und ûf der erde.

39. symeone dar *l.* 40. nu ist er also vreuden bar *kl.* 1. er *kl.* 2. rugen *kl.* 4. Swer *kl.* 7. er wolte daz *kl.* 8. Krist unde kristenlichez leben *kl.* 9. hat *fehlt kl.* eine *C*, ein *kl.* 10. uns scheiden niht *k*[a]*l.* 11. giht *kl*, pfliget *C.* 14. nu ist unser (*d. i.* uns ir) beider not *kl.* 22 *fehlt l.* barm herzige *k.* 23. frier *C*, vrowe *kl.* 24. sunnen varbe *kl.* 25. lobent *kl.* 26. den lop *l.* 27. das *C*, do *kl.* 28. Das es ie *C.* Swaz lobes si gesungen *kl.* 29. von *kl*, us *C.* 31. der *fehlt kl.* erden *l.*

ich mane dich, gotes werde,
Wir biten umb unser schulde dich,
daz dû uns sîst genædiclich,
Sô daz dîn bete erklinge
vor der barmunge urspringe:
sô hân wir des gedinge,
diu schulde werde ringe,
Dâ mite wir sêre sîn beladen.
hilf uns daz wir si abe gebaden
Mit stæte wernder riuwe
umb unser missetât,
die nieman âne got und âne dich ze gebenne hât.

Ich saz ûf eime steine,
und dahte bein mit beine:
dar ûf satzt ich den ellenbogen:
ich hete in mîne hant gesmogen
daz kinne und ein mîn wange.
dô dâhte ich mir vil ange,
wie man zer welte solte leben:
deheinen rât kond ich gegeben,
wie man driu dinc erwurbe,
der keines niht verdurbe.
diu zwei sint êre und varnde guot,
daz dicke ein ander schaden tuot:
daz dritte ist gotes hulde,
der zweier übergulde.
die wolte ich gerne in einen schrîn.
jâ leider desn mac niht gesîn,
daz guot und weltlich êre

---

32. Des mane wir dich (dich wir k^2) werde *k*, des mane dich vil werden *l*. 33. und biten *kl*. sunde *kl*. 34. genaden rich *kl*. 36 *nach* 38 k^2l. vor der *C*, uz der *k*, von diner k^2l. 37. habe *kl*. des gedinge *k*, gedinge *l:* den gedinge *C*. 38. Unser *kl*. 39. sere *C*, vrowe *kl*. 1. mit starker steter rewe *kl*. 3. die ane (an k^2l) dich und an got nieman (niemen *l*) ze geben hat *kl*.

*4=43 *A*, 18 *B*, 1 *C*. ainem *B*. 5. do dahte ich *BC*. 6. saste ich *ABC*. den *A*, min *BC*. 8. min kinne *A*. 10. wes man *A*. 11. ich mir *BC*. 13. der deheinoz *A*, der deheines *BC*. 15. der ietweders dem andern schaden tuot *BC*. 19. des enmac niht sin *A*, des mac niht gesin *BC*. 20. weltiche *A*.

und gotes hulde mêre
zesamene in ein herze komen.
stîg unde wege sint in benomen:
untriuwe ist in der sâze,
gewalt vert ûf der strâze:
fride unde reht sint sêre wunt.
diu driu enhabent geleites niht, diu zwei enwerden ê gesunt.

Ich hôrte ein wazzer diezen
und sach die vische fliezen,
ich sach swaz in der welte was,
velt walt loup rôr unde gras.
swaz kriuchet unde fliuget
und bein zer erde biuget,
daz sach ich, unde sage iu daz:
der keinez lebet âne haz.
daz wilt und daz gewürme
die stritent starke stürme,
sam tuont die vogel under in;
wan daz si habent einen sin:
si dûhten sich ze nihte,
si enschüefen starc gerihte.
si kiesent künege unde reht,
si setzent hêrren unde kneht.
sô wê dir, tiuschiu zunge,
wie stêt dîn ordenunge!
daz nû diu mugge ir künec hât,
und daz dîn êre alsô zergât.
bekêrâ dich, bekêre.
die cirkel sint ze hêre,
die armen künege dringent dich:
Philippe setze en weisen ûf, und heiz si treten hinder sich.

---

22. zesame *A*. In ainen schrîn múgin komen *BC*. 23. stige *BC*. genomen *BC*. 25. vert *A*, ist *BC*. 26. sere *A*, baide *B*, beidú *C*. 27. en *fehlt* *BC*. enwerden *A*, werden *B*, werdent *C*.
28=44 *A*, 20 *B*, 3 *C*. ein *A*, dú *BC*. 31. walt velt *BC*. lop rot *A*. 32. swas flússet oder flúget *BC*. 33. oder *BC*. erden *A*. 35. der dekeinez *A*, dehaines *BC*. 1. stritten *BC*. 2. same *A*, also *BC*. tuon *C*. 4. si en duhten sich zeniht *A*. sú wæren anders ze nihte *BC*. 5. si schuefen *A*, sú schaffent *BC*. guot *BC*. 6. setzent *BC*. 7. und schaffent *BC*. 8. owe *A*. 9. stat *BC*. 12. beker adich *A* (!). 13. cirkel *C*, cirken *A*, kilchen *B*. 15. en] ein *A*, den *BC*.

9,16 Ich sach mit mînen ougen
manne und wîbe tougen,
deich gehôrte und gesach
swaz iemen tet, swaz iemen sprach.
ze Rôme hôrte ich liegen,
zwêne künege triegen.
dâ von huop sich der meiste strît
der ê was oder iemer sît,
dô sich begunden zweien
die pfaffen unde leien.
daz was ein nôt vor aller nôt:
lîp unde sêle lac dâ tôt.
die pfaffen striten sêre:
doch wart der leien mêre.
diu swert diu leiten si dernider,
und griffen zuo der stôle wider:
si bienen die si wolten,
und niht den si solten.
dô stôrte man diu goteshûs.
ich hôrte verre in einer klûs
vil michel ungebære:
dâ weinte ein klôsenære,
er klagete gote sîniu leit,
'owê der bâbest ist ze junc: hilf, hêrre, dîner kristenheit.'

10, 1 Mehtiger got, dû bist sô lanc und bist sô breit:
gedæht wir dâ nâch daz wir unser arebeit
niht verlürn! dirst ungemezzen maht und êwekeit.
ich weiz bî mir wol daz ein ander ouch dar umbe trahtet:
sô ist ez, als ez ie was, unseren sinnen unbereit.
dû bist ze grôz, dû bist ze kleine: ez ist ungahtet.
tumber gouch, der dran betaget oder benahtet!
wil er wizzen daz nie wart gepredjet noch gepfahtet?

16=45 *A*, 19 *B*, 2 *C*: *aber A fehlen die ersten vier zeilen.* 17. man unde wip tougen *BC*. 18. da ich *BC*. 20. Ich horte in rome liegen *A*. 21. und zwene *BC*. kriegen *C*. 23. der e wart oder sit *BC*. 24. der begonde sich zweien *A*. 25. die *fehlt BC*. 26. da *BC*. von *A*. 29. leien] lere *A*. 30. swert diu *A*, swerte *B*, swert *C*. si *fehlt A*. da nider *BC*. 31. sú griffen an die *BC*. 33. niut *A*. 35. do horte ich *BC*.

* 1=1 *B*, 4 *C*. *das zweite* bist *fehlt B*. 2. gedæhten *BC*. arbeit *B*, erebeit *C*. 3. dir sint beidú ungemessen *BC*. 6. ungeahtet *BC*. 7. daran *BC*. betage *B*.

10, Rich, hêrre, dich und dîne muoter, megde kint,
an den die iuwers erbelandes vînde sint.
lâ dir den kristen zuo den heiden sîn alsô den wint:
dû weist wol daz die heiden dich niht irrent alters eine.
an dîner râche gegen in, hêrre vater, niht erwint.
die sint wider dich doch offenlîche unreine:
wan si meinent dich mit ganzen triuwen kleine;
dise unreiner, diez mit in sô stille habent gemeine.

Bot, sage dem keiser sînes armen mannes rât,
daz ich deheinen bezzern weiz als ez nû stât.
ob in guotes unde liute ieman erbeiten lât,
sô var er balde und kome uns schiere, lâze sich niht tœren;
irre ouch etelîchen der got und in girret hât;
die rehten pfaffen warne, daz si niht gehœren
den unrehten die daz rîche wænent stœren;
scheides von in, oder scheides alle von den kœren.

Solt ich den pfaffen râten an den triuwen mîn,
sô spræche ir hant den armen zuo 'sê daz ist dîn':
ir zunge sunge unde lieze manegem man daz sîn;
gedæhten daz ouch si durch got ê wâren almuosnære:
dô gap in êrste geltes teil der künic Constantîn.
het er gewest daz dâ von übel künftic wære,
sô het er wol underkomen des rîches swære;
wan daz si dô wâren kiusche und übermüete lære.

Mîn alter klôsenære, von dem ich sô sanc,
dô uns der êrre bâbest alsô sêre twanc,
der fürhtet aber der goteshûse, ir meister werden kranc.

9=2 *B*, 5 *C*. *durch umstellungszeichen, die von blasserer tinte und anderem schriftcharakter sind, aber immerhin vom schreiber selbst herrühren könnten, ist angezeigt, dass* 5 *C nach* 6 *C gehört* (!). der mægde *BC*. 11. haiden baide sin *BC*. alse *B*, als *C*. 13 *und* 15 *fehlen B: C hat folgende ordnung,* 9. 10. 11. 15. 13. 12. 14. 16. 16. unrainer *B*, unreine *C*.

17=3 *B*, 6 *C*. 19. niemen *BC*. 20. sich *B*, si *C*.

25=4 *B*, 7 *C*. 26. ich ir hant *B*. 27. singe *B*. manigem *B*, mengem *C*. *ich ziehe in diesem worte das* a *vor, wenn es eine handschrift giebt.* 28. got. waren (weren *C*) almuosenære *BC*. 29. in erste gelt der *B*, ir erste teil der *C*. 30. gewist das da *B*. 31. wol *fehlt BC*.

33=5 *B*, 8 *C*. 34. irre *C*. 35. goteshuseræere ir *BC*, *und zwar B mit* æ. *aber die form ist wunderbar, und s.* 9, 34 *stand* diu goteshûs.

11, er seit, ob si die guoten bannen und den übeln singen,
man swenke in engegene den vil swinden widerswanc:
an pfrüenden und an kirchen müge in misselingen:
der sî vil die dar ûf iezuo haben gedingen
dazs ir guot verdienen umb daz rîche in liehten ringen.

Hêr bâbest, ich mac wol genesen:
wan ich wil iu gehôrsam wesen.
wir hôrten iuch der kristenheit gebieten
wes wir dem keiser solten pflegen,
dô ir im gâbent gotes segen,
daz wir in hiezen hêrre und vor im knieten.
ouch sult ir niht vergezzen,
ir sprâchent 'swer dich segene, sî
gesegent: swer dir fluoche, sî verfluochet
mit fluoche volmezzen.'
durch got bedenkent iuch dâ bî
ob ir der pfaffen êre iht geruochet.

Dô gotes sun hien erde gie,
do versuohten in die juden ie:
sam tâtens eines tages mit dirre frâge.
si frâgeten obe ir frîez leben
dem künege iht zinses solte geben.
dô brach er in die huote und al ir lâge.
er iesch ein münizîsen,
er sprach 'wes bilde ist hie ergraben?'
'des keisers,' sprâchen dô die merkære.
dô riet er den unwîsen
daz si den keiser liezen haben
sîn küneges reht, und got swaz gotes wære.

---

3. kilchen *BC.* *diese alemannische form habe ich überall getilgt.* 4. ieze *B.*

*6=6 *B*, 9 *C.* 9. wie wir des keisers *C.* 10. gabent den *BC.* 11. in herren hiessen *BC.* 13. 14. segene der si gesegenet *B*, segne das der gesegent si *C.* 14. der si *BC.*

18=84 *A*, 7 *B*, 10 *C.* Des *A.* hie in *ABC.* 20. same *A*, also *BC.* 21. frageten *B*, vragenten *A*, vrageten in *C.* 22. dem riche *BC.* 23. do verstuont er wol ir huote unde ir lage *BC.* 24. hiesch *A.* munzisen *AC.* 25. hie *A*, hinne *BC.* 29. kaisers *BC.* gotte das gottes *BC*

Hêr keiser, sît ir willekomen.
der küneges name ist iu benomen:
des schînet iuwer krône ob allen krônen.
iur hant ist krefte und guotes vol:
ir wellet übel oder wol,
sô mac si beidiu rechen unde lônen.
dar zuo sag ich iu mære:
die fürsten sint iu undertân,
si habent mit zühten iuwer kunft erbeitet.
und ie der Mîssenære
derst iemer iuwer âne wân:
von gote wurde ein engel ê verleitet.

Hêr keiser, ich bin frônebote
und bring iu boteschaft von gote.
ir habt die erde, er hât daz himelrîche.
er hiez iu klagen (ir sît sîn voget),
in sînes sunes lande broget
diu heidenschaft iu beiden lasterlîche.
ir muget im gerne rihten:
sîn sun der ist geheizen Krist,
er hiez iu sagen wie erz verschulden welle:
nû lât in zuo iu pflihten.
er rihtet iu da er voget ist,
klagt ir joch über den tievel ûz der helle.

Hêr keiser, swenne ir Tiuschen fride
gemachet stæte bî der wîde,
sô bietent iu die fremeden zungen êre.
die sult ir nemen ân arebeit,
und süenent al die kristenheit:
daz tiuret iuch, und müet die heiden sêre.

30=80 *A*, 8 *B*, 11 *C*. Der *A*. ir sit (sint *B*) *BC*. 31. des *BC*. kúnege *A*. 33. creftig guotes vol *BC*. 34. wellet *A*, vûllent *B*, wellent *C*. *das* ent *der zweiten person des plurals habe ich zwar nicht mit Grimm (gramm.* 1, 932) *überall zu verändern gewagt: doch habe ich* et *gesetzt, wenn es auch nur Eine handschrift gab.* 35. so mugent (muget *C*) ir baidiu *BC*. rehten *C*. 2. und habent *BC*. úwerren kunft arebaitet *B*.

6=81 *A*, 360 [376] *C*. 8. ir hab *C*. die ere *A*. er hat *Bodmer:* ir hant *AC*. 15. iu *fehlt A*. 16. uch da vogt *A* (!).

18=82 *A*, 361 [377] *C*. 19. machet *C*. 21. arbeit *A*, erbeit *C*. 22. suenen *A*. 23. ú *C*.

ir tragt zwei keisers ellen,
des aren tugent, des lewen kraft:
die sint dez herzeichen an dem schilte.
die zwêne hergesellen,
wan woltens an die heidenschaft!
waz widerstüende ir manheit und ir milte?

Got gît ze künege swen er wil:
dar umbe wundert mich niht vil:
uns leien wundert umbe der pfaffen lêre.
si lêrten uns bî kurzen tagen:
daz wellents uns nû widersagen.
nû tuonz dur got und dur ir selber êre,
und sagen uns bî ir triuwen,
an welher rede wir sîn betrogen;
volrecken uns die einen wol von grunde,
die alten ode die niuwen.
uns dunket einez sî gelogen.
zwô zungen stânt unebne in einem munde.

Owê waz êren sich ellendet [von] tiuschen landen!
witze unde manheit, dar zuo silber und daz golt,
swer diu beidiu hât, belîbet der mit schanden,
wê wie den vergât des himeleschen keisers solt!
dem sint die engel noch die frowen holt.
armman zuo der werlte und wider got,
wie der fürhten mac ir beider spot!

Owê ez kumt ein wint, daz wizzent sicherlîche,
dâ von wir hœren beide singen unde sagen:
der sol mit grimme ervaren elliu künicrîche.
daz hœre ich wallære unde pilgerîne klagen:
boume, türne ligent vor im zerslagen:
starken liuten wæt erz houbet abe.
nû suln wir fliehen hin ze gotes grabe.

---

25. arn *AC*. tûgent *A*. 26. des *AC*. 29. was wirde stuende *C*. 30=83 *A*, 362 [378] *C*. gibet *A*. swaz *A*. 35. durh ir *C*. ir selbes *A*. 1. volrechen *C*. grûnde *A*. 2. ode] ê *AC*. *5=9 *B*, 12 *C*. 6. das *B*, *fehlt C*. 7. der belibet *BC*. 8. wê *fehlt BC*. himelschen *BC*. 10. ze der *BC*. 12=13 *C*. Owê *fehlt C*. 17. weiet er dú houbet *C*.

Owê wir müezegen liute, wie sîn wir versezzen
zwischen [zwein] fröiden nider an die jâmerlîchen stat!
aller arebeite heten wir vergezzen,
dô uns der kurze sumer sîn gesinde wesen bat.
der brâhte uns varnde bluomen unde blat:
dô trouc uns der kurze vogelsanc.
wol im der ie nâch stæten fröiden ranc!

Owê der wîse die wir mit den grillen sungen,
dô wir uns solten warnen gegen des kalten winters zît!
daz wir vil tumben mit der âmeizen niht rungen,
diu nû vil werdeclîche bî ir arebeiten lît!
daz was ie der welte strît,
tôren schulten ie der wîsen rât.
wan siht wol dort wer hie gelogen hât.

Maneger frâget waz ich klage,
unde giht des einen daz ez iht von herzen gê.
der verliuset sîne tage:
wand im wirt von rehter liebe neweder wol noch wê:
des ist sîn geloube kranc.
swer gedæhte
waz diu minne bræhte,
der vertrüege mînen sanc.
   Minne ist ein gemeinez wort,
und doch ungemeine mit den werken: dêst alsô.
minne ist aller tugende ein hort:
âne minne wirdet niemer herze rehte frô.
sît ich den gelouben hân,
frouwe Minne,
fröit ouch mir die sinne.
mich müet, sol mîn trôst zergân.
   Mîn gedinge ist, der ich bin
holt mit rehten triuwen, dazs ouch mir daz selbe sî.

19=10 *B*, 14 *C*. 21. arebait *B*, arbeit *C*. 24. truog *B*.
26=11 *B*, 15 *C*. Uve (We *C*) geschehe der *BC*. 28. amaisen *B*. 31. tôrn *C*. 32. wer *Wackernagel:* swer *BC*.
*33=16 *C*. 1. wart *C*. nie weder *C*. 2. gelúke *C*.
6=17 *C*, 31 *p*. ist gemeine *p*. 7. an den w nrken dast *p*. 8. aller sel den hort *p*. 9. ane minne mag niemer herze werden rehte fro *p*. 11. frowen *p*. 12. trœstent mir *p*. 13. mir ist leit sol *p*.
14=18 *C*.

triuget dar an mich mîn sin,
sô ist mînem wâne leider lützel fröiden bî.
neinâ hêrre! sist sô guot,
swenne ir güete
erkennet mîn gemüete,
daz si mir daz beste tuot.
   Wiste si den willen mîn,
liebes unde guotes des wurd ich von ir gewert.
wie möht aber daz nû sîn?
sît man valscher minne mit sô süezen worten gert,
daz ein wîp niht wizzen mac
wer si meine.
disiu nôt alleine
tuot mir manegen swæren tac.
   Der diu wîp von êrst betrouc,
der hât beide an mannen und an wîben missevarn.
in weiz waz diu liebe touc,
sît sich friunt gein friunde niht vor valsche kan bewarn.
frowe, daz ir sælic sît!
lânt mit hulden
mich den gruoz verschulden,
der an friundes herzen lît.

Allerêrst lebe ich mir werde,
sît mîn sündic ouge siht
daz hêre lant und ouch die erde
der man vil der êren giht.

22=19 *C*, 32 *p*. Wuste die liebe minen sin *p*. 23. So möht ich wol liebes unde gewert *p*. 24. we wie *p*. nu *C*, min *p*. 25. liebe *p*.

30=20 *C*, 30 *p*. von erst *p*, alrerst *C*. 31. an wiben und an mannen *p*. 32. weis niht was die minne dung *p*. 35. lant mit uwern hulden *p*. 36. beschulden *p*. 37. hertze *p*.

*38=50 *A*, 12 *B*, 21 *C*, 201 *E*, *M* (*Docens miscell.* 2, 207, *Schmellers carm. Bur. s.* 72), 4 *Z*. Allerêrst] Alrest *B*, Alrerst *CE*, Nu alrest *AZ*. lebe] sihe *durch rasur aus* siche *E*. mir vil *B*. Nu lebe ich mir alrest werde *M*. 39. ersicht *Z*. 1. here *A*, raine *BC*, heilige *E*, schœne *M*, liebe *Z*. 2. der *BCM*, dem *AEZ*. vil der *AM*, a[l] der *Z*, so vil *BCE*. tugende *E*.

15, 3 mirst geschehen des ich ie bat,
ich bin komen an die stat
dâ got mennischlîchen trat.
Schœniu lant rîch unde hêre,
swaz ich der noch hân gesehen,
sô bist duz ir aller êre.
waz ist wunders hie geschehen!
daz ein magt ein kint gebar
hêre übr aller engel schar,
was daz niht ein wunder gar?
Hie liez er sich reine toufen,
daz der mensche reine sî.
dô liez er sich hie verkoufen,
daz wir eigen wurden frî.
anders wæren wir verlorn.
wol dir, sper kriuz unde dorn!
wê dir, heiden! deist dir zorn.
Do er sich wolte übr uns erbarmen,
hie leit er den grimmen tôt,
er vil rîche übr uns vil armen,
daz wir komen ûz der nôt.
daz in dô des niht verdrôz,
dast ein wunder alze grôz,
aller wunder übergnôz.

---

3. mirst *A*, mir ist *E*, nu ist *MZ*, es ist *BC*. des] als *Z*. ie] da *M*. 5. stat *E*.

6=51 *A*, 22 *C*, 203 *E*, 5 *Z*. 7. habe *Z*. 8. so bistu (so ist diz *E*) aller lande ein ere *EZ*. 11. herre *Z*. herer denne der engel schar *E*. 12. enist daz *Z*.

13=52 *A*, 23 *C*, 204 *E*, 8 *Z*. Sit liez *E*, Alrest do liez *Z*. reine *fehlt EZ*. 14. durch daz *Z*. auch reine *E*. 15. sit do *Z* (dar nach *E*) liez er sich verkoufen *EZ*. 16. durch daz *Z*. eine *A*. w^{3}den *E*. 18. wen (wanne sin *E*) sper *EZ*. 19. we dir *Z* (*wie schon Bodmer verbesserte*), wie dir *AC*, werder *E*. heiden daz ist dir *EZ*, zeiden dienst der *A*, ze den ist din *C*.

20=14 *B*, 24 *C*, 9 *Z*. wolte *fehlt B*. übr uns] do *Z*. 21. hie *B*, do *CZ*. 22. durch uns armen *Z*. 23. durch daz wir quemen *Z*. 25. Ist daz nicht ein wunder groz *Z*.

15,27 Hinnen fuor der sun zer helle
von dem grabe, da'r inne lac.
des was ie der vater geselle,
und der geist, den niemen mac
sunder scheiden: êst al ein,
sleht und ebener danne ein zein,
als er Abrahâme erschein.
Do er den tievel dô geschande,
daz nie keiser baz gestreit,
dô fuor er her wider ze lande.
dô huob sich der juden leit,
daz er hêrre ir huote brach,
und daz man in sît lebendic sach,
den ir hant sluoc unde stach.
16, 1 Dar nâch was er in dem lande
vierzic tage: dô fuor er dar
dannen in sîn vater sande.
sînen geist, der uns bewar,
den sant er hin wider zehant.
heilic ist daz selbe lant:
sîn name der ist vor gote erkant.
In diz lant hât er gesprochen
einen angeslîchen tac,

27=53 *A*, 15 *B*, 25 *C*, 205 *E*, 10 *Z*. Dannan *E*, Sint do *Z*. fuor er hin *E*. zer *AE*, zur *Z*, ze *BC*. 28. von] uz *Z*. dâr *C*, da er *ABZ*, do er *E*. inne *fehlt Z*. 29. ie] e *Z*. des (dest *C*) der vatter ie geselle *BC*. 30. den] die *Z*. 31. sunder *fehlt Z*. gescheiden *A*, bescheiden *Z*. êst al ein] dest alleine *A*, es ist ain *B*, es si ein *C*, ez ist *E*, wen sie sin beide ein *Z*. 32. Slehter denne ein zein *E*. danne *fehlt A*.

34=54 *A*, 26 *C*, 206 *E*, 11 *Z*. do *A*, also *C*, dort *EZ*. 35. ritter *E*. 36. dannen *Z*. er wider *EZ*. heim zelande *E*. 37. do irhuob *Z*. sich do der *C*. 38. daz der *Z*, wenne er *E*. herre ir *CZ*, here *A*, in ir *E*. 39. daz *fehlt E*. Unde er mit sinen ougen sach *Z*. 40. ir] sin *Z*. nuoc *A*.

1 = *auf dem rande C*, 211 *E*, 12 *Z*. Sit was er in disem lande *Z*. 3. dannen *fehlt CE*. in] uns *Z*. 4. der *EZ*, er *C*. ûns *C*. 5. Dannen vuor er wider zu hant *Z*. 7. der *fehlt Z*.

8=55 *A*, 16 *B*, 27 *C*, 208 *E*, 14 *Z*. In daz *C*. 9. sinen *Z*, den vil *E*.

dâ diu witwe wirt gerochen
und der weise klagen mac
und der arme den gewalt
der dâ wirt mit ime gestalt.
wol im dort, der hie vergalt!
  Unser lantrehtære tihten
fristet dâ niemannes klage:
wan er wil zestunden rihten,
so ez ist an dem lesten tage:
und swer deheine schult hie lât
unverebenet, wie der stât
dort da er pfant noch bürgen hât!
  Ir enlât iuch niht verdriezen
daz ich noch gesprochen hân.
sô wil ich die rede entsliezen
kurzwîlen, und iuch wizzen lân,
swaz got mit der welte ie
. . . . begie,
daz huob sich dort und endet hie.
  Kristen juden und die heiden
jehent daz diz ir erbe sî:

---

10. der waise *BC*. 11. der weise *Z* (*wie Lachmann bereits besserte*), der arme *A*, der *E*, dú witewe *BC*. 12. der weise *A*. 13. der da wirt an ime *A*, der an im hie wirt *Z*, der mit ime wirt *E*, den man hat mit ime (in *C*) *BC*. 14. so wol *Z*.

15=17 *B*, 28 *C*, 209 *E*, 13 *Z*. Unserre *BC*. lantrihtere rihten *EZ*. 16. vristet dort *Z*, unde envristent dort *E*. 17. wan *fehlt EZ*. ze stunden *E*, da zu stunden *Z*, da zestunt *BC*. 18. so ist ez *BCZ*. letzzesten *E*. 19. und *fehlt EZ*. schulde *BCE*. hie hat *B* (!) *E*. 20. ungevrebenet *Z*, verebenet *E*. der *BCZ*, der dort *E*. 21. Do er weder *E*, Da her *Z*.

22 = *auf dem rande C*, 210 *E*, 15 *Z*. Ir lat *CE*, Nu lat *Z*. uch des nicht *Z*. 23. des *Z*. geredet *Z*. 24. ich wil uch die *Z*. 25. kürtzelich *E*. ouch *C*. Unde lazen uch verstan *Z*. 26.—28. Swaz got wunders hie noch le (!). Mit dem menschen erbege. Daz huob sich unde lendet he *Z*. 27 *l.* mensche wunders ê begie? *Kraus*.

29=56 *A*, 13 *B*, 29 *C*, 207 *E*, 6 *Z*. Juden cristen *A*. unde (und *A*) heiden *AZ*. und die heiden *fehlt E*. 30. daz dinir erbe *A*.

16,31 got müez ez ze rehte scheiden
durch die sîne namen drî.
al diu welt diu strîtet her:
wir sîn an der rehten ger:
reht ist daz er uns gewer.

Philippe, künec hêre,
si gebent dir alle heiles wort
und wolden liep nâch leide.
nû hâst dû guot und êre:
17, 1 daz ist wol zweier künege hort:
diu gip der milte beide.
der milte lôn ist sô diu sât,
diu wünneclîche wider gât
dar nâch man si geworfen hât:
wirf von dir milteclîche.
swelch künec der milte geben kan,
si gît im daz er nie gewan.
wie Alexander sich versan!
der gap und gap, und gap sim elliu rîche.

Wir suln den kochen râten,
sît ez in alsô hôhe stê
daz si sich niht versûmen,
daz si der fürsten brâten
snîden grœzer baz dan ê

---

31. muesse es *BC*, der muezze *E*, der muzes uns *Z*, sol uns *A*. ze rehte *ABC*, rehte *E*, *fehlt Z*. bescheiden *AZ*. 32. der siner *E*. Und die heren namen dri *Z*. 33. *das zweite* diu *fehlt B*, *nach* welt *ist* st dú *gestrichen C*. her] der *A*. 35. uns wer *A*.

*36=94 *A*, 24 *B*, 124 [129] *C*. 37. heiles *A*, heldes *BC*. 1. dar zuo wol *BC*. zweir *A*. 2. du gip din *A*, die gip der *BC*. 3. der milten *A*. dú milte lonet same dú sat *BC*. 5. da nach *B*. si *AC*, ir *B*. 7. swel *A*. 10. do *C für das zweite* und.

11=95 *A*, 363 [379] *C*. 14. der wursten *A*. 15. snider *A*.

17,16 doch dicker eines dûmen.
ze Kriechen wart ein spiz versniten:
daz tet ein hant mit argen siten
(sin möht ez niemer hân vermiten):
der brâte was ze dünne.
des muose der hêrre für die tür:
die fürsten sâzen an der kür.
der nû daz rîche alsô verlür,
dem stüende baz daz er nie spiz gewünne.

Waz êren hât frô Bône,
daz man sô von ir singen sol?
si rehtiu vastenkiuwe!
sist vor und nâch der nône
fûl und ist der wibel vol
wan êrst in der niuwe.
ein halm ist kreftec unde guot:
waz er uns allen liebes tuot!
er fröit vil manegem sînen muot:
wie danne umb sînen sâmen?
von grase wirdet halm ze strô,
er machet manic herze frô,
er ist guot nider unde hô.
frou Bôn, set liberâ nos â mâlô, âmen.

18, 1 Hêr Wîcman, ist daz êre,
daz man die meister irren sol
sô meisterlîcher sprüche?
lâtz iu geschehen niht mêre:
für wâr ich iu daz râte wol.
waz obe hêr Walther krüche?

---

16. einer *A*. tumen *C*. 20. túnne *C*. 21. muoze *A*, mueze *C*. 25=96 *A*, 364 [380] *C*. bat *A*. 26. so *fehlt C*. 29. Vul *C*, wol *A*. 31. crestec *A*, crestet *C*. 35. wirt *A*, und von *C*. halme z stro *C*. 37. hohe *A*, hœhe *C*. 38. frowe bone *AC*. amen *fehlt C*.

1=97 *A*, 125 [130] *C*. Her Volcnant *C*. ist der *A*, habt irs *C*. 2. irten *A*. Das ir den meistern tretten welt *C*. 3. so meinsterlichen spreche *A*, ir meisterlichen sprúche *C*. 4. latz ú *C*, lat ez uch *A*. 5. uch daz raten sol *A*. Sit das mans ú zúnwizen zelt *C*. 6. waz *A*, wan *C*. hêr *A hier und z.* 11. *danach habe ich überall* hêrre *geschrieben: denn dass dem dichter diese alte aussprache gerecht war, scheint daraus zu erhellen dass er das wort nirgend im reim hat.* irruhe *A*.

18, er soltz doch iemer hân vor iu,
alsô der weize vor der spriu.
singt ir einz, er singet driu,
dazz sich gelîchet rehte als ars und mâne.
hêr Walther singet swaz er wil,
des kurzen und des langen vil:
sus mêret er der welte spil:
sô jagent ir alse ein leitehunt nâch wâne.

Mir hât ein lieht von Franken
der stolze Mîssenære brâht:
daz vert von Ludewîge.
ichn kan ims niht gedanken
sô wol als er mîn hât gedâht,
wan daz ich tiefe nîge.
künd ich swaz ieman guotes kan,
daz teilte ich mit dem werden man.
der mir sô hôher êren gan,
got müeze im êre mêren.
zuo flieze im aller sælden fluz,
niht wildes mîde sînen schuz,
sîns hundes louf, sîns hornes duz
erhelle im und erschelle im wol nâch êren.

Diu krône ist elter danne der künec Philippes sî:
dâ mugent ir alle schouwen wol ein wunder bî,
wies ime der smit sô ebene habe gemachet.
sîn keiserlîchez houbet zimt ir alsô wol,

---

7. ir solt ez — vor uch *A*. Man heten doch vil bas danne ú *C*. 8. wetze *A*. Er ist das korn ir sit dú sprú *C*. 9. singet er *A*, singet ir *C*. 10. daz gelichet sich rehte alse *A*, ir sit gelich als *C*. 11. waz *A*. 12. kurken *C*. 13. der welt ir spil *C*. 14. leithunt *A*, valscher hunt *C*.

15=98 *A*, 104 [109] *und noch einmahl nach* 125 [131] *C*, 27 *Z* (*nur z.* 15—18 *erhalten*). ein liet *CZ*, ein lieht *A*. 16. edele *Z*. 17. wert *A*. 18. ich kan ims *C*, ichn kans im *Z*, ich enkan in *A*. 20. tiefe ime nige *C*. 24. got muoze ime erenneren *A*, got muesse ouch im(e) die sinen iemer meren *C*. 25. darzuo vliz vn̄ (*statt* im) selden vluz *A*. 26. iht wil des vn̄ sinen schuz *A*. 27. sin hundes *A*. 28. der helle ime unde schelle ime *A*.

*29=109 *B*, 291 [309] *C*. phylippe *B*. 30. da mugint ir merken unde schowen wunder bi *B*. 31. ime *fehlt B*. 32. ir also *C*, der krone *B*.

daz si ze rehte nieman guoter scheiden sol:
ir dewederz daz ander niht enswachet.
si liuhtent beide ein ander an,
daz edel gesteine wider den jungen süezen man:
die ougenweide sehent die fürsten gerne.
swer nû des rîches irre gê,
der schouwe wem der weise ob sîme nacke stê:
der stein ist aller fürsten leitesterne.

Ez gienc, eins tages als unser hêrre wart geborn
von einer maget dier im ze muoter hât erkorn,
ze Megdeburc der künec Philippes schône.
dâ gienc eins keisers bruoder und eins keisers kint
in einer wât, swie doch die namen drîge sint:
er truoc des rîches zepter und die krône.
er trat vil lîse, im was niht gâch:
im sleich ein hôhgeborniu küneginne nâch,
rôs âne dorn, ein tûbe sunder gallen.
diu zuht was niener anderswâ:
die Düringe und die Sahsen dienten alsô dâ,
daz ez den wîsen muoste wol gevallen.

Philippes künec, die nâhe spehenden zihent dich,
dun sîst niht dankes milte: des bedunket mich
wie dû dâ mite verliesest michels mêre.
dû möhtest gerner dankes geben tûsent pfunt,
dan drîzec tûsent âne danc. dir ist niht kunt
wie man mit gâbe erwirbet prîs und êre.
denk an den milten Salatîn:
der jach daz küneges hende dürkel solten sîn:

---

33. Ze reht sú nieman von ainander schaiden sol *B*. 34. ir dewederS da das *C*. ietweders tugende niht des andern swachet *B*. 35. lachent *C*. 36. unde der tugenthafte man *B*. 1. ir ougen waide *B*. 2. nu *C*, *fehlt B*. 3. an sinem *B*.

5=108 *B*, 292 [310] *C*. 6. mægde *B*. 7. phylippe *B*. 8—10. er ist baidú kaisers bruoder und ist kaisers kint. in ainer wæte swie doch der namen zwene sint. er truog den zetmen und des riches krone *B*. 11. vil lise *C*, gemach *B*. 12. hochgeborne *BC*. 13. ros ane *B*, rose ane *C*. 14. dú vrœde was da nien anderswa *B*. 15. dúringen *C*, dúringen *B*.

17=110 *B*, 293 [311] *C*. Kúnig phylippe din anesehenden *B*. 18. 19. dú siest dankes niht so milt des dunket mich. so ane dank dir ist niht kunt umbe ere *B*. 20. dankes gerner *B*. 22. wie gebende hant erwirbet lop unde ere *B*. 23—25. des sprach der

sô wurden sie erforht und ouch geminnet.
gedenke an den von Engellant,
wie tiure er wart erlôst von sîner gebenden hant.
ein schade ist guot, der zwêne frumen gewinnet.

Dô Friderich ûz Ôsterrîch alsô gewarp,
dêr an der sêle genas und im der lîp erstarp,
dô fuort er mîner krenechen trit in derde.
dô gieng ich slîchent als ein pfâwe swar ich gie,
daz houbet hanht ich nider unz ûf mîniu knie:
nû riht ich ez ûf nâch vollem werde.
ich bin wol ze fiure komen,
mich hât daz rîche und ouch diu krône an sich genomen.
wol ûf, swer tanzen welle nâch der gîgen!
mir ist mîner swære buoz:
êrste wil ich eben setzen mînen fuoz
und wider in ein hôhgemüete stîgen.

Der in den ôren siech von ungesühte sî,
daz ist mîn rât, der lâz den hof ze Dürengen frî:
wan kumet er dar, dêswâr er wirt ertœret.
ich hân gedrungen unz ich niht mê dringen mac.
ein schar vert ûz, diu ander in, naht unde tac.
grôz wunder ist daz iemen dâ gehœret.
der lantgrâve ist sô gemuot
daz er mit stolzen helden sîne habe vertuot,
der iegeslîcher wol ein kenpfe wære.
mir ist sîn hôhiu fuor wol kunt:
und gulte ein fuoder guotes wînes tûsent pfunt,
dâ stüende ouch niemer ritters becher lære.

Waz wunders in der werlte vert!
wie manic gâbe ist uns beschert
von dem der uns ûz nihte hât gemachet!

---

wise salatin. kúnges hende solten alles dúrgel sin. davon so wurde ir hohes lop geminnet *B.* 25. erforhte *C.* 26. seht an *B.* den kúnig von *C.* 27. wie túre man den lôste dur sine milten hant *C.* er] der *B.* 28. frume bringet *B.*

29 = 111 *B.* œsterrich *B.* *das* œ *hat auch C immer.* 30. dêr] das er *B.* 31. miner krænechen *B.* in die erde *B.* 32. schlichent *B.* 3. sigen *B.*

4=112 *B.* 7. me gedringen *B.* 13. hohe *B.* 15. stuent doch *B.*

*16=294 [312] *C*, 245 *D.* 17. uns ist (!) *CD*, *s. die anm.*

Dem einen gît er schœnen sin,
dem andern guot unt den gewin,
daz er sich mit sîn selbes muote swachet.
Armen man mit guoten sinnen
sol man für den rîchen minnen,
ob er êren niht engert.
ja enist ez niht wan gotes hulde und êre,
dar nâch diu welt sô sêre vihtet:
swer sich ze guote alsô verpflihtet
daz er der beider wirt entwert,
dern habe ouch hie noch dort niht lônes mêre,
wan sî eht guotes hie gewert.

Mir ist verspart der sælden tor:
dâ stên ich als ein weise vor:
mich hilfet niht swaz ich dar an geklopfe.
Wie möht ein wunder grœzer sîn?
ez regent bêdenthalben mîn,
daz mir des alles niht enwirt ein tropfe.
Des fürsten milte ûz Ôsterrîche
fröit dem süezen regen gelîche
beidiu liute unt ouch daz lant.
erst ein schœne wol gezieret heide,
dar abe man bluomen brichet wunder.
und bræche mir ein blat dar under
sîn vil milte rîchiu hant,
sô möhte ich loben die süezen ougenweide.
hie bî sî er an mich gemant.

Owê dir, Welt, wie übel dû stêst!
waz dinge dû alz an begêst,
diu von dir sint ze lîdenne ungenæme!
Dû bist vil nâch gar âne scham.

---

19. guoten sin *D.* 20. schatz *D.* 21. von *D.* guote *C.* 24. ist daz der riche nit eren gert *D.* 26. da nach di werlte so starke vihtet *D.* 27. also zu guote gepflihtet *D.* 28. der *fehlt C.* 29. der habe hie *D.* 30. Er si des guotes *D.*

31=295 [313] *C,* 250 *D.* verspert *C.* 1. Oesterriche *C,* osterrich *D.* 3. ouch *fehlt C.* 4—7. er ist ein wúnnevroudeberndiu heide man mac da bluomen brechen wnder. wúrde mir ein blat dar under. unt gebe mir daz sin milte hant *D.* 5. abe *auch C* (!). 8. wolt *D.* liehten *D.*

10=296 [314] *C,* 242 *D.* So we *C.* 11. alsan *C.* allez an *D.*

got weiz wol, ich bin dir gram:
dîn art ist elliu worden widerzæme.
Waz êren hâst uns her behalten?
nieman siht dich fröiden walten,
als man ir doch wîlent pflac.
wê dir, wes habent diu milten herze engolten?
für diu lopt man die argen rîchen.
Welt, dû stêst sô lasterlîchen,
daz ichz niht betiuten mac.
triuwe und wârheit sint vil gar bescholten:
daz ist ouch aller êren slac.

Nû wachet! uns gêt zuo der tac,
gein dem wol angest haben mac
ein ieglich kristen, juden unde heiden.
Wir hân der zeichen vil gesehen,
dar an wir sîne kunft wol spehen,
als uns diu schrift mit wârheit hât bescheiden.
Diu sunne hât ir schîn verkêret,
untriuwe ir sâmen ûz gerêret
allenthalben zuo den wegen:
der vater bî dem kinde untriuwe vindet,
der bruoder sînem bruoder liuget:
geistlich leben in kappen triuget,
die uns ze himel solten stegen:
gewalt gêt ûf, reht vor gerihte swindet.
wol ûf! hie ist ze vil gelegen.

Swer âne vorhte, hêrre got,
wil sprechen dîniu zehen gebot,

---

14. got weiz ez wol *D*. 16. has du uns her *D*. 17. dich *C*, nu *D*. 18. doch *fehlt* *D*. 19. dú *C*, di *D*. 20. fúr die *C*, vúr di *D*. 21. werlt du stes *D*. 23. sint vil gar *C*, di sint nu *D*. 24. ouch *fehlt* *D*.

25=39 *B*, 297 [315] *C*, 243 *D*. gat *B*. 26. gegen *CD*. wol *C*, man wol (wol *durchstrichen*) *D*. Des angest vil wol haben mag *B*. 27. ein ieslich *D*. cristan iude *B*. 29. 30. dabi wir mugen die warhait spehen. als úns dú schrift wol an den buochen kan beschaiden *B*. 31. der sunne hat sinen *B*. 33. baidenthalben *B*. 34. an (*statt* ain) vatter vint untrúwe an sinem kinde *B*. 35. ain bruoder *B*. 36. geislich *C*, manic geistlich *D*. leben *B*, orden *CD*. in kutten *B*. 37. uns *fehlt* *B*. 1. unreht gewalt der dringet balde fúr gerihte *B*. 2. wol uf *C*, nu wol uf *B*, wol hin *D*. zevil *CD*, gnuog *B*.

3=298 [316] *C*, 244 *D*. 4. Sprichet gerne din gebot *D*.

22, und brichet diu, daz ist niht rehtiu minne.
Dich heizet vater maneger vil:
swer mîn ze bruoder niht enwil,
der spricht diu starken wort ûz krankem sinne.
Wir wahsen ûz gelîchem dinge:
spîse frumet uns, diu wirt ringe,
sô si dur den munt gevert.
wer kan den hêrren von dem knehte scheiden,
swa er ir gebeine blôzez fünde,
het er ir joch lebender künde,
sô gewürme dez fleisch verzert?
im dienent kristen juden unde heiden,
der elliu lebenden wunder nert.

Swer houbetsünde unt schande tuot
mit sîner wizzende umbe guot,
sol man den für einen wîsen nennen?
Swer guot von disen beiden hât,
swerz an im weiz unt sichs verstât,
der sol in zeinem tôren baz erkennen.
Der wîse minnet niht sô sêre,
alsam die gotes hulde unt êre:
sîn selbes lîp, wîp unde kint,
diu lât er ê er disiu zwei verliese.
er tôre, er dunket mich niht wîse,
und ouch der sîn êre prîse:
ich wæn si beide tôren sint.
er gouch, swer für diu zwei ein anderz kiese!
der ist an rehten witzen blint.

Junc man, in swelher aht dû bist,
ich wil dich lêren einen list.

---

5. wariu *D.* 6. menigi vil *D.* 7. mine *D.* 8. diu grozen wort mit kranken sinnen *D.* 9. gelichen dingen *D.* 10. si wirt *D.* 12. gescheiden *C.* 13. swa er *D,* swer *C.* 14. unde het er ir nit lebendic kúnde *D.* 15. e daz gewúrme *D.* daz *CD.* 16. unde *fehlt D.* 17. lebendú *C.*

18=299 [317] *C,* 246 *D.* 19. mit sinen wizzen unbehuot *D.* 20. den sol man niht zehant gar wisen nennen *D.* 22. der daz an im weiz *D.* sichz *D.* 23. der mac in vúr toren *D.* 24. die wisen minnent *C.* 25. also gotes *D.* 29. unde ouch ienr derz im prise *D.* 30. wene *C,* wêne *D.* 31. iht anders *D.* 32. sinnen *D.*

33=38 *B,* 300 [318] *C,* 247 *D.* Iunge man *B.* ahte *D.*

22,35 dû lâ dir niht ze wê sîn nâch dem guote,
Lâ dirz ouch niht zunmære sîn.
und volges dû der lêre mîn,
23, 1 sô wis gewis, ez frumt dir an dem muote.
Die rede wil ich dir baz bescheiden.
und lâst dû dirz ze sêre leiden,
zergêt ez, so ist dîn fröide tôt:
wilt aber dû daz guot ze sêre minnen,
dû maht verliesen sêle unt êre.
dâ von volge mîner lêre,
leg ûf die wâge ein rehtez lôt,
und wig et dar mit allen dînen sinnen,
als ez diu mâze uns ie gebôt.

Ez troumte, des ist manic jâr,
ze Babilône, daz ist wâr,
dem künge, ez würde bœser in den rîchen.
Die nû ze vollen bœse sint,
gewinnent die noch bœser kint,
jâ hêrre got, wem sol ich diu gelîchen?
Der tievel wær mir niht sô smæhe,
quæme er dar dâ ich in sæhe,
sam des bœsen bœser barn.
von dér geburt enkumt uns frum noch êre.
die sich selben sô verswachent
und ir bôsen bœser machent,
ân erben müezen si vervarn.
daz tugendelôser hêrren werde iht mêre,
daz solt dû, hêrre got, bewarn.

---

37. volge *B*. 1. und tuost du das es frumpt dich *B*. 2. der rede la du dich bas *B*. 3. und *fehlt C*. las *D*. dir ze sere iht *B*. 4. zergat *BC*. din ere *B*. 5. wilt aber du es danne minnen al ze sere *B*. 6. da mitte verlúsest du sele *B*. 7. noch so volge *B*. 8. unde lege *B*. 9. wig *D*, wige *BC*. et] es *B*. ouch *CD*. 10. als es *C*, also *D*, reht alse *B*. uns *CD*. eht *B*.

11=301 [317] *C*, 239 *D*. dest *C*. 12. ze babilonie *D*. 13. eime kúnige *D*. 14. ze vollen bœser *C*, vollenbose *D*. 16. die *C*. waz sol sich den gelichen *D*. 18. dar da *C*, da *D*. sehe *C*. gesehe *D*. 19. als des boser barn *D*. 21. also swachent *D*. 22. bœser bœser *C*. 23. an erbe *D*. 24. tugentloser *D*. ieht werde *C*.

23,26 Die veter habent ir kint erzogen,
dar ane si bêde sint betrogen:
si brechent dicke Salomônes lêre.
Der sprichet, swer den besmen spar,
daz der den sun versûme gar:
des sint die ungebâtten gar ân êre.
Hie vor dô was diu welt sô schœne,
nû ist si worden alsô hœne:
des enwas niht wîlent ê:
die jungen habent die alten sô verdrungen.
nû spottent alsô dar der alten!
ez wirt iu selben noch behalten:
beit unz iuwer jugent zergê:
24, 1 swaz ir in tuot, daz rechent iuwer jungen.
daz weiz ich wol, und weiz noch mê.

Wer zieret nû der êren sal?
der jungen ritter zuht ist smal:
sô pflegent die knehte gar unhövescher dinge,
Mit worten, und mit werken ouch:
swer zühte hât, der ist ir gouch.
nemt war wie gar unfuoge für sich dringe.
Hie vor dô berte man die jungen,
die dâ pflâgen frecher zungen:
nû ist ez ir werdekeit.
si schallent unde scheltent reine frouwen.
wê ir hiuten und ir hâren,
die niht kunnen frô gebâren
sunder wîbe herzeleit!
dâ mac man sünde bî der schande schouwen,
die maneger ûf sich selben leit.

Mit sælden müeze ich hiute ûf stên,
got hêrre, in dîner huote gên

26=302 [318] *C*, 240 *D*. vætter hant *C*. 29. der leret *D*. besem *D*. 30. versumet *D*. 31. des sint si ungebachen und ane ere *C*. 32. hie bevor da *D*. 35. hant *C*. gar *D*. 36. Und *C*. 38. beitent *C*, beitet *D*. 1. in *D*, nu *C*. danne uwere iunge *D*. 2. wol *fehlt D*.
3=303 [319] *C*, 241 *D*. 5. unhúbscher *D*. 7. pfligt *D*. 8. unvuore *D*. 9. hie bevor do *D*. 11. daz ist nu ir *D*. 12. reinú *C*, guote *D*. 13. húte. we ir *D*. 16. den schanden *D*. 17. di maniger ane not uf sich leit *D*.
18=304 [320] *C*, 248 *D*.

und rîten, swar ich in dem lande kêre.
Krist hêrre, lâz [an] mir werden schîn
die grôzen kraft der güete dîn,
unt pflic mîn wol dur dîner muoter êre.
Als ir der heilig engel pflæge,
unt dîn, dô du in der krippen læge,
junger mensch unt alter got,
dêmüetic vor dem esel und vor dem rinde
(und doch mit sældenrîcher huote
pflac dîn Gabriêl der guote
wol mit triuwen sunder spot),
als pflig ouch mîn, daz an mir iht erwinde
daz dîn vil götelîch gebot.

Der hof ze Wiene sprach ze mir
'Walther, ich solte lieben dir,
nû leide ich dir: daz müeze got erbarmen.
Mîn wirde diu was wîlent grôz:
dô lebte niender mîn genôz,
wan künec Artûses hof: sô wê mir armen!
Wâ nû ritter unde frouwen,
die man bî mir solte schouwen?
seht wie jâmerlîch ich stê.
mîn dach ist fûl, sô rîsent mîne wende.
mich enminnet nieman leider.
golt silber ros und dar zuo kleider
diu gab ich, unde hât ouch mê:
nun hab ich weder schappel noch gebende
noch frowen zeinem tanze, owê!'

Künc Constantîn der gap sô vil,
als ich ez iu bescheiden wil,

---

20. unde riten in dem lande swar ich kere *D.* 21. lasse *C.* 22. di grozun—gueti *D.* 23. pflige *C.* 25. kripfen *C.* 28. seldericher *C.* 31. pflige *C.* 32. Din vil volliclich gebot *D.*
33=305 [321] *C,* 249 *D.* 34. walther nu solt ich *D.* 36. Hie bevor do was min vrôude groz *D.* 37. niender *C,* nieman *D.* 1. kúnig *fehlt D.* 2. wa sint nu *D.* 3. an mir *D.* 4. Wi rehte iemerlich *D.* 5. so *C,* unt *D.* 6. en *fehlt D.* 7. silber. golt. ros. unde cleider *D.* 8. die *C,* di *D.* hat ouch *C,* gap noch *D.* 9. nu han ich *D.* 10. zeime tanz *D.*
11=306 [322] *C.*

25,13 dem stuol ze Rôme, sper kriuz unde krône.
Zehant der engel lûte schrê
'owê, owê, zem dritten wê!
ê stuont diu kristenheit mit zühten schône:
Der ist ein gift nû gevallen,
ir honec ist worden zeiner gallen.
daz wirt der werlt her nâch vil leit.'
alle fürsten lebent nû mit êren,
wan der hœhste ist geswachet:
daz hât der pfaffen wal gemachet.
daz sî dir, süezer got, gekleit.
die pfaffen wellent leien reht verkêren.
der engel hât uns wâr geseit.

Ob ieman spreche, der nû lebe,
daz er gesæhe ie grœzer gebe,
als wir ze Wiene haben dur êre enpfangen?
Man sach den jungen fürsten geben,
als er niht lenger wolte leben:
dâ wart mit guote wunders vil begangen.
Man gap dâ niht bî drîzec pfunden,
wan silber, als ez wære funden,
gab man hin und rîche wât.
ouch hiez der fürste durch der gernden hulde
die malhen von den stellen læren.
ors, als ob ez lember wæren,
vil maneger dan gefüeret hât.
26,1 ezngalt dâ nieman sîner alten schulde:
daz was ein minneclîcher rât.

Vil wol gelobter got, wie selten ich dich prîse!
sît ich von dir beide wort hân unde wîse,

---

13. stuol *Goldast:* stuont *C.* 16. es stuont *C.*
26=307 [323] *C.* 28. dur ere haben *C.* 30. wölte *C.* 31. do *C.* 2. *Hier sind in C die letzten* 3 *zeilen der spalte* 138[c] *sowie die oberen* 33 *von den* 46 *zeilen der spalte* 138[d] *leer gelassen.*
*3=74 *A*, 28 *B*, 318 [334] *C*, 1 *t*, 4 *w*[xx] (*nur z.* 1—4 han), 17 *Z* (*nur z.* 10—12). Vil hohgelopter *Btw.* wie] vil *t.* 4. und ich doch von dir han beidû wort und wise *B*, und habe doch von dir wort werck synn und wyse *t*, went ich von dir doch han (*hier endend*) *w*.

26, wie getar ich sô gefreveln under dîme rîse?
ichn tuon diu rehten werc, ichn hân die wâren minne
ze mînem ebenkristen, hêrre vater, noch ze dir:
sô holt enwart ich ir dekeinem nie sô mir.
frôn Krist vater und sun, dîn geist berihte mîne sinne.
wie solt ich den geminnen der mir übele tuot?
mir muoz der iemer lieber sîn der mir ist guot.
vergib mir anders mîne schulde, ich wil noch haben den muot.

Die wîsen râtent, swer ze himelrîche welle,
daz er ê vil wol bewarte und ouch bestelle
den wec, daz iemen drûffe habe der in her wider velle.
ein æhter heizet mort, der schât der strâze sêre:
dâ bî vert einr in starken bennen, derst geheizen brant:
sô sprechents einem wuocher, der hât gar geschant
die selben strâze. dannoch ist der wegewerender mêre:
nît unde haz die hânt sich ûf den wec geleit,
unde diu verschampt unmâze gîtekeit.
dannoch sô rennet maneger für, des ich niht hân geseit.

Ich hân hêrn Otten triuwe, er welle mich noch rîchen:
wie nam abe er mîn dienest ie sô trügelîchen?
ald waz bestêt ze lône des den künic Friderîchen?

---

5. so *AC*, iemer iht *B*. wie tar ich dann alz frevelich getan under dim rys *t*. 6. ich halt herr nit din gebot nach diner waren mynne *t*. ich tuon niht rehter werke noch enhan *B*. die *C*, der *A*, niht (*aber doch* waren) *B*. 7. ze *AC*, gen *B*. eben cristan *B*. vatter *B*, *fehlt AC*. ze *C*, zuo *A*, gen *B*. gein dem eben cristen min noch herre got gein dir *t*. 8. ir kainem wart ich nie so holt so ich bin mir *B*, ir wart mir keiner me so liep als ich bin mir *t*. so mir *C*, *fehlt A*. 9. Got vatter und din sun din gaist verriht mir minne sinnen *B*, daz ist mir leit *t*. minen sin *A*. 10. sol *Z*, mocht *t*. mir *AB*, vil *C*. leyde tut *t*. 11. ich muos dem (doch de *t*) iemer (*fehlt t*) hölder sin *Bt*, ich muoz e ienen han lieber vil *Z*. ist *ABC*: tut *t Z*. 12. verzych mr (!) herre got on daz myn sunde wann ich gewyn gar kum den mut *t*. vergent mir *B*. anders *ABZ*, ander *C*. ich muoz e haben *Z*, wan ich han noch *B*.

13=29 *B*. 14. ê *fehlt B*. 15. daruffe *B*. 17. ainer *B*. 20. nide *B*.

23=75 *A*, 308 [324] *C*, 3 *w*[XX]. des hern *A*. er mache (en mache *A*) mich noch riche *Aw*. 24. wie genam aber er *C*. Sit daz er min dienest nam so trůgenliche *w*, Daz er minen dienest man (!) so tougenliche *A*. 25. ze lonenne des kúnic *C*. Waz bestet zelone des den kuninc (deme kúnige *A*) vrideriche *Aw*.

mîn vorderunge ist ûf in kleiner danne ein bône;
ezn sî sô vil, obe er der alten sprüche wære frô.
ein vater lêrte wîlent sînen sun alsô,
'sun, diene manne bœstem, daz dir manne beste lône.'
hêr Otte, ich binz der sun, ir sît der bœste man,
wand ich sô rehte bœsen hêrren nie gewan:
hêr künec, sît irz der beste, sît iu got des lônes gan.

Ich wolt hêrn Otten milte nâch der lenge mezzen:
dô hât ich mich an der mâze ein teil vergezzen:
wær er sô milt als lanc, er hete tugende vil besezzen.
vil schiere maz ich abe den lîp nâch sîner êre:
dô wart er vil gar ze kurz als ein verschrôten werc,
miltes muotes minre vil dan ein getwerc;
und ist er doch von den jâren wol daz er niht wahset mêre.
dô ich dem künege brâhte dez mez, wie er ûf schôz!
sîn junger lîp wart beide michel unde grôz.
nû seht waz er noch wahse: erst ieze übr in wol risen gnôz.

Der künec mîn hêrre lêch mir gelt ze drîzec marken:
des enkan ich niht gesliezen in den arken,
noch geschiffen ûf daz mer in kielen noch in barken.
der nam ist grôz, der nuz ist aber in solher mâze,
daz ich in niht begrîfen mac, gehœren noch gesehen:
wes sol ich danne in arken oder in barken jehen?
nû râte ein ieglich friunt, ob ichz behalte ode ob ichz lâze.
der pfaffen disputieren ist mir gar ein wiht:

---

26. noch minner *w*. 27. es si — sprûchen *C*. Iz ne si daz er des altes spruches welle wesen vro *w*. 28. vater *AC*, wiser man *w*. lerte sinen lieben sun also *A w*. 29. bœstem *C*, boste *w*, beste *A*. man *w*. 30. her Otte *C*, ich hotte *A*. Ich bin der sun. her otte is der boste man *w*. 31. rehte *Cw*, sere *A*. 32. sit irz *A*, ir sit *C*, nu sit *w*.

33=309 [325] *C*. 35. als lanc] so lange *C*. 36. *hier hat sich* abe *ohne* r *in C erhalten*: *sonst haben meine handschriften nur* aber *und* oder, *welches ich verändere wo es der vers fordert.* 3. wol *fehlt C*. 4. das *C*. 6. risen gros *C*.

7=310 [326] *C*, 24 *Z*. 7. gelt *C*, wol *Z*. 8. Daz kan ich behalten nicht hie inder archen *Z*. 9. uber se *Z*. noch *C*, oder *Z*. 10. ist min die nutz ist wol in der maze *Z*. 11. So daz ich nicht gegrifen *Z*. 12. solt *Z*. 13. ich es halte *C* (*verbessert von Lachmann ohne kenntnis von Z*). Nu raten mine vrent wie ichz behalte oder wie ez laze *Z*. 14. daz ist mir ein *Z*.

si prüevent in den arken niht, da enst ouch iht:
nû prüeven her, nû prüeven dar, son habe ich drinne niht.

Durhsüezet und geblüemet sint die reinen frouwen:
ez wart nie niht sô wünneclîches an ze schouwen
in lüften noch ûf erden noch in allen grüenen ouwen.
liljen unde rôsen bluomen, swâ die liuhten
in meien touwen durh daz gras, und kleiner vogele sanc,
daz ist gein solher wünnebernden fröide kranc,
swâ man siht schœne frowen. daz kan trüeben muot erfiuhten,
und leschet allez trûren an der selben stunt,
sô lieblîch lache in liebe ir süezer rôter munt
und strâle ûz spilnden ougen schieze in mannes herzen grunt.

Vil süeziu frowe hôhgelopt mit reiner güete,
dîn kiuscher lîp gît wünneberndez hôhgemüete,
dîn munt ist rœter danne ein liehtiu rôse in touwes flüete.
got hât gehœhet und gehêret reine frouwen,
daz man in wol sol sprechen unde dienen zaller zît.
der werlde hort mit wünneclîchen freuden lît
an in, ir lob ist lûter unde klâr, man sol si schouwen.
für trûren und für ungemüete ist niht sô guot,
als an ze sehen ein schœne frowen wol gemuot,
sô si ûz herzen grunde ir friunde ein lieblich lachen tuot.

Von Rôme vogt, von Pülle künec, lât iuch erbarmen
daz man mich bî rîcher kunst lât alsus armen.
gerne wolde ich, möhte ez sîn, bî eigenem fiure erwarmen.

---

15. den *C*, der *Z*. nicht daz da si icht *Z*. iht *gegen Pfaff auch C* (!). 16. nû — nû] sie — sie *Z*. her *C*, hin *Z*. nû prüeven dar *fehlt C* (*von Lachmann richtig ergänzt*), sie pruoben her *Z*. ich en han dar inne nicht *Z*.

17=311 [327] *C*. 19. *das erste* noch *fehlt C*. erde *C*. 20. unde *fehlt C*. 21. vogelin sanc *C*. 22. gegen *C*. frœiden *C*. 23. swa man ein schœne frowen sihet das *C*. 25. lachet *C*. 26. schiessen *C*.

27=312 [328] *C*. 28. wünne *fehlt C*. 29. bluete *C*. 32. lît] git *C*. 35. frowe *C*. swenne si *C*.

1=76 *A*, 30 *B*, 319 [335] *C*, 2 *w*^{XX}, 23 *Z*. Zuo — von *w*, Zuo — zuo *Z*. ain vogt — ain kúnig *B*. laz dich *wZ*. 2. *so, aber* leit alsus arm, *A*. das man mich siht bi richer kunst sus armen *B*, das man bi richer kunst mich lat alsus armen *C*, sol ich bi so richer kunst sus armen (aldus verarmen *Z*) *wZ*. 3. Ich wolte gerne und moht es sin *B*. eigenen *Z*, eigem *A*, eigen *w*.

28, zâl wiech danne sunge von den vogellînen,
von der heide und von den bluomen, als ich wîlent sanc!
swelch schœne wîp mir denne gæbe ir habedanc,
der liez ich liljen unde rôsen ûz ir wengel schînen.
kume ich spâte und rîte fruo, 'gast, wê dir, wê!':
sô mac der wirt wol singen von dem grüenen klê.
die nôt bedenkent, milter künec, daz iuwer nôt zergê.

Herzoge ûz Österrîche, ez ist iu wol ergangen,
und alsô schône daz uns muoz nâch iu belangen.
sît gewis, swenn ir uns komet, ir werdent hôh enpfangen.
ir sît wol wert daz wir die gloggen gegen iu liuten,
dringen unde schowen als ein wunder komen sî.
ir komet uns beide sünden unde schanden frî:
des suln wir man iuch loben, und die frowen suln iuch triuten.
diz liehte lop wol füeget heime unz ûf daz ort:
sît uns hie biderbe für daz ungefüege wort,
daz ieman spræche, ir soldet sîn belîben mit êren dort.

Er schalc, in swelhem leben er sî, der dankes triege
unde sînen hêrren lêre daz er liege!
erlamen müezen im diu bein, als ers zem râte biege!
sî abe er sô hêre daz er dâ zuo sitze,
sô wünsche ich daz sîn ungetriuwe zunge müeze erlamen.

---

4. zai *A*, zahú *B*, za hiu *Z*, za huy *w*, ahi *C*. danne] dan *Z*, den *w*. 5. Und von *Z*. Von der haide und von den vogelinen als ich wilent sank *B*. 6. swelche schœne vrowe *B*. den gebe *Z*, gebe danne *C*. 7. rosen unde lylien *Z*. gilien *B*. wangel *A*, wangen *wZ*. 8. Sus rite ich fruo und kume niht hain gast we dir we *B*, Gast kumet spate unde ritet vro gast we dir we *wZ*. Sus *gegen AC* (*wZ*: *oder steckt* Sust *hier hinter* Gast?) *auch in der parodie, s. die anm.* 9. wirt baz singen *BwZ*. von der haide und von dem gruenen cle *B*. 10. bedenket *wZ*, bedenke *A*. daz al ůwer *Z*.

11=78 *A*, 359 [375] *C*. 12. vnde alse *A*. 13. hôh *Benecke*: doch *AC*. 15. drigen *A*. 18. vol *C*. 19. unge vuogete *A*, ungevüegte *C*.

21=79 *A*, 313 [329] *C*, 20 *Z*. Ein (Der *Z*) schalc in swelchem namen *AZ*. welhem *C*. 22. Sinen herren unde ime rate daz *A*. 23. er sich zuo dem *C*. erlamen muoz ime sin bein swenn erz zuo deheime rate sule biegen *A*, verlamen muozen sine bein swen er sich zuom rate biege *Z*. 24. her *CZ*. si er aber so her *A*. daz er zuo deme (dem *Z*) rate sitze *AZ*. 25. so wuinsch ich ime daz ime sin ungetruwe zunge erlam *A*.

die selben machent uns die biderben âne schamen.
sol liegen witze sîn, sô pflegent si tugendelôser witze.
wan mugens in râten daz si lâzen in ir kragen
ir valsche gelübde od nâch gelübde niht versagen?
si solten geben ê dem lobe der kalc wær abe getragen.

Ich hân mîn lêhen, al die werlt, ich hân mîn lêhen.
nû enfürhte ich niht den hornunc an die zêhen,
und wil alle bœse hêrren dester minre flêhen.
der edel künec, der milte künec hât mich berâten,
daz ich den sumer luft und in dem winter hitze hân.
mîn nâhgebûren dunke ich verre baz getân:
si sehent mich niht mêr an in butzen wîs als si wîlent tâten.
ich bin ze lange arm gewesen ân mînen danc.
ich was sô volle scheltens daz mîn âten stanc:
daz hât der künec gemachet reine, und dar zuo mînen sanc.

Ich hân gesehen in der werlte ein michel wunder:
wærz ûf dem mer, ez diuhte ein seltsæne kunder;
des mîn fröide erschrocken ist, mîn trûren worden munder.
daz glîchet einem bœsen man. swer nû des lachen
strîchet an der triuwen stein, der vindet kunterfeit.
er bîzet dâ sîn grînen niht hât widerseit.
[sîn valscheit tuot vil manegem dicke leit.]
zwô zungen habent kalt und warm, die ligent in sîme rachen.
in sîme süezen honge lît ein giftic nagel.
sîn wolkenlôsez lachen bringet scharpfen hagel.
swâ man daz spürt, ez kêrt sîn hant und wirt ein swalwen zagel.

---

26. edelen *Z*. schame *A*. 27. tregen *Z*. phlit *Z*. schemelicher witze *A*. 28. wan *Z* (*von Lachmann richtig vermutet*), weme *A*, *fehlt C*. muogen sie inraten *Z*, muogen si raten *A*, möhten si in raten *C*. liessen in irme *C*, halten in ir *Z*. 29. So valsch geheize und nach geheize *A*. niht *fehlt C*. 30. Und si geben e danne lop *A*. kalc *AZ*, klage *C*. wær] wirt *Z*, werde *A*, wurde *C*.

31=314 [330] *C*. 36. minen *C*. 1. arn *C*.

4=315 [331] *C*, 25 *Z*. han inder werlde sen ein *Z*. 5. wer es (weriz *Z*) — sel(t)zen *CZ*. 6. Da von im vreude *Z*. 7. iz gelichet einem guoten man swer da sin lachet *Z*. 8. stricket *Z*. 9. 10 *fehlen Z*. 11. haben *C*, hat ez *Z*. warn *C*. legen *Z*. 13. hagel *Z*, snabel *C*. 14. daz *C*, ez *Z*. sin *C*, die *Z*.

Ir fürsten, die des küneges gerne wæren âne,
die volgen mîme râte: ichn râte in niht nâch wâne.
welt ir, ich schicke in tûsent mîle und dannoch mê für Trâne.
der helt wil Kristes reise varn: swer in des irret,
der hât wider got und al die kristenheit getân.
ir vînde, ir sult in sîne strâze varen lân:
waz ob er hie heime iu niemer mêre niht gewirret?
belîbe er dort, des got niht gebe, sô lachent ir:
kom er uns friunden wider hein, sô lachen wir.
der mære warten beidenthalp, und hânt den rât von mir.

Ich trunke gerne dâ man bî der mâze schenket,
und dâ der unmâze niemen iht gedenket,
sît si den man an lîbe an guot und an den êren krenket.
si schât ouch an der sêle, hœre ich jehen die wîsen:
des möht ein ieglich man von sînem wirte wol enbern.
liez er sich vollecliche bî der mâze wern,
sô möht ime gelücke heil und sælde und êre ûf rîsen.
diu mâze wart den liuten dar umb ûf geleit,
daz man si ebene mezze und trage, ist mir geseit;
nû hab er danc, ders ebene mezze und der si ebene treit.

Er hât niht wol getrunken, der sich übertrinket.
wie zimet daz biderbem man, daz ime diu zunge hinket
von wîne? ich wæne er houbetsünde und schande zuo im winket
im zæme baz, möht er gebrûchen sîne füeze,
daz er âne helfe bî den liuten möhte stân.
swie sanfte man in trüege, er möhte lieber gân.
sus trinke ein iegeslîcher man, daz er den durst gebüeze:

15=316 [332] *C*. wêrent *C*. 21. niemer me *C*.

25=34 *B*, 19 *Z*. drunke *B*. 26. dâ *fehlt B*. und da man uber maze nicht *Z*. 27. si *B*, ez *Z*. liebe *Z*, lip *B*. den *fehlt Z*. 28. Si *B*, Ez *Z*. hœre ich die wisen iehen *B*: *Lachmanns text durch Z bestätigt*. 29. Ez *Z*. ieglich] sinrich *Z*. wirte *B*, vrende *Z*. 30. lezet er — mit der *Z*. 31. mac — unde alle selde of *Z*. 32. wart durch daz den liuten *Z*. 33. mezze und trage *Benecke*] mezze *B*, truoge so *Z*. 34. swer sie — und der *Z*.

35=35 *B*, 18 *Z*. Herne hat *Z*. uber drinket *Z*. das (*fehlt Z*) ainem biderben *BZ*. diu] sin *Z*. 1. er sunden unde houbetscanden winket *Z*. 2. daz er gebruchen mûchte siner vuoze *Z*. 3. hulfe *Z*. 4. swie *Z*, wie *B*. 5. Sus *B*, Dar umme *Z*. ein etzlich *Z*.

30, 6 daz tuot er âne houbetsünde und âne spot.
swelch man sô getrinket daz er sich noch got
erkennet, sô hât er gebrochen ime sîn hôch gebot.

Got weiz wol, mîn lop wær iemer hovestæte
dâ man eteswenne hovelîchen tæte,
mit gebærde, mit gewisser rede, mit ræte.
mir griulet, sô mich lachent an die lechelære,
den diu zunge honget und daz herze gallen hât.
friundes lachen sol sîn âne missetât,
süeze als der âbentrôt, der kündet lûter mære.
nû tuo mir lachelîche, od lache ab anderswâ.
swes munt mich triegen wil, der habe sîn lachen dâ:
von dem næm ich ein wârez nein für zwei gelogeniu jâ.

Sît got ein rehter rihter heizet an den buochen,
daz er solt ûz sîner milte des geruochen
daz er die gar getriuwen ûz den valschen hieze suochen!
joch meine ich hie: si werdent dort vil gar gesundert:
doch sæhe ich an ir eteslîchem gerne ein schanden mâl.
der sich dem man windet ûz der hant reht als ein âl,
owê daz got niht zornecllîchen sêre an deme wundert!

---

7. swelche man getrinket *B*, swer also vil getrinket *Z*. 8. het *B*. ir kennet nicht da mite hat er gebrochen sin gebot *Z*.

9=36 *B*, 317 [333] *C*, 2 *t*, 22 *Z*. Nu weiz got wol *Z*. das min l. *B*, daz ich *t*. gerne *t*. hovestæte *zusammen geschrieben B*, hofe stete *t*, hobe stete *Z*, hove *fehlt C*. 10. der mich bywilen *t*. lobelichen *Z*, lobeliche *C*. bete *t*. 11. mit gebere und mit gewisser rede und mit gerete *Z*, mit worten ald mit werken alder mit gewissenen (*statt* gewizzener) ræte *B*, mit worten und mit wercken und mit gerete *t*. 12. mich (*verbessert* mir) grúlet *C*, mir gruset *BtZ*. lechere *C*. 13. höneget *C*. galle *t*. 14. mines fr. grüssen solte sin ane alle m. *t*. 15. suze als ein *Z*, luter als *B*, recht als ein liehter *t*. der kündet *BCt*, daz immer kundet *Z*. lutter (*aus* luttel) *Z*, liebú *B*, schone *t*. 16. Man tuo mir *Z*. lacheliche oder *Z*, lachelichen oder *C*, læchelich alder *B*. lache ab] lachen *Z*. Lachet mich eynre lechelichen an oder lachet er anderswo *t*. 17. Des m. — wolle *t*. 18. von yme *t*. ein *fehlt t*. weres *C*. dry gelogen *t*, siben gelogen *Z*.

19=37 *B*, 3 *t*. Mjt *t*. in den *t*. 20. durch sine milte so solt er des g. *t*. daz er] der *B*. 21. daz man die bosen uz den biderben *t*. 22. ich glaube daz ir gar maniger sy besonder *t*. 23. ich wolt daz man an ym sehe ein sch. m. *t*. 24. der sich der sich deme manne in der hende umb windet als ein al *t*. 25. Daz got an deme dete unmogeliche wonder *t*.

swer sant mir var von hûs, der var ouch mit mir hein.
des mannes muot sol veste wesen als ein stein,
ûf triuwe sleht und eben als ein vil wol gemahter zein.

Swer sich des stæten friundes dur übermuot behêret,
und er den sînen dur des fremeden êre unêret,
der möhte ersehen, wurd er von sînem hœhern ouch gesêret,
daz diu gehalsen friuntschaft sich vil lîhte entrande,
swenn er sich lîbes unde guotes solde umb in bewegen.
wir hân vereischet, die der wenke hânt gepflegen,
daz si der kumber wider ûf die erborne friunde wande:
daz sol nâch gotes lêhen dicke noch geschehen.
ouch hôrte ich ie die liute des mit volge jehen,
'gewissen friunt, versuochtiu swert, sol man ze nœten sehen.'
  Ich wil niht mê den ougen volgen noch den sinnen.
diu rieten mir an zwei, daz ich diu solde minnen:
diu wâren âne valsch geworht beidiu ûzen, unde och innen
dâ wart ein wênec in geleit, daz was niht stæte;
des vielten sich ir egge, dô si solten hân gesniten.
und wære eht niht wan daz alleine drinne vermiten,
sô wærens allenthalben alse ganz an ir getæte,
daz sich ein iegeslîcher möhte lâzen dran.
owê daz ich der trüge ie künde an in gewan!
wie übel ich mich des schaden schame und in des lasters gan!

Ich hân gemerket von der Seine unz an die Muore,
von dem Pfâde unz an die Traben erkenne ich al ir fuore:
diu meiste menege enruochet wies erwirbet guot.

---

26. gat yeman mit mir uz der gange auch mit mir wider heym *t.* huse *B.* 27. myns fründes grussen solte fester sin wanne ye keyn stein *t.* wesen] sin *B.* 28. an gantzen trüwen slechter danne ein nüwer wol geworhter zeyn *t.*

29=320 [336] *C,* der truhsze von S. Gallen 109 *A.* 31. sinė *C.* 33. liebes *A.* 34. ich han *und dann statt* vereischet *eine leere stelle in A.* wenke hant *auch in C.*(!) 35. das sich *C.* erbornen vrúnt gewande *A.* 36. nach *C,* von *A.* lehen *A,* lene *C.* dike wol noch *C.* 1. ie *fehlt C.* mit volge des dú lúte *A.* 2. versuochte — sul *C.* gewisser vrúnt versuhte — not ersehen *A.*

3=Truhs. v. S. Gallen 110 *A.* 9. alse gan iz an ir geteti *A.* 10. ein iecslicher *A.* 11. genan *A.* 12. schame *fehlt A.*

*13=64 *A,* 21 *B,* 321 [337] *C.* 13. gemerken *A.* 14. den treben *A,* die trabe *BC.* al ir *A,* ır aller *BC.* 15. en *fehlt B.* gewinnet *A.*

31,16 sol ichz alsô gewinnen, sô ganc slâfen, hôher muot.
guot was ie genæme, iedoch sô gie diu êre
vor dem guote: nu ist daz guot sô hêre,
daz ez gewalteclîche vor ir zuo den frowen gât,
mit den fürsten zuo den künegen an ir rât.
sô wê dir, guot! wie rœmesch rîche stât!
du enbist niht guot: dû habst dich an die schande ein teil ze sêre.

'Sît willekomen, hêr wirt,' dem gruoze muoz ich swîgen:
'sît willekomen, hêr gast,' sô muoz ich sprechen oder nîgen.
wirt unde heim sint zwêne unschamelîche namen:
gast unde hereberge muoz man sich vil dicke schamen.
noch müez ich geleben daz ich den gast ouch grüeze,
sô daz er mir dem wirte danken müeze.
'sît hînaht hie, sît morgen dort,' waz gougelfuore ist daz!
'ich bin heime' ode 'ich wil heim' daz trœstet baz.
gast unde schâch kumt selten âne haz:
nû büezet mir des gastes, daz iu got des schâches büeze.

In nomine dumme ich wil beginnen: sprechent âmen
(daz ist guot für ungelücke und für des tievels sâmen),
daz ich gesingen müeze in dirre wîse alsô,
swer höveschen sanc und fröide stœre, daz der werde unfrô.
32,1 ich hân wol und hovelîchen her gesungen:
mit der hövescheit bin ich nû verdrungen,
daz die unhöveschen nû ze hove genæmer sint dann ich.

---

16. ganc *A*, ga *BC*. hovescher *A*. 17. gemeine *A*. e doch *C* 19. vor ir zuo den frowen *A*, zuo dem künige sitzen *BC*. 20. mit *BC*, zuo *A*. den kunegen *A*, dem künige *BC*. 21. rœmsches *B*. 22. en *fehlt BC*.

23=77 *A*, 23 *B*, 322 [338] *C*. herre *ABC, auch in der nächsten zeile.* wil ich *A*. 24. willekome *A*. 25. heim unde wirt *A*. haime *B*. unschemeliche *AB*. 26. [herberge *ABC*.] muoz ich mich *A*. vil *B*, *fehlt AC*. 27. nu *A*. goleben *A*. ouch *BC*, noch *A*. 28. Daz er mir same dem *A*. 29. sit hinaht hete vart morgen vruo *A*. gougel *C*, gogel *AB*. 30. heim — heim *A*, hein — hein *BC*. 31. schach unde gast sint selten *A*. 32. nu *A*, herre *BC*.

33=62 *A*, 32 *B*, 323 [339] *C*. An *B*. dumme *B*, domini *AC*. nomine *haben alle, nicht* nummer. wils *B*. sprechen *A*. 34. des *fehlt A*. 35. gesinge *A*. 36. hofschen *A*, húbeschen *B*. 1. hovelich da her *B*. 2. bi der húbeschait so bin ich verdrungen *B*. 3. unhúbeschen da ze *B*, unhovelichen nu ze *C*. genemer *AC*, werder *B*.

daz mich êren solde, daz unêret mich.
herzoge ûz Ôsterrîch Liupolt, nû sprich:
dun wendest michs alleine, sô verkêre ich mîne zungen.

Nû wil ich mich des scharpfen sanges ouch genieten:
dâ ich ie mit vorhten bat, dâ wil ich nû gebieten.
ich sihe wol daz man hêrren guot und wîbes gruoz
gewalteclîch und ungezogenlîch erwerben muoz.
singe ich mînen höveschen sanc, sô klagent siz Stollen.
dêswâr ich gewinne ouch lîhte knollen:
sît si die schalkheit wellen, ich gemache in vollen kragen.
ze Ôsterrîche lernt ich singen unde sagen:
dâ wil ich mich allerêrst beklagen:
vind ich an Liupolt höveschen trôst, so ist mir mîn muot entswollen.

Ich hân des Kerndæres gâbe dicke enpfangen:
wil er dur ein vermissen bieten mir alsô diu wangen?
er wænet lîhte daz ich zürne: nein ich, niht.
im ist geschehen daz noch vil manegem milten man geschiht.
was mir lîhte leide, dô was ime noch leider.
dô er hâte mir geschaffen kleider,
daz man mir niht engap, dar umbe zürne er anderswâ.
ich weiz wol, swer willeclîche sprichet jâ,
der gæbe ouch gerne, und wære ez danne dâ.
dirre zorn ist âne schulde weizgot unser beider.

Ichn weiz wem ich gelîchen muoz die hovebellen,
wan den miusen, die sich selbe meldent, tragent si schellen.
des lekers her miuse klanc, kumet si ûz ir klûs,
sô schrîen wir vil lîhte 'ein schalc, ein schalc! ein mûs, ein mûs!'

---

4. die — solten die unerent *B.* 5. *für* Liupolt *haben AC* fúrste. herzog lútpolt uz œsterich nu sprich *B.* 6. dú wendest (*auch A* diu enwendes) es allaine min zunge verkeret sich *B.*

7=63 *A*, 324 [340] *C.* 11. 16. hoffchen *A.* 12. gewunne uch lihte *A.* 14. osterrich *A*, Oesterrich *C.* singen *fehlt C.* 15. alrest *A*, alrerst *C.* 16. und ich *A.*

17=65 *A*, 325 [341] *C.* kernders *C*, karaderis *A.* 18. wir er *A.* vermissebieten mich also *C.* diu wangen] *vergl. s.* 49, 19: dur wanken *A*, lan blangen *C.* 20. imez geschehen *A.* 22. hat *C.* do er geschaffen hate cleider *A.* 26. âne] an alle *AC.*

27=66 *A*, 33 B, 326 [342] *C.* Ich wais — sol *B.* 28. selber *B.* 29. *so AC*, kumpt si *A:* Schælche fuore und múse clang das ist gelicher clus *B.*

edel Kerndenære, ich sol dir klagen sêre,
milter fürste und marterer umb êre,
ichn weiz wer mir in dînem hove verkêret mînen sanc.
lâz ichz niht dur dich und ist er niht ze kranc,
ich swinge im alsô swinden widerswanc.
frâge waz ich habe gesungen, und ervar uns werz verkêre.

Ir bischofe und ir edeln pfaffen sît verleitet.
seht wie iuch der bâbest mit des tievels stricken beitet.
saget ir uns daz er sant Pêters slüzzel habe,
sô saget war umbe er sîne lêre von den buochen schabe.
daz man gotes gâbe iht koufe oder verkoufe,
daz wart uns verboten bî der toufe.
nû lêr etz in sîn swarzez buoch, daz ime der hellemôr
hât gegeben, und ûz im les et sîniu rôr:
ir kardenâle, ir decket iuwern kôr:
unser alter frôn derst under einer übelen troufe.

Wir klagen alle, und wizzen doch niht waz uns wirret,
daz uns der bâbest unser vater alsus hât verirret.
nû gât er uns doch harte vaterlîchen vor:
wir volgen ime und komen niemer fuoz ûz sînem spor.
nû merke, welt, waz mir dar ane missevalle.
gîtset er, si gîtsent mit im alle:
liuget er, si liegent alle mit im sîne lüge:
und triuget er, si triegent mit im sîne trüge.
nû merkent wer mir daz verkêren müge:
sus wirt der junge Jûdas, mit dem alten dort, ze schalle.

Der stuol ze Rôme ist allerêrst berihtet rehte,
als hie vor bî einem zouberære Gêrbrehte.

---

31. vil edeler *B*. kerendere *A*, kærdenære *B*. wil *B*. 32. vil milter *B*. und *fehlt AC*. 33. mir *fehlt A*. 34. und lies ichz — dich wær er mir niht *B*. 35. ich swunge ime ainen swinden *B*, so swing ich den swinden *A*. swank *B*, sanc *AC*. 36. vernime was ich gesungen habe durch was er mirs verkere *B*.

1=67 *A*, 339 [355] *C*. ir sit *AC*. 2. beitet] seren *A*, seret *C*. 3. sancte *A*. 7. leretz in *C*, leret in *A*. 8. leset *AC*. 9. kardenal *C*, kardenele *A*. teket *C*. 10. vrone der stet *AC*. traffe *A*.

11=25 *B*. 14. ime nach und *B*. 16. gizet — gizent *B*.

21=26 *B*, 327 [343] *C*. ist allerêrst] ist nu *C*, stat alrest *B*. besetzet *B*. 22. als er hie vor mit ainem zoberer hies gerbreht *B*.

der selbe gap ze valle wan sîn eines leben:
sô wil sich dirre und al die kristenheit ze valle geben.
alle zungen suln ze gote schrîen wâfen,
und rüefen ime, wie lange er welle slâfen.
si widerwürkent sîniu werc und felschent sîniu wort.
sîn kamerære stilt im sînen himelhort,
sîn süener mordet hie und roubet dort,
sîn hirte ist zeinem wolve im worden under sînen schâfen.

Diu kristenheit gelepte nie sô gar nâch wâne.
die si dâ lêren solten, die sint guoter sinne âne.
es wær ze vil, und tæt ein tumber leie daz.
si sündent âne vorhte: dar umb ist in got gehaz.
si wîsent uns zem himel, und varent si zer helle.
si sprechent, swer ir worten volgen welle,
und niht ir werken, der sî âne zwîvel dort genesen.
die pfaffen solten kiuscher dan die leien wesen:
an welen buochen hânt si daz erlesen,
daz sich sô maneger flîzet wa er ein schœnez wîp vervelle?

Ahî wie kristenlîche nû der bâbest lachet,
swenne er sînen Walhen seit 'ich hânz alsô gemachet'!
daz er dâ seit, des solt er niemer hân gedâht.
er giht 'ich hân zwên Almân under eine krône brâht,
daz siz rîche sulen stœren unde wasten.
ie dar under füllen wir die kasten:
ich hâns an mînen stoc gement, ir guot ist allez mîn:
ir tiuschez silber vert in mînen welschen schrîn.

---

23. wan] niht wan *C*. *vergl.* 38, 3. 44, 2. der gap ze valle nieman wan *B*. 24. so *C*, nu *B*. wil] hat *C*, *fehlt B*. ze valle *vor* und *C*. alle die *B*, alle *C*. 25. wan alle zungen rueffent hin ze himel wafen *B*. 26. und fragent got *B*. 27. si *C*, und *B*. werke und valschent *B*. 29. roubet hie und mordet dort *B*. 30. ist ein wolf worden *C*.

31=27 *B*. 32. sinnen *B*. 37. ane allen *B*.

4=68 *A*, 328 [344] *C*. Die (*l.* Wie) cristenliche doch der babest unser lachet *A*. 5. swanne *C*. seit wie erz hie habe gemachet *A*. 6. daz er da redde ern sold ez *A*. 7. alman *A*, allaman *C*. 8. riche stœren unde brennen unde wusten *A*. 9. al di wile vulle ich die *A*, iê dar under muelin in ir *C*. 10. gemennet *C*. dort han ich ez in den stok geleit. ir schatz wirt aller min *A*. 11. ir *fehlt A*. welschen] velschen *C*, wehsel *A*.

ir pfaffen, ezzent hüenr und trinkent wîn,
unde lânt die tiutschen . . . . vasten.'

Sagt an, hêr Stoc, hât iuch der bâbest her gesendet,
daz ir in rîchet und uns Tiutschen ermet unde pfendet?
swenn im diu volle mâze kumt ze Latrân,
sô tuot er einen argen list, als er ê hât getân:
ei seit uns danne wie daz rîche stê verwarren,
unz in erfüllent aber alle pfarren.
ich wæn des silbers wênic kumet ze helfe in gotes lant:
grôzen hort zerteilet selten pfaffen hant.
hêr Stoc, ir sît ûf schaden her gesant,
daz ir ûz tiutschen liuten suochet tœrinne unde narren.

Swelch herze sich bî disen zîten niht verkêret,
sît daz der bâbest selbe dort den ungelouben mêret,
dâ wont ein sælic geist und gotes minne bî.
nû seht ir waz der pfaffen werc und waz ir lêre sî.
ê daz was ir lêre bî den werken reine:
nû sint si aber anders sô gemeine,
daz wirs unrehte würken sehen, unrehte hœren sagen,
die uns guoter lêre bilde solden tragen.
des mugen wir tumbe leien wol verzagen:
wæn aber mîn guoter klôsenære klage und sêre weine.

Die wîle ich weiz drî hove sô lobelîcher manne,
sô ist mîn wîn gelesen unde sûset wol mîn pfanne.
der biderbe patrîarke missewende frî,
der ist ir einer, so ist mîn hôfscher trôst zehant dâ bî,

---

12. 13. so magerent si. so veisten (*l.* veizt) wir same diu swîn.
mine pfaffen (die *fehlt*) suln mir (*l.* mit) der torschen legen (*l.* tiuschen leien) guote mosten (*l.* masten).
mine pfaffen die suln vrezzen swehen (*l.*, swelhen,) leigen heizen vasten
mine pfaffen die suln rogel ezzen gegen der slahte masten
mine pfaffen die suln obene predigen niderhalben staten (*l.* tasten). *A, vergl. dazu die anm.*

14=329 [345] *C.* 15. ir *Bodmer:* er *C.* pfendet] pfende (*durch punkte getilgt*) swendet *C.* 18. verwo^a^rren *C.* 20. wening *C.* 23. tœrinnen *C.*

24=69 *A*, 340 [356] *C.* 26. got des *A.* 28. ê daz *AC.* 33. ich wene aber *AC.* closener *C.* trage *A.*

34=70 *A*, 341 [357] *C.* *statt der ersten fünf wörter hat A leeren platz.* ich drie hove weis *C.* 35. suozet — pfaffe *A.*

35, Liupolt, zwir ein fürste, Stîr und Ôsterrîche.
niemen lept den ich zuo deme gelîche:
sîn lop ist niht ein lobelîn: er mac, er hât, er tuot.
sô ist sîn veter als der milte Welf gemuot:
des lop was ganz, ez ist nâch tôde guot.
mirst vil unnôt daz ich durch handelunge iht verre strîche.

Ich bin des milten lantgrâven ingesinde.
ez ist mîn site daz man mich iemer bî den tiursten vinde.
die andern fürsten alle sint vil milte, iedoch
sô stæteclîchen niht: er was ez ê und ist ez noch.
dâ von kan er baz danne si dermite gebâren:
er enwil dekeiner lûne vâren.
swer hiure schallet und ist hin ze jâre bœse als ê,
des lop gruonet unde valwet sô der klê.
der Dürnge bluome schînet dur den snê:
sumer und winter blüet sîn lop als in den êrsten jâren.

Liupolt ûz Ôsterrîche, lâ mich bî den liuten,
wünsche mir ze velde und niht ze walde: ichn kan niht riuten:
si sehent mich bî in gerne, alsô tuon ich sie.
dû wünschest underwîlent biderbem man dun weist joch wie.
wünsches dû mich von in, sô tuost dû mir leide.
vil sælic sî der walt, dar zuo diu heide!
diu müeze dir vil wol gezemen! wie hâst dû sus getân,
daz ich dich an dîn gemach gewünschet hân,
und dû mich an mîn ungemach? lâ stân:
wis dû von dan, lâ mich bî in: sô leben wir sanfte beide.

An wîbe lobe stêt wol daz man si heize schœne:
manne stêt ez übel, ez ist ze wich und ofte hœne.
küene und milte, und daz er dâ zuo stæte sî,

---

1. lúpolzwir — oͤsterrihͤ *C*.
7=71 *A*, 342 [358] *C*. lantgrave *A*. 9. edoch *C*. 10. *das erste* ez *fehlt AC*. 11. der mitte *AC*.
17=72 *A*, 331 [347] *C*. Herzoge uz *A*. bî *fehlt A*. 18. mir *A*, min *C*. [und *fehlt A*.] 19. Du wúnschest min ze walde ich was bi lúten ie *C*. 20. bidder manne *A*, min ebenre man *C*. ioch *C*, niht *A*. 21. mich *C*, mir *A*. tuost du mir *A*, tuost in *C*. 22. vil *fehlt C*. darzuo *A*, und ouch *C*. 23. Da muessest du mit fröiden leben *C*. sus *C*, nu *A*. 24. das *C*, sit *A*. dich *C*, dir *A*. 25. mich *C*, mir *A*. 26. dan *C*, in *A*. so han wir wunne beide *C*.
27=73 *A*, 343 [359] *C*. 28. manin stet ez wol ez ist *A*. zewich *AC*.

so ist er vil gar gelobt: den zwein stêt wol daz dritte bî.
wilz iu niht versmâhen, sô wil ichz iuch lêren,
wie wir loben suln und niht unêren.
ir müezet in die liute sehen, welt ir erkennen wol:
nieman ûzen nâch der varwe loben sol.
vil manic tôre ist innen tugende vol:
wie wîz der biderben herze sint, der si wil umbe kêren!

Dô Liupolt spart ûf gotes vart, ûf künftige êre,
sie behielten alle samt, si volgeten sîner lêre,
si zuhten ûf, alsam si niht getorsten geben.
daz was billich: wan sol iemer nâch dem hove leben.
daz sin an der milte iht überhœhen wolten,
wol in des! si tâten als si solten.
die helde ûz Ôsterrîche heten ie gehoveten muot.
sie behielten durch sîn êre: daz was guot:
nû geben durch sîn êre, als er nû tuot.
sin leben nâch dem hove nû, so ist eniu zuht bescholten.

Ir fürsten, tugendet iwern sin mit reiner güete,
sît gegen friunden senfte, tragt gein vînden hôhgemüete:
sterket reht, und danket gote der grôzen êren,
daz manic mensch lîp und sîn guot muoz iu ze dienste kêren.
sît milte, fridebære, lât in wirde iuch schouwen:
sô lobent iuch die reinen süezen frouwen.
schame, triuwe, erbermde, zuht, die sult ir gerne tragen:
minnet got, und rihtet swaz die armen klagen,
gloubt niht daz iu die lügenære sagen,
und volget guotem râte: sô mugt ir in himele bouwen.

Marjâ klâr, vil hôhgeloptiu frowe süeze,
hilf mir durch dînes kindes êre deich mîn sünde gebüeze.
dû flüetic fluot barmunge tugende und aller güete,
der süeze gotes geist ûz dînem edeln herzen blüete:

---

30. er *fehlt* *A*. 31. uch niht versmehen *A*. ú leren *C*. 32. wir *C*, mir *A*. 33. welt ir. ir kennen wol *A*(!). 35. túgende *A*, tugenden *C*. 36. we wie wiz *AC*. herzen *A*.
1=332 [348] *C*. 5. niht *C*. 10. sin] und *C*.
*11=333 [349] *C*. tugent iwer sinne *C*. 12. gegen vienden tragent *C*. 14. mensche sin lip sin guot *C*. 15. úch *setzt* *C* *nach* lat. 17. erebernde zuht sult *C*. 19. geloubt *C*. 20. in himelriche *C*.
21=334 [350] *C*. 24. dînem] dem *C*.

er ist dîn kint, dîn vater, unde dîn schepfære.
wol uns des daz dû in ie gebære!
den hœhe tiefe breite lenge umbgrîfen mohte nie,
dîn kleiner lîp mit süezer kiusche in umbevie.
kein wunder mohte dem gelîchen ie:
der engel küniginne, dû trüeg in ân alle swære.

An dem frîtage wurd wir vor der helle gefrîet
von dem der sich drivalteclîchen eine hât gedrîet.
der engel Gabrîêl Marjâ die botschaft kündet,
dâ von himel und erde wart mit grôzen frôiden enzündet.
er sprach zuo ir âvê, daz minneclîche grüezen:
durch ir ôre enpfienc si den vil süezen,
der ie ân anegenge was und muoz ân ende sîn.
des sî dir lop und êre geseit, ...
. . . . . . Marjâ künigîn.
dû gæbe in uns ze trôst, der al der werlt mac swære büezen.
  Sünder, dû solt an die grôzen nôt gedenken,
die got durch uns leit, und solt dîn herze in riuwe senken.
sîn lîp wart mit scharpfen dornen gar versêret:
dennoch wart manicvalt sîn marter an dem kriuze gemêret:
man sluoc im drîe negel dur hende und ouch dur füeze.
jâmerlîchen weint Marjâ diu süeze,
dô si ir kinde dez bluot ûz beiden sîten fliezen sach.
trûreclîchen Jêsus von dem kriuze sprach
'muoter, jâ ist iuwer ungemach
mîn ander tôt. Jôhan, dû solt der lieben swære büezen.'
  Der blinde sprach zuo sînem knehte 'dû solt setzen
daz sper an sîn herze: jâ wil ich die marter letzen.'
daz sper gein al der werlte hêrren wart geneiget.
Marjâ vor dem kriuze trûreclîche klage erzeiget;
si verlôs ir varwe, ir kraft, in bitterlîchen nœten,
dô si jæmerlîch ir [liebez] kint sach tœten
und Longînus ein sper im in sîn reine sîten stach.
si seic unmehtic nider, [daz] si [niht] hôrte noch ensprach.
in dem jâmer Kriste dez herze brach:
daz kriuze begunde sich mit sînem süezen bluote rœten.

---

29. dehein *C.* nie *C.*
31=335 [351] *C.* wurden wir *C.* 32. drivalteclich in ein *C.* 34. wart *nach* frôiden *C.* 36. oren *C.*
4=336 [352] *C.* 10. das bluot *C.*
14=337 [353] *C.* 21. si *fehlt nicht* *C*(!). 22. dez] sin *C.*

37,24 Tumbiu Werlt, ziuch dînen zoum, wart umbe, sich.
wilt dû lân loufen dînen muot, sîn sprunc der vellet dich.
derst manicvalt in dînem herzen unbekort:
er schadet dir hie und ist ein langer haz der sêle dort.
lâ guoten muot den bœsen muot von dir vertrîben:
minne got, sô maht dû frô belîben:
wirp umbe lop mit reinem guote, wellest dû genesen:
den bœsen solt dû iemer gerne unheinlich wesen:
geloube swaz die pfaffen guotes lesen:
wilt dû daz allez übergülden, sô sprich wol den wîben.

Genuoge hêrren sint gelîch den gougelæren,
die behendeclîche kunnen triegen unde væren.
der sprichet 'sich her, waz ist under disem huote?'
nû zucke in ûf, dâ stêt ein wilder valke in sînem muote.
38,1 zuck ûf den huot, sô stêt ein stolzer pfâwe drunder.
nû zucke in ûf, dâ stêt ein merwunder.
swie dicke daz geschiht, so ist ez ze jungest wan ein krâ.
friunt, ich erkenne ouch daz, hâhâ hâhâ hâhâ.
hab dîn valschen gougelbühsen dâ:
wær ich dir ebenstarc, ich slüeges an daz houbet dîn.
dîn asche stiubet in diu ougen mîn.
ich wil niht mêr dîn blâsgeselle sîn,
dun wellest mîn baz hüeten vor sô trügelîchem kunder.

Er ist ein wol gefriunder man, alsô diu welt nû stât,
der under zwênzic mâgen einen guoten friunt getriuwen hât,
der hete man hie vor wol under fünfen funden drî.
Sô wê dir, Welt, dû hâst sô manegen wandelbernden site:
er armet an der sêle, der dir volget unz anz ende mite,

---

*24=22 *B*, 338 [354] *C*. Vil tumbú *B*. zon wart umbe sprich *B*. 26. manigvaltig — úmbe hort *B*. 27. der vrœt dich hie und ist ain werendes lait der sele dort *B*. 28. la rehten sin *B*. 29. du minne *B*. vro *C*, wol *B*. 30. wirbe *B*(!)*C*. mit rehter fuoge und *B*. 31. den bœsen ræten solt du gar unhainlich wesen *B*. 32. swas dir die pfaffen guotes vor gelesen *B*. was *C*. 33. wilt du es danne alles úbergúlden *B*. den *C*, von *B*.
*34=330 [346] *C*. 3. wan] niht wan *C*.
*10=walter von der vogelweide 31 *q*. als *q*. 13. siten *q*. 14. an selen *q*. unze ansin *q*.

unt der dir aller dîner fuore stât mit willen bî.
Wir klagen alle daz die alten sterbent unde erstorben sint:
wir möhten balde klagen von schulden ander nôt,
daz triuwe zuht und êre ist in der welte tôt.
die liute lâzent erben, dise drî sint âne kint.

---

15. voͤre *q.* 16. Wir clagent das *q.* ur storben *q.* 17. mehtent *q.* von schuden enander *q.* 19. dise drú *q.*

II.

39, 1 Uns hât der winter geschadet über al:
heide unde walt sint beide nû val,
dâ manic stimme vil suoze inne hal.
sæhe ich die megde an der strâze den bal
werfen! sô kæme uns der vogele schal.
Möhte ich verslâfen des winters zît!
wache ich die wîle, sô hân ich sîn nît,
daz sîn gewalt ist sô breit und sô wît.
weizgot er lât ouch dem meien den strît:
sô lise ich bluomen dâ rîfe nû lît.

'Under der linden
an der heide,
dâ unser zweier bette was,
dâ mugent ir vinden
schône beide
gebrochen bluomen unde gras.
vor dem walde in einem tal,
tandaradei,
schône sanc diu nahtegal.
Ich kam gegangen
zuo der ouwe:

---

*1=40 *B*, 126 [132] *C*, 195 *E*. 2. die hant beide ungeval *E*. 3. vil suosse (suose *B*) inne hal *BC*, inne vil suezze erschal *E*. 4. strazzen *E*. 5. kummet *E*.

6=41 *B*, 127 [133] *C*, 194 *E*. 7. sinen nit *E*. 8. so lanc *E*. 9. ouch *C*, doch *B*, *fehlt E*. den meien *C*. 10. nu *fehlt B*. da nu der riffe lit *E*.

*11=42 *B*, 128 [134] *C*. 14. ir noch *B*. 15. schœne *B*. 16—28 *von anderer hand B*.

20=43 *B*, 129 [135] *C*. kan *BC*.

dô was mîn friedel komen ê.
dâ wart ich enpfangen
hêre frouwe,
daz ich bin sælic iemer mê.
kuster mich? wol tûsentstunt:
tandaradei,
seht wie rôt mir ist der munt.

Dô het er gemachet
alsô rîche
von bluomen eine bettestat.
des wirt noch gelachet
inneclîche,
kumt iemen an daz selbe pfat.
bî den rôsen er wol mac,
tandaradei,
merken wâ mirz houbet lac.

Daz er bî mir læge,
wessez iemen
(nu enwelle got!), sô schamt ich mich.
wes er mit mir pflæge,
niemer niemen
bevinde daz, wan er unt ich,
und ein kleinez vogellîn:
tandaradei,
daz mac wol getriuwe sîn.'

Ich hân ir sô wol gesprochen,
daz si maneger in der welte lobet:
hât si daz an mir gerochen,
owê danne, sô hân ich getobet,
daz ich die getiuret hân
und mit lobe gekrœnet,
diu mich wider hœnet.
frowe Minne, daz sî iu getân.

---

22. ê *fehlt B.* 24. herre *B.* 26. er kuste mich *C.* tusenstunt *B.* 27. tandaraidai *B hier und in den beiden folgenden strophen, in der ersten* tandaradai.

1=44 *B*, 130 [136] *C*. hat *C*. minnecliche *B*. 6. stat *B*. 10=45 *B*, 131 [137] *C*. lege *C*, da gelæge *B*. 11. wisse es *B*. 12. nun welle *C*. 15. das *C*, es ane spot *B*.

*19=38 *A*, 46 *B*, 132 [138] *C*, 28 *E*, *im ganzen liede ohne bedeutende verschiedenheit.* 23. sie *E*. 25. hin wider *E*. 26. vro *B*, frou *C*. ú *C*, uch *AB*, dir *E*.

40,27 Frowe Minne, ich klage iu mêre:
rihtet mir und rihtet über mich.
der ie streit umb iuwer êre
wider unstæte liute, daz was ich.
in den dingen bin ich wunt.
ir hât mich geschozzen,
und gât sie genozzen:
ir ist sanfte, und ich ab ungesunt.
Frowe, lât mich des geniezen:
ich weiz wol, ir habet strâle mê:
muget irs in ir herze schiezen,
daz ir werde mir gelîche wê?
41,1 muget ir, edeliu künegîn,
iuwer wunden teilen
oder die mîne heilen?
sol ich eine alsus verdorben sîn?
Ich bin iuwer, frowe Minne:
schiezent dar dâ man iu widerstê.
helfet daz ich sie gewinne.
neinâ frowe, daz sis iht engê!
lât mich iu daz ende sagen:
und engêts uns beiden,
wir zwei sîn gescheiden.
wer solt iu danne iemer iht geklagen?

Ich bin als unschedelîche frô,
daz man mir wol ze lebenne gan.
tougenlîche stât mîn herze hô:
waz touc zer welte ein rüemic man?

27=39 *A*, 47 *B*, 133 [139] *C*, 29 *E*. ú *C*, uch *ABE*. 30. was *ABCE*. 32. hat *AE*, habent *B*, habet *C*. 33. gat si *A*, get sis hin *E*, si gat *BC* (!) ungenozzen *E*. 34. ir sit senfte *E*. und ich aber *C*, ich bin aber *AB*, und bin ich *E*.

35=40 *A*, 48 *B*, 134 [140] *C*, 30 *E*. lat mich des A, lat sis niht *E*, ir sulent (sult *C*) mich lan *BC*. 36. ich weiz wol *AE*, das ich wais *BC*. habt noch *A*. straln *E*. 37. ir sült sie *E*. in ir *AE*, an das *BC*. 1. mugen ir *B*, ir sulent *A*. 2. uns die wunden *E*. 3. minnen teilen *A*. 4. solde ich eine alsus verschaphen sin *A*.

5=41 *A*, 378 [394] *C*, 32 *E*, 18 *U*[x]. 6. owe (we *U*) wor ümme tuot ir mir so we *EU*. 7. sig *C*, sie *AE*, si *U*. 8. neinen *A*. daz (dazs *U*) uns iht enge *EU*. 9. üch *E*.

*13=49 *B*, 135 [141] *C*, 13 *E*. 15. tugentlichen — fro *E*. 16. tougt *B*.

wê den selben die sô manegen schœnen lîp
habent ze bœsen mæren brâht!
wol mich, daz ichs hân gedâht!
ir sult si mîden, guotiu wîp.
Ich wil guotes mannes werdekeit
vil gerne hœren unde sagen.
swer mir anders tuot, daz ist mir leit:
ich wilz ouch allez niht vertragen.
rüemære unde lügenære, swâ die sîn,
den verbiute ich mînen sanc,
und ist âne mînen danc,
obs alsô vil geniezen mîn.
Maneger trûret, dem doch liep geschiht:
ich hân ab iemer hôhen muot,
und enhabe doch herzeliebes niht.
daz ist mir alsô lîhte guot.
herzeliebes, swaz ich des noch ie gesach,
dâ was herzeleide bî.
liezen mich gedanke frî,
son wiste ich niht umb ungemach.
Als ich mit gedanken irre var,
sô wil mir maneger sprechen zuo:
sô swîg ich und lâze in reden dar.
waz wil er anders daz ich tuo?
hete ich ougen oder ôren danne dâ,
sô kund ich die rede verstân:
swenne ich niht ir beider hân,
son kan ich nein, son kan ich jâ.
Ich bin einer der nie halben tac
mit ganzen fröiden hât vertriben.

---

17. *C vertauscht die abgesänge dieses und des folgenden gesetzes.* die so *BC*, waz sie *E*. 19. is *E immer für* ichs, *und eben so* mis dis iz. 20 *fehlt B*.

21=50 *B*, 136 [142] *C*, 12 *E*. Man sol *E*. 23. der mir *E*. 24. ich mac es alles niht verdagen *E*. 27. ez ist *E*. 28. daz siez als vil *E*.

29=137 [143] *C*, 14 *E*. lieb *C*, wol *E*. 31. hertze liebes des enhan ich niht *E*. 33. herzelieb *C*. gewan *E*. 34. herzeleit mir bi *C*. 36. so weste — üm *E*.

37=51 *B*, 138 [144] *C*, 15 *E*. gedænken *B*. ierre *B*, irre *C*, ümme *E*. 2. daz ich anders *E*. 5. swenne ich ir beider niht en han *C*, sit ich des nu nit enhan *E*.

7=139 [145] *C*.

swaz ich fröiden ie dâ her gepflac,
der bin ich eine hie beliben.
nieman kan hie fröide vinden, si zergê
sam der liehten bluomen schîn:
dâ von sol daz herze mîn
niht senen nâch valschen fröiden mê.

Swer verholne sorge trage,
der gedenke an guotiu wîp: er wirt erlôst:
und gedenke an liehte tage.
die gedanke wâren ie mîn bester trôst.
gegen den vinstern tagen hân ich nôt,
wan daz ich mich rihte nâch der heide,
diu sich schamt vor leide:
sô si den walt siht gruonen, sô wirts iemer rôt.
  Frowe, als ich gedenke an dich,
waz dîn reiner lîp erwelter tugende pfliget,
sô lâ stân! dû rüerest mich
mitten an daz herze, dâ diu liebe liget.
liep und lieber des enmein ich niht:
dû bist [mir] aller liebest, daz ich meine.
dû bist mir alleine
vor al der welte, frowe, swaz sô mir geschiht.

Wil ab iemen wesen frô,
daz wir iemer in den sorgen niht enleben?

---

14. niht *fehlt C.*

*15=52 *B*, 140 [146] *C*, 41 *E*, 27 *U*[x]. sorge *BC*, swere *EU*. 16. schœne *E*. der wirt *B*. 18. die gedænke *B*. gedanken ware *U*. 19. in den *EU*. lide *E*, so lid *U*. 21. sich *scheint nie dagestanden zu haben U*. schemet *EU*. 22. wirts *U*, wirt si *(*sie *mit einem wegen der randlinie etwas abgerücktem* e *C) BC*, wirt sis *E*.

23=54 *B*, 142 [148] *C*, 40 *E*, 26 *U*[x]. 25. sten *EU*. 26. in *E*. An min herze en midden da *U*. dâ] daz *E*. 27. liep unde lieber des *BCU*, unliebe der *E*. en *fehlt BC*. 28. Ez ist aller liebest *EU*. daz ich do meine *E*. 29. mir *fehlt B*. 30. vor al der welte *BC*, vor alleme liebe *U*, aller liebest *E*. swas so *C*, swaz auch *E*, swaz ioch *U*, liep swas *B*.

31=53 *B*, 141 [147] *C*, 38 *E*, 24 *U*[x]. 32. imber *nach* sorgen *U*. niene leben *U*. daz wir in disen sorgen iht immer leben *E*.

wê wie tuont die jungen sô,
die von fröiden solten in den lüften sweben?
ichn weiz anders weme ichz wîzen sol,
wan den rîchen wîze ichz und den jungen.
die sint unbetwungen:
des stât in trûren übel und stüende in fröide wol.
Wie frô Sælde kleiden kan,
daz si mir gît kumber unde hôhen muot!
sô gîts einem rîchen man
ungemüete: owê waz sol dem selben guot?
mîn frou Sælde, wie si mîn vergaz,
daz si mir sîn guot ze mînem muote
nien schriet, si vil guote!
mîn kumber stüende im dort bî sînen sorgen baz.

Frowe, ich hœr iu sô vil der tugende jehen,
daz iu mîn dienest iemer ist bereit.
enhæt ich iuwer niht gesehen,
daz schâtte mir an mîner werdekeit.
nû wil ich iemer deste tiurre sîn,
und bite iuch, frouwe,
daz ir iuch underwindet mîn.
ich lebete gerne, kunde ich leben:

---

33. uwe (*so öfter als* owe) wie tuont die iungen lüte also *E*. 34. in den lúften solten *C*. 35. anders *E*, anders niht *U*· *es fehlt BC, die doch auch* ichz *haben, wie U* ichz *und E* iz, *und nicht* ich ez. mag *B*. 38. des *BEU*, und *C*. stet *E*, steit *U*. unde stunt in *U*. frauden *E*.

1=55 *B*, 143 [149] *C*, 39 *E*, 25 *U*[x]. fro *C*, vro *B*, die *EU*. 4. ungemuot *U*. uwe *E*, o we daz *U*. den selben *BC*. 5. min frou *C*, min vrowe *B*, frauwe *EU*. mîn] sich *U*. wie ir üch vergat *E*. 6. daz ir *E*. sin *EU*, niht *BC*. sinem *E*. 7. niene *BCU*. niht beschert (si vil guote *fehlt*) *E*. si] diu *U*. 8. stunt *U*.

*9=56 *B*, 144 [150] *C*, 256 *D*, 170 *E*, 34 *F*, 24 a, 30 (Heren walters zanch)[1]*s*. Frawe *Fa*, *fehlt BCDEs*. horte *BC*. der *fehlt BCs*. tugenden *B*, tugente *F*, tugen *s*. 10. muoz immer sin *DF*. 11. enhete *E*, en had *s*, hat *B*, het *C*, Unde hette *Da*, Nue hett *F*. uch *D*. gischehin *a*. 12. es *BC*, hetz *s*. schatte *B*, schate *C*, schadete *D*, schat *Ea*, scade *s*, schadet *F*. mir vil *a*, mir nymmer *F*. 13. Nu wil ich immer *EFa*, Ich wil iemer *BC*, Unde wil ouch immer *D*, Und ich wil ymmer *s*. des te tri^{o}uer zin *s*. 14. ich bite *Da*. vrowe *DEF*, vrou *s*, sælig vrowe guot *BC*, frowe dez *a*. 15. iuch *fehlt s*. 16. wch gerne konde ich wch *a*.

43.17 mîn wille ist guot, nû bin ich tump:
nû sult ir mir die mâze geben.
'Kund ich die mâze als ich niene kan,
sô wær ich zer welte ein sælic wîp.
ir tuot als ein wol redender man,
daz ir sô hôhe tiuret mînen lîp.
ich bin noch tumber danne ir sît.
waz dar umbe?
doch wil ich scheiden disen strît.
nû tuot von êrst des ich iuch bite,
und saget mir der manne muot:
sô lêre ich iuch der wîbe site.'
Wir man wir wellen daz diu stætekeit
iu guoten wîben gar ein krône sî.
kumt iu mit zühten sîn gemeit,
sô stêt diu lilje wol der rôsen bî.
nû merket wie der linden stê
der vogele singen,
dar under bluomen unde klê:

---

17. *mit* min *endigt D.* nu bin ich tump min wille ist guot *BC.* nu (so *E*, doch *s*) bin ich *Eas*, und ich pin *F.* tump] din *s.* 18. Des suldir *s.* ir *fehlt F.* mich *s.*

19=57 *B*, 145 [151] *C*, 171 *E*, 35 *F*, 25 *a*, 30^{2}*s.* 19. 20. *nach* 22 *s.* 19. als] zo *s.* niene *BC*, net in *s*, en *E*, nicht *F*, ir leidor niht in *a.* 20. Ich were *a.* zir *a*, ter *s*, zuor *E*, der *F*, in der *BC.* wol ein *F.* 21. ich tuon *C.* als ein vil reden man *s.* 22. mir den *a*, min *s.* 23. ich bin noch tunbir *a*, ich vil tummer *F*, ich bin vil drover *s*, ich bin niht wiser *E*, nu bin ich doch tumber *BC.* 24. Was daet om *s*, *fehlt EF.* 25. doch wene ich daz ich wölle scheiden *E*, ich wil sceiden *s.* diesen *Fa*, uns den *E*, den *BCs.* 26. nun tut allererst *F*, nu doyt irst *s*, tuont von erst *a*, tuot ir alrerst (alreste *B*) *BCE.* iuch] dir *s.* 27. und (nu *a*) saget mir *Fas*, und leret mich *E*, lert (lerte *C*) ir mich *BC.* mynne mut *F*, moet name *s.* 28. der frowen *a.*

29=58 *B*, 146 [152] *C*, 172 *E*, 36 *F*, 26 *a*, 30^{3}*s.* Wir man *a*, *fehlt BCEFs.* Sie wöllent daz *E.* diu *fehlt a.* 30. úch (ú *C*, an *s*, *fehlt F*) guoten wiben *BCFs*, der guoten frauwen *E*, ob allin guotin dingin *a.* gar ein *BCa*, wol ein *F*, ein *s*, rehte *E.* 31. kumen. und die *F*, kunnent ir *BC*, kunnen zi *s*, kan si *E*, sit ir *a.* sin *BCEFs*, wol *a.* 32. So steit vil wol die rose der bi *s.* stet *BEa*, schaytt *F*, stent *C.* du *a*, die *EF*, *fehlt BC.* gilge *a*, lilien *BCF*, rose *E.* der *Ea*, den *BC*, die *F.* rosen *BCFa*, lylien *E.* bey den plumen *F.* 33. nu wartent *a.* der linden *Eas*, die linde *F*, der lilie *BC.* stat *a.* 34. Ir *E.* fogel singen *a*, vogelline singen *BC*, vogelsanc *Es*, voglein sanck *F.* 35. da under bleuen unde cle *s*, unde ir rat *a*, und da weisser clee *F.*

43,36 noch baz stêt wîben werder gruoz.
ir minneclîcher redender munt
der machet daz man küssen muoz.

44,1 'Ich sage iu wer uns wîben wol behaget.
wan der erkennet übel unde guot,
und ie daz beste von uns saget.
dem sîn wir holt, ob erz mit triuwen tuot.
kan er ze rehte ouch wesen frô
und tragen gemüete
ze mâze nider unde hô,
der mac erwerben swes er gert:
welch wîp verseit im einen vaden?
guot man ist guoter sîden wert.'

Mîn frowe ist underwîlent hie:
sô guot ist si, als ich des wæne, wol.
von ir geschiet ich mich noch nie:
ist daz ein minne dandern suochen sol,
sô wirt si vil dicke ellende
mit gedanken als ich bin.
mîn lîp ist hie, sô wont bî ir mîn sin:

---

36. Michels bas *BC*. stet *EFs*, stat *BC*, cimet *a*. wibin werder *a*, úch (ú *C*) vrowen schoner *BC*, frauwen schœner *Es*, reinen weyben ir güt und auch werder frawen *F*. 37. úwer *BC*. wan ir wol szuosir redender *a*. wol redenter *F*. 38. der *fehlt BCE*. schafit *a*. man in *EF*, man hem *s*. zhusen *a*.

1=59 *B*, 147 [153] *C*, 173 *E*, 37 *F*, 27 *a*, 30^{4}*s*. Ir man fragent wer *BC*. wibin *a*, *fehlt BCEFs*. behage *BC*. 2. nieman wan der irkennit *a*, der beide erkennet (kennet *F*) *EFs*. der úbel uñ guot erkennen kan *B*, der úbel erkennen kan und guot *C*. 3. und vil des bestin *a*. van uch *s*. sage *BC*. 4. und ob er es in *F*. 5. kan er *BC*, kan er denne *Es*, der mag *F*, unde der *a*. ze rehte ouch *BC*, zuo rechte *s*, zimase kan *a*, mit zühten *E*, in zuchten *F*. 6. 7. unde gedenchen ym zu maesen *s*, das er gedenket ze masse *BC*, und sin gemuete setzen *E*, der dine jn zu massen hie und do und trage dein gemüte *F*, und da bi kan tragin beidu *a*. nider unde hô *Eas*, weder nider noch ze ho *BCF*. 8. *so EFas*, *aber s* Er mach *und* des, *F* wol pieten *statt* erwerben: so tuot er des das herze gert *BC*. 9. welich frauwe *E*, fraw *F*. versait dem *BC*, ime verseit *E*. versaget jm in gute er wirt do schier gewert *F*. fadem *E*. 10 *fehlt F*. guoter man *BC*. is wol ryches lones wert *s*.

*11=60 *B*, 148 [154] *C*, 151 *E*. under wiln *E*. 12. si des wæne (wenne *C*[!]) ich wol *BC*. 13. wenne ich geschiet noch nie von ir *E*. 14. Und ist *BC*. die andern *BCE*. 15. vil *E*, *fehlt BC*. 16. gedænken *B*. 17. bi ir *BC*, dort mit gedanken *E*.

der wil von ir niht, dêst ein ende.
nû wolt ich, er tæte ir guote war
und mîn dar umbe niht vergæze.
waz hilfet, tuon ich dougen zuo?
sô sehent si durch mîn herze dar.

Ich lepte wol und âne nît,
wan durch der lügenære werdekeit.
daz wirt ein langer wernder strît:
ir liep muoz iemer sîn mîn herzeleit.
ez erbarmet mich vil sêre,
dazs als offenlîche gânt
und niemen guoten unverworren lânt.
unstæte, schande, sünde, unêre,
die râtents iemer swâ mans hœren wil.
owê daz man si niht vermîdet!
daz wirt noch maneger frowen schade
und hât verderbet hêrren vil.

Die hêrren jehent, man sülz den frouwen
wîzen daz diu welt sô stê.
si sehent niht frœlîch ûf als ê,
si wellent alze nider schouwen.
ich habe ouch die rede gehœret:
si sprechent, daz in fröide stœret,
si sîn mê dan halbe verzaget
beidiu lîbes unde guotes,
niemen helfe in hôhes muotes.
wer sol rihten? hiest geklaget.

Ein frowe wil ze schedelîche
schimpfen, ich habe ûz gelobet.

---

18. das ist *BCE.* 19. nu wölte ich daz er ir neme guote war *E.* *E verändert in der neunten zeile durchaus den ton.* 20. dor under *E.* 21. nu was *BC.* dú ougen *BC,* min augen *E.* 22. so siht sie doch durch daz hertze dar *E.*

23=61 *B,* 149 [155] *C,* 148 *E.* lebet ie wol *E.* 24. durch *fehlt E.* 25. lange *B.* 26. Ir hertzeliep *E.* min lait *BC.* 28. das sú *B,* daz *E.* gan *E.* 29. guoter *C,* guotes *E.* unbeworren lan *E.* 30. schaden *C.* sünde. schande *E.* 31. die raten sie swa man sie gerne hœren wil *E.*

*35=63 *B,* 151 [157] *C.* man súl es *B,* wan sul *C.* 38. Das sú also gerne nider schowen *B.* 1. Iedoch han ich die *B.*

7=105 *A,* 64 *B,* 152 [158] *C.* Ain *B,* Min *AC.* schedelichen *A,* vrævenlichen *B,* frevellichen *C.* 8. han *A.*

si tumbet, obe si niht entobet.
jon wart ich lobes noch nie sô rîche:
torst ich vor den wandelbæren,
sô lobte ich die ze lobenne wæren.
des enhaben deheinen muot,
ichn gelobe si niemer alle,
swiez den lôsen missevalle,
sine werden alle guot.

Ich weiz si diu daz niht ennîdet,
daz man nennet reiniu wîp.
sô rehte reine sost ir lîp,
daz si der guoten lop wol lîdet.
er engap ir niht ze kleine,
der si geschuof, schœn unde reine.
der diu zwei zesamne slôz,
wie gefuoge er kunde sliezen!
er solt iemer bilde giezen,
der daz selbe bilde gôz.

Sich krenkent frowen unde pfaffen,
daz si sich niht scheiden lânt.
die den verschampten bî gestânt,
die wellent lîhte ouch mit in schaffen.
. . . .
. . . .
wê daz zwên als edele namen
mit den schamelôsen werbent!
sicherlîche si verderbent,
sine wellens sich erschamen.

Sô die bluomen ûz dem grase dringent,
same si lachen gegen der spilden sunnen,

---

9. niht *A*, *fehlt BC*. 10. wan ich wart lobes nie *BC*. 11. getorste *BC*. von *B*. 12. Ich lopte die *BC*. 13. dies enhaben deheinem *A*, des enhabe deheinú *BC*. 14. en *fehlt B*. 15. bœsen *BC*.

17=106 *A*, 65 *B*, 153 [159] *C*. 18. nemmet *B*. 19. rein sost ir *A*, reine ist ir der *C*, rainen wais si ir *B*. 20. der rainen *BC*. 21. niht *fehlt ABC*. 23. zesemme *A*, ze sæmene *B*. 24. kunde flieffen *C*(!).

27=107 *A*, 154 [160] *C*. *in dieser ganzen strophe schreiben A und C alle plurale der dritten person indic. ohne t, außer* die wellent. 33. zwein alse edelen *AC*.

*37=1 *A*, 66 *B*, 155 [161] *C*, 182 *E*, 6 *N*. dringen *BE*. 38. Also si *N*. lachent *AN*. der spildem *N*, der spilenden *E*, dem spilnden *C*. sunden *N*.

46, 1 in einem meien an dem morgen fruo,
und diu kleinen vogellîn wol singent
in ir besten wîse die si kunnen,
waz wünne mac sich dâ gelîchen zuo?
ez ist wol halb ein himelrîche.
suln wir sprechen waz sich deme gelîche,
sô sage ich waz mir dicke baz
in mînen ougen hât getân,
 und tæte ouch noch, gesæhe ich daz.
 Swâ ein edeliu schœne frowe reine,
wol gekleidet unde wol gebunden,
dur kurzewîle zuo vil liuten gât,
hovelîchen hôhgemuot, niht eine,
umbe sehende ein wênic under stunden,
alsam der sunne gegen den sternen stât, —
der meie bringe uns al sîn wunder,
waz ist dâ sô wünneclîches under,
als ir vil minneclîcher lîp?
wir lâzen alle bluomen stân,
 und kapfen an daz werde wîp.
 Nû wol dan, welt ir die wârheit schouwen!
gên wir zuo des meien hôhgezîte!
der ist mit aller sîner krefte komen.

---

1. an *ACEN*, gen *B*. 2. die *C*. vogelliu *A*, vogeline *N*. wol *fehlt EN*. singen *BE*. 3. die aller besten wise die sie chunnent *N*. 4. waz *fehlt C*. wunen *N*. mac *AEN*, kan *BC*. genozen *AN*. 6. *so AE*. nu sprechent alle was *BC*, nuo sprechet waz *N*. 7. ich lihte waz mir baz *EN*. 9. ouch *fehlt E*.

10=2 *A*, 67 *B*, 156 [162] *C*, 183 *E*, 14 *F*, 7 *N*. edelú vrowe schœne [und *E*] raine *BCE*, edeliu vrouwe reine *N*. 11. gecleidet *EF*, gecleit *ABN*, bekleit *C*. und darzuo wol gebunden *C*, und gebunden niht eine *E*. 12. kürtzewile *E*. vil] den *F*. *mit* vil liu *schließt das deutlich lesbare in N*; *das folgende ist ausradiert; mit einiger sicherheit läßt sich noch erkennen* 12. 13. then gat ho, 14. 15. (u)nder stun, 16 al sin, 19 wir. gât *fehlt F*. 13. wol gemuot *EF*. niht eine *fehlt hier E*. 14. anesehende *F*. umbesehen ein cleine *E*, ein wenic umbe sehende *A*. 15. alse (als *E*, also *F*) die *BEF*. dem sterne *E*, sternen *F*. 16. der mey der pringt uns wunder *F*. bringet *auch C*. 17. da so *CE*, denne (danne *B*) da so *AB*, das *F*. wunderliches *E*. wunder *F*. 18. vil wunnenclicher *E*. 20. kaffen *E*, schawen *F*. die werden *F*.

21=3 *A*, 68 *B*, 159 [165] *C*, 186 *E*, 15 *F*. Nu wol dan *A*, nun wol an *F*, Nu wol uf *B*, Wol dan *E*, Set (*wie s.* 74, 27?) sam mir *C*. ir sült *EF*. 22. so gen wir *B*, nue var wir *F*. des werden maien *B*. hohgeziten *E*, hochzeit *F*. 23. crefte *A*, wunne *BC*, schœne *EF*.

46,24 seht an in und seht an schœne frouwen,
wederz ir daz ander überstrîte:
daz bezzer spil, ob ich daz hân genomen.
owê der mich dâ welen hieze,
deich daz eine dur daz ander lieze,
wie rehte schiere ich danne kür!
hêr Meie, ir müeset merze sîn,
ê ich mîn frowen dâ verlür.

Aller werdekeit ein füegerinne,
daz sît ir zewâre, frowe Mâze.
er sælic man, der iuwer lêre hât!
der endarf sich iuwer niender inne
weder ze hove schamen noch an der strâze.
dur daz sô suoche ich, frouwe, iuwern rât,
daz ir mich ebene werben lêret.
47,1 wirbe ich nidere, wirbe ich hôhe, ich bin versêret.
ich was vil nâch ze nidere tôt,
nû bin ich aber ze hôhe siech:
unmâze enlât mich âne nôt.

---

24. nu seht an in *B*. schœne *BEF*, werden *A*, werde *C* 25. weder ir *E*, welch ir *F*, weders da *A*, weders hie *B*, weder spil *C*. ander da wider strite *E*. 26. bezer *AF*, beste *E*, weger *C*. spil] teil *A*. ob ich das han (habe *E*) *CE*, ich wil das han ich *F*, daz han ich mir *A*. Ob ich das wæger spil iht habe genomen *B*. vernomen *F*. 27. owe *AE*, ahi *B*, und *C*, *fehlt F*. mir *F*. da *AE*, hie *B*, danne *C*, da deinen *F*. wellen *C*, weln *AE*. welle niessen *B*, willen hette *F*. liezze *E*. 28. daz ich [da *A*] daz eine *AC*, wie störe (*statt* schiere?) ich das eine *F*, das ain ich *BE*. liessen *B*, lasse *F*. 29. [owe *E*] wie rehte schier ich *EF*, ahy wie schiere ich *C*, obe ich ze rehte *A*. Wie schiere ich das aine fúr das ander kur *B*. 30. muzent *A*. her mey ir meister müst sein *F*. 31. mine *AB*. er ich dich nicht mein frawe *F*. dâ] hie *B*.

*32=4 *A*, 69 *B*, 157 [163] *C*, 184 *E*, 16 *F*. figurynne *F* 33. daz *fehlt E*. vro *B*. 34. er *AE*, ain *BC*, vil *F*. 35. darf *BC*. iuwer niender inne *A*, nymmer inne *F*, úwer niht beschamen. inne *BC*, nimmer mer geschamen *E*. 36. werder *A*, beide *C*, noch *F*, *fehlt BE*. schamen noch an der *A*, komen in der *F*, noch [ouch *C*] an der *BC*, noch zuo *E*. schasse *F*. 37. dur das so *BC*, dur daz *A*, des *E*. dorumb so gee ich *F*. frowe *AEF*, iemer *C*, *fehlt B*. auch gerne üwern *E*, nach ewrem *F*. 38. ebene] aber *F*. 1. hohe *und* nider *vertauscht E*. 2. ze nidere] durch sie *F*. 3. aber *fehlt E*. zu massen *F*. 4. unmassen *F*. enlat mich *A*, ir lant (lasset *C*) mich [niender *B*] *BC*, la mich *E*, lang *F*. an not *BC*.

Nideriu minne heizet diu sô swachet
daz der lîp nâch kranker liebe ringet:
diu liebe tuot unlobelîche wê.
hôhiu minne reizet unde machet
daz der muot nâch werder liebe ûf swinget:
diu winket mir nû, daz ich mit ir gê.
nun weiz ich wes diu mâze beitet.
kumet diu herzeliebe, sô bin ich verleitet:
mîn ougen hânt ein wîp ersehen,
swie minneclich ir rede sî,
mir mac wol schade von ir geschehen.

Ich minne, sinne, lange zît:
versinne Minne sich,
wie si schône lône mîner tage.
nû lône schône: dêst mîn strît:
vil kleine meine mich,
niene meine kleine mîne klage,
unde rihte
grôz unbilde,
daz ein ledic wîp
mich verderbet
gar âne schulde.
zir gesihte
wird ich wilde,
mich enhabe ir lîp
fröide enterbet.
noch ger ich hulde.

5=5 *A*, 70 *B*, 158 [164] *C*, 185 *E*, 17 *F*. In der mynne *F*. diu so *ABC*, die da *E*, so der *F*. 6. der muot *A*. 7. liebe *BCF*, minne *AE*. tut wee und lobelichen (wê *fehlt*) *F*. 8. reizet unde *A*, haisset dû das (da *B*) *BCE*. *F hat von dieser zeile nur das wort* machet. 9. werder liebe *BCF*, hoher wurde *A*. sich auf *F*. Daz der muot so hohe stiget *E*. 10. wünschent *E*. mir *fehlt C*. nû *fehlt E*. des *F*. ich ir mitte ge *C*. 11. Mich wundert *A*. was *F*. 12. wenn kumpt *F*. diu *fehlt BC*. so bin ich *CF*, so ich bin *B*, ich bin iedoch *A*, ich bin *E*. 13. auge hat *E*. Doch hat min lib ein *C*. 15. im mag *F*. wol] doch *A*.

*16=71 *B*, 160 [166] *C*, Reimar 27 *A*. sinne *A*, si nu *BC*. 17. versinnete *BC*. 18. schône *C*. 19. nu *BC*, so *A*. dest *A*, das ist *B*: so ist *C*, *wohl zu verstehn* so ist mîn strît vil kleine. 21. niht zecleine mine clage *A*. 23. gros *BC*, selch *A*. 24. selic *A*. 28. wirt ich *A*, werde ich *BC*. 30 *fehlt A und ist mir unverständlich. vielleicht genügt* fröide an gerbet. 31. *nach* ich *haben BC* ir, *A* der vil.

wære mære stæter man,
sô solte, wolte si, mich an
eteswenne denne ouch sehen,
sô ich gnuoge fuoge kunde spehen.

Zwô fuoge hân ich doch, swie ungefüege ich sî:
der hân ich mich von kinde her vereinet.
ich bin den frôn bescheidenlîcher fröide bî,
und lache ungerne sô man bî mir weinet.
durch die liute bin ich frô,
durch die liute wil ich sorgen:
ist mir anders danne alsô,
waz dar umbe? ich wil doch borgen.
swie si sint sô wil ich sîn,
daz si niht verdrieze mîn.
manegem ist unmære
swaz einem andern werre:
der sî ouch bî den liuten swære.
Hie vor, dô man sô rehte minneclîchen warp,
dô wâren mîne sprüche fröiden rîche:
sît daz diu minneclîche minne alsô verdarp,
sît sanc ouch ich ein teil unminneclîche.
iemer als ez danne stât,
alsô sol man danne singen.
swenne unfuoge nû zergât,
sô sing aber von höfschen dingen.
noch kumpt fröide und sanges tac:
wol im, ders erbeiten mac!
derz gelouben wolte,
so erkande ich wol die fuoge,
wenn unde wie man singen solte.
Ich sage iu waz uns den gemeinen schaden tuot.

---

33. an *B*, han *A*, lan *C*. 34, etwenne *C*. ouch *BC*, gerne *A*. 35. so ich *B*, swenne ich *A*, so *C*. kunnen *C*.
*36=164 [170] *C*, her reymar 356 *e*. (*s. die anm.*). 1. den frôn bescheidelicher *e*. 2. swa man *C*. 8. iht *e*. 9—11. manigem ist die fraude ummere der ist auch bi den lüten swere *e*. 10. were *C*.
12=85 *A*, 72 *B*, 161 [167] *C*, 355 *e*. Hie bevor *C*. 13. ouch *nach* sprúche *BC*. 14. daz *fehlt e*. wunnecliche *A*. 15. do sanc *e*. 17. mans *BC*. 18. ungefuege *e*. 19. singe *BCe*, si *A*. aber *AC*, aber ich *B*, ich *e*. 21. so wol im ders erbiten mac *e*. 22. derz *A*, ders *e*, ders mirs *B*, der mirs *C*. wolte *fehlt e*. 23. Ich kōnde noch die fuoge *e*.
25=87 *A*, 73 *B*, 162 [168] *C*, 357 *e*. den maisten *BC*.

diu wîp gelîchent uns ein teil ze sêre,
daz wir in alsô liep sîn übel alse guot:
seht, daz gelîchen nimet uns fröide und êre.
schieden uns diu wîp als ê,
daz si sich ouch liezen scheiden,
daz gefrumt uns iemer mê,
mannen unde wîben, beiden.
waz stêt übel, waz stêt wol,
sît man uns niht scheiden sol?
edeliu wîp, gedenket
daz och die man waz kunnen:
gelîchents iuch, ir sît gekrenket.

Wîp muoz iemer sîn der wîbe hôhste name,
und tiuret baz dan frowe, als ichz erkenne.
swâ nû deheiniu sî diu sich ir wîpheit schame,
diu merke disen sanc und kiese denne.
under frowen sint unwîp,
under wîben sint si tiure.
wîbes name und wîbes lîp
die sint beide vil gehiure.
swiez umb alle frowen var,
wîp sint alle frowen gar.
zwîvellop daz hœnet,
als under wîlen frouwe:
wîp dêst ein name ders alle krœnet.
Ich sanc hie vor den frowen umbe ir blôzen gruoz:

---

27. also-als *A*, alse-alse *B*, als-alse *C*, also-also *e*. 29. scheiden *e*. 30. daz och si sich *A*. 31. iemer me *A*, auch immer *e*, michels me *BC*. 32. manne *A*. *e hat nur das wort* beiden. 34. ob man *A*. 36. daz och die man waz (wol *e*) *Ae*, daz sú och etteswas *BC*. 37. gelichens uch *A*, gelichen (gelichet *C*) sin úch *BC*, gelichen û *e*. getrenket *A*, gedenket *C*. *vergl. s.* 45, 27.

38=88 *A*, 163 [169] *C*, 358 *e*, III 17 *n*. *für* muoz *bis* wîbe *hat n nur* was ie der . hœster *e*. 39. prisit *n*. frowen *C*. 1. nu *A*, der *C*. Si dekeine die sich *e*, Welich wif sich *n*. 2. die hore minen sanc. inde mirke denne *n*. minen rat *e*. ouch denne *C*. 4. sint die rehten türen *e*. 6 *fehlt e*. dú sint beidú *C*. Dat is vil gehuore *n*. 7—9. wie it umbe allen vare. wip nimpt des hoesten lovis ware. vrauwen lof dat honit *n*. 10 *fehlt n*. under wiben *e*. 11. dêst] daz ist *Ae*. ist *Cn*. ein lop daz si *A*, eyn name dat si *n*.

12=86 *A*, 165 [171] *C*, 359 *e*. húte vor *A*. den wiben *e*.

den nam ich wider mîme lobe ze lône.
swâ ich des geltes nû vergebene warten muoz,
dâ lobe ein ander, den si grüezen schône.
swâ ich niht verdienen kan
einen gruoz mit mîme sange,
dar kêr ich vil hêrscher man
mînen nac ode ein mîn wange.
daz kît ‘mir ist umbe dich
rehte als dir ist umbe mich.’
ich wil mîn lop kêren
an wîp die kunnen danken:
waz hân ich von den überhêren?

Herzeliebez frowelîn,
got gebe dir hiute und iemer guot.
kund ich baz gedenken dîn,
des hete ich willeclîchen muot.
waz sol ich dir sagen mê,
wan daz dir nieman holder ist dann ich? dâ von ist mir vil wê.
Sie verwîzent mir daz ich
sô nidere wende mînen sanc.
daz si niht versinnent sich
waz liebe sî, des haben undanc!
sie getraf diu liebe nie.
die nâch dem guote und nâch der schœne minnent, wê wie minnent die?
Bî der schœne ist dicke haz:

---

13. dem *e.* minne lobe *A*, min loben *e.* 14. des geltes nu *C*, geltes so *A*, nu des geltes *e.* 15. gruesse *C.* 16. erwerben *A.* 17. mit mime gesange einen gruoz *e.* 18. kere *C*, wend *A*, neige *e.* herisch *e.* 19. oder *Ae*, alder *C.* mîn *fehlt e.* 20. daz kit *A*, das sprichet *Ce.* 21. Als dich ümme mich *e.* 23. dú *C.* kunnen danken (*darüber* eren) *C*, danken kunnen *A*, künnen fraude mern *e.* 24. überherren *e.*

*25=121 *A*, 166 [172] *C*, 58 *E*, 4 *G*. Herzeliebe frowe mir *C*, Minnenchleichez vrewelein *G*. 26. got der *EG*. und iemer *fehlt G*. 27. kunde ich wol gesprechen dir *C*, *der ganze vers fehlt G*. 29. sol *CE*, mach *AG*. dir *CEG*, nu *A*. gesagen *G*. 30. dann ich—wê] owe *statt* danne ich *AG*, vil *A*, so *G*, *fehlt C*: dor ümme ist mir dicke we *E*.

31=122 *A*, 167 [173] *C*, 59 *E*, 5 *G*. verkerent mir *C*, verwazzent mich *G*. 32. so nidere *CG*, zuo nider *E*, nider *A*. m. minne s. *G*. 33. dazs ot n. *G*. versinnen *EG*. 34. minne *C*. haben sie *E*. 35. sie *E*, si *G*, siu *A*, die *C*. 36. die da nach *ACEG*. der *fehlt G*. sene *A*. minnen we *E*.

1=123 *A*, 169 [175] *C*, 60 *E*, 6 *G*. *E hat die zeilenfolge* 1. 4. 3. 2. 5. 6; *ein* a *über* du (*zeile* 4) *sowie ein bogen am rande deuten auf die verwirrung unvollkommen hin.*

50, 2 zer schœne niemen sî ze gâch.
liebe tuot dem herzen baz:
der liebe gêt diu schœne nâch.
liebe machet schœne wîp:
desn mac diu schœne niht getuon, sin machet niemer lieben lîp.

Ich vertrage als ich vertruoc
und als ichz iemer wil vertragen.
dû bist schœne und hâst genuoc:
waz mugen si mir dâ von gesagen?
swaz si sagen, ich bin dir holt,
und nim dîn glesîn vingerlîn für einer küneginne golt.

Hâst dû triuwe und stætekeit,
sô bin ich des ân angest gar
daz mir iemer herzeleit
mit dînem willen widervar.
hâst ab dû der zweier niht,
son müezest dû mir niemer werden. owê danne, ob daz geschiht!

Bin ich dir unmære,
des enweiz ich niht: ich minne dich.
einez ist mir swære,
dû sihst bî mir hin und über mich.
daz solt dû vermîden.
ine mac niht erlîden

---

2. zuo der *AG*, ze der *C*. n. sî] sei niem *G*. nieman si zuo schœne gach *E*. 3. liep *A*. hertzeliebe turet baz *E*, ia gevellest du mir baz *G*. 4. der liebe get dú schone *A*, du liebe get der schœne *E*, diu schœne get (gat *C*) der liebe *CG*. 5. liep *E*. schœne *CEG*, schoner *A*. 6. des *AEG*. si machet *CEG*, sine gemachet *A*. niemer *CE*, selten *G*, *fehlt A*. lieben *fehlt G*.

7=124 *A*, 168 [174] *C*, 61 *E*, 7 *G*. 8. als ich immer wil *EG*, als ich zeiner wile *A*, iemer mere wil *C*. vertrage *A*. 10. waz mugens icht anders von dir sagen *G*. 11. redent *C*. ich bin dir von hertzn holt: *so der ganze vers G*. 12. nim *A*, neme *CE*, minne *G*. din güldin *E*. solt *E*. 11. 12=41[6] *s*.

Sart liebe vrouwe min
Swar ich spriche ich bin dir holt
Ich neme din glezin vingerlin
Vor eyner keyserinnen golt.

13=125 *A*, 170 [176] *C*, 62 *E*, 8 *G*. 14. des *CG*, din *A*, *fehlt E*. 15. iemen *A*. hertznlait *G*. 16. von dinen schulden *CG*. 17. hastu a. *E*. aber *ACEG*. 18. sone *C*, so *A*. mir] min *A*. so (son *G*) muostu (muezzest du *G*) nimmer werden min (mein *vom miniator rot über der zeile nachgetragen G*) *EG*. danne *CE*, des *G*, *fehlt A*.

*19=86 *B*, 171 [177] *C*, 63 *E*. 20. en *fehlt B*. 21 *fehlt E*. 22. hin bi mir *B*. 24. ich *BE*. ez nit *E*.

selhe liebe ân grôzen schaden:
hilf mir tragen, ich bin ze vil geladen.
  Sol daz sîn dîn huote,
daz dîn ouge mich sô selten siht?
tuost dû daz ze guote,
sône wîze ich dir dar umbe niht.
sô mît mir daz houbet,
daz sî dir erloubet,
und sich nider an mînen fuoz,
sô dû baz enmügest: daz sî dîn gruoz.
  Swanne ichs alle schouwe,
die mir suln von schulden wol behagen,
sô bist duz mîn frouwe:
daz mac ich wol âne rüemen sagen.
edel unde rîche
sint si sumelîche,
dar zuo tragent si hôhen muot:
lîhte sint si bezzer, dû bist guot.
  Frowe, dû versinne
dich ob ich dir zihte mære sî.
eines friundes minne
diust niht guot, da ensî ein ander bî.
minne entouc niht eine,
si sol sîn gemeine,
sô gemeine daz si gê
dur zwei herze und dur dekeinez mê.

---

25. selke *C*, grosse *BE*. 26. bin ze vil *C*, han ze vil *B*, han ein teil zuo sere *E*.
27=172 [178] *C*, 65 *E*, 41^2 *s*. Vrouwe sol das *s*. 28. mich *C*, an minz *E*. so zelden an mich *s*. 29. mir daz *E*. Tuost tuot mir tzuo guote *s*. 30. Des enweiz ich niht *E*. 31. mît *C*, mide *s*, neige *E*. 33. Und zich mich nider an den voz *s*. 34. Uff duo nicht bas en machs *s*. en *fehlt E*.
35=173 [179] *C*, Ich dyn byn 41^1 *s*. Zwen *s*. 36. suln *fehlt s*. 37. Zo bistuo eyne vrouwe *s*. 38. mac *C*, dar *s*. 4. duo bist aber guot *s*.
5=85 *B*, 174 [180] *C*, 64 *E*, 41^3 *s*. du *C*, nu *B*, des *E*, dich des *s*. 6. dich *fehlt s*. 8. dú *BC*, *fehlt Es*. ist niht guot *C*, ist nicht *s*, entouget (entauc *E*) niht *BE*. en *fehlt C*. anderú *B*. 9. in tocht *s*, tougt *B*. 10. wesen *B*. 11. so gemeine *B*, Is so gemeyne *s*, *fehlt CE*. 12. zwer *s*. herze und durh de keines me *C*, herzen (hertze *E*) und niht me *BE*, hertz und keynz mee *s*.

51,13 Muget ir schouwen waz dem meien
wunders ist beschert?
seht an pfaffen, seht an leien,
wie daz allez vert.
grôz ist sîn gewalt:
ine weiz obe er zouber künne:
swar er vert in sîner wünne,
dân ist niemen alt.
Uns wil schiere wol gelingen.
wir suln sîn gemeit,
tanzen lachen unde singen,
âne dörperheit.
wê wer wære unfrô?
sît die vogele alsô schône
singent in ir besten dône,
tuon wir ouch alsô!
Wol dir, meie, wie dû scheidest
allez âne haz!
wie wol dû die boume kleidest,
und die heide baz!
diu hât varwe mê.
'dû bist kurzer, ich bin langer,'
alsô strîtents ûf dem anger,
bluomen unde klê.

Rôter munt, wie dû dich swachest!
lâ dîn lachen sîn.
52,1 scham dich daz dû mich an lachest
nâch dem schaden mîn.
ist daz wol getân?
owê sô verlorner stunde,
sol von minneclîchem munde
solch unminne ergân!

---

*13=175 [181] *C*, Lutolt von Seven 44 *A*. *vergl. die anmerkung zu s.* 85, 34. 19. in siner *C*, dur sine *A*.

21=176 [182] *C*, Lut. 43 *A*. 26. die vogellin *A*, dú vogelin *C*. 27. schallent mit ir *A*.

29=177 [183] *C*, Lut. 45 *A*, *M* (*Docens miscell.* 2, 200, *Schmellers carm. Bur. s.* 190). So wol dir *M*. 31. boume *M*, bluomen *C*. wie du walt und owe cleides *A*. 35. stritens *A*.

37=178 [184] *C*, *M* (*Docens miscell.* 2, 202, *Schmellers carm. Bur. s.* 205). 1. scheme dich swenne du so lachest *M*. 2. din *M*. 3. dest niht wol getan *M*. 4. owi *M*. 5. minnechlichen *M*.

52, 7 Daz mich, frowe, an fröiden irret.
daz ist iuwer lîp.
an iu einer ez mir wirret,
ungenædic wîp.
wâ nemt ir den muot?
ir sît doch genâden rîche:
tuot ir mir ungnædeclîche,
sô sît ir niht guot.

Scheidet, frowe, mich von sorgen,
liebet mir die zît:
oder ich muoz an fröiden borgen.
daz ir sælic sît!
muget ir umbe sehen?
sich fröit al diu welt gemeine:
möhte mir von iu ein kleine
fröidelîn geschehen!

Mîn frowe ist ein ungenædic wîp,
dazs an mir als harte missetuot.
nû brâht ich doch einen jungen lîp
in ir dienst, und dar zuo hôhen muot.
owê dô was mir sô wol:
wiest daz nû verdorben!
waz hân ich erworben?
anders niht wan kumber den ich dol.

In gesach nie houbet baz gezogen:
in ir herze kunde ich nie gesehen.
ie dar under bin ich gar betrogen:
daz ist an den triuwen mir geschehen.

7=179 [185] *C*, 41[b] *s*. Was *s*. 8. das dut werelich ure lyb *s*. 9. eyner *s*, iemer *C*. mich *s*. 10. vil ongenedich *s*. 12. ia sit ir doch *s*. 13. dut ir ongenendeliche *s*. 14. sint *C*. ir dan nicht guot *s*.

15=180 [186] *C*, Lut. 46 *A*. 16. daz zit *A*. 17. muoz vroide *A*. 20. ir vroit al die *A*. 21. möhte mir ein vil kleine *C*.

*23=181 [187] *C*, 45 *E*, 31 *U*[x]. unselic *E*. 24. daz sie wider mich als übel (ubele *U*) tuot *EU*. 25. nu *C*, io *E*, ia *U*. brahte ich iungen lip *E*. 26. dar zuo *C*, vil *U*, *fehlt E*. 28 *fehlt U*. 30. anders nie wen den kumber *U*.

31=182 [188] *C*, 47 *E*. Ich *C*. 32. niht *E*. 33. wenne daz weiz ich wol bin ich betrogen *E*. 34. in den *E*.

52,35 möhte ich ir die sternen gar,
mânen unde sunnen,
zeigene hân gewunnen,
daz wær ir, so ich iemer wol gevar.

53,1 Owê mîner wünneclîcher tage!
waz ich der an ir versûmet hân!
daz ist iemer mînes herzen klage,
sol diu liebe an mir alsus zergân.
lîde ich nôt und arebeit,
die klage ich vil kleine:
mîne zît aleine,
hab ich die verlorn, daz ist mir leit.

Ich gesach nie sus getâne site,
dazs ir besten friunden wære gram.
swer ir vîent ist, dem wil si mite
rûnen; daz guot ende nie genam.
ich weiz wol wiez ende ergât:
vînt und friunt gemeine,
der gestêts aleine,
sô si mich und jen unrehte hât.

Mîner frowen darf niht wesen leit,
daz ich rîte und frâge in frömediu lant
von den wîben die mit werdekeit
lebent. der ist vil mengiu mir erkant;
und die schœne sint dâ zuo:
doch ist ir deheine,
weder grôz noch kleine,
der versagen mir iemer wê getuo.

Si wunderwol gemachet wîp,
daz mir noch werde ir habedanc!
ich setze ir minneclîchen lîp
vil werde in mînen hôhen sanc.

---

38. immer so ich *E*.

1=183 [189] *C*, 46 *E*, 32 *Ux* (*nur* 1—5 *erhalten*). wunnenclichen *EU*. 2. versümet *E*. 4. süln die lieben tage (iar *U*) also zergan *EU*. 5. Manig sorge und erbeit *EU*. 6. clage *E*, klagete *C*.

9=184 [190] *C*. 16. gen *C*.

17=185 [191] *C*.

*25=89 *A*, 186 [192] *C*, 251 *D*, 1 *N* (*mit notation in der ersten zeile der hs., d. i. z.* 25 *und* 26 *bis* habe). Vil wundern wol gemaht *D*, vil wnder wol gemachet *N*. 26. ir *AD*, ein *C*. 28. vil hohen werde in minen sanch *N*. werde *D*, der *A*, hohe *C*. minen werden *C*.

gern ich in allen dienen sol:
doch hân ich mir dise ûz erkorn.
ein ander weiz die sînen wol:
die lob er âne mînen zorn;
hab ime wîs unde wort
mit mir gemeine: lob ich hie, sô lob er dort.

Got hât ir wengel hôhen flîz,
er streich sô tiure varwe dar,
sô reine rôt, sô reine wîz,
dâ rœseloht, dâ liljenvar.
ob ichz vor sünden tar gesagen,
sô sæhe ichs iemer gerner an
dan himel oder himelwagen.
owê waz lob ich tumber man?
mach ich mir si ze hêr,
vil lîhte wirt mîns mundes lop mîns herzen sêr.

Sie hât ein küssîn, daz ist rôt:
gewünne ich daz für mînen munt,
sô stüende ich ûf von dirre nôt
unt wære ouch iemer mê gesunt.
swâ si daz an ir wengel legt,
dâ wære ich gerne nâhen bî:
ez smecket, sô manz iender regt,
alsam ez vollez balsmen sî.

---

29. in *fehlt* *C*. in allen ich gerne *D*. 30. die han ich mir uz erchorn *N*. mir dise *C*, mir diz *A*, eine dise *D*. 31. anderre — di sine *D*. 32. lobe *ohne* er *N*. gar ane *D*. 33. 34. hab er mit mir gemeine. wise. unde wort. lobe ich hie — *D*. (*gemeint ist* habe er mit mir gemeine wort unde wîse: lob ich hie, sô lob er dort: *denn D verlängert immer die vorletzte zeile*.)

35=90 *A*, 189 [195] *C*, 253 *D*, 3 *N*. het *DN*. 38. da-da *C*, hie-dort *AN*, so rosen schin so *D*. 1. ich *A*. vor sunden getar gesagen *N*, getar von súnden sagen *C*. 2. Ich sehe si *C*. ich sie *N*, ich ez si *A*. 3. danne *A*, denne *D*, danne alle *C*. himel oder *fehlt* *A*. tagen *D*. 5. vil lihte mach ich mirz ze her *D*. sie mir *AN*. 6. mundes *A*, herzen *C*. so wirt min selbes lop mines seneden herzen ser *D*, so wirt vil liethe herze lob min herze ser *N*.

7=91 *A*, 190 [196] *C*, 254 *D*. 4 *N*. kússen *ACD*, chussen *N*. 8. Unt wúrde mir daz vúr *D*. für] noch vur *N*. 9. so stunt ich uf uz *A*. so were ich vri vor seneder not *D*. 10. iemmer mer *N*, immer mêre *D*. 11. swa *C*, so *DN*. dem si daz an sin *A*. 12. der wonet da gerne *A*, wer ich ir danne *N*. 12, *desgleichen* 33, nahen *DN*, nahe *CA*. 13. daz smekket als siz irgen regt *D*, ez smechet so siez inder rait *N*. 14. als es *C*, reht als ez *N*. alles balsame *A*. balsemen *C*, balsams *D*.

daz sol si lîhen mir:
swie dicke sô siz wider wil, sô gibe ichz ir.

Ir kel, ir hende, ietweder fuoz,
daz ist ze wunsche wol getân.
ob ich da enzwischen loben muoz,
sô wæne ich mê beschowet hân.
ich hete ungerne 'decke blôz!'
gerüefet, do ich si nacket sach.
si sach mich niht, dô si mich schôz,
daz mich noch sticht als ez dô stach,
swann ich der lieben stat
gedenke, dâs ûz einem reinen bade trat.
Ir houbet ist sô wünnenrîch,
als ez mîn himel welle sîn.
wem solde ez anders sîn gelîch?
ez hât ouch himeleschen schîn.
dâ liuhtent zwêne sternen abe,
dâ müeze ich mich noch inne ersehen,
daz si mirs alsô nâhen habe!
sô mac ein wunder wol geschehen:
ich junge, und tuot si daz,
und wirt mir gernden siechen seneder sühte baz.

---

15. daz sol diu guote lihen mir *D*. 16. so dicke *A*. so si ez (siz *D*) wider *AD*, sis (siez *N*) hin wider *CN*. lihe *N*.

17=92 *A*, 188 [194] *C*, 255 *D*, 5 *N*. Ir chinne ir chel ietwer fwz *N*. Ir arme *D*. hant iewer *A*. itweder ir vuoz *D*. 18. die sint *D*, der ist *N*. 19. da zwischen *DN*, da entswischent *A*. 20. so wem ich mer weschawet han *N*. Ich wenne ich nie *C*. mere gesehen *D*. 21—26. si sach min niht do si mich schoz. wie ser si in min herze prach ich het ungerne dechet bloz geschirin (!) da ich si nachent sach. v(il) seilich si diu stat do diu vil minneclich uz einem bade trat *N*. 21. dicke *A*. 22. geruefet *A*, geroufet *C*, geruoft *D*. nakent *C*, *fehlt D*. 23. min niht *AD*. swie si *C*. 24. daz stichet noch alse do stach *A*. dô *fehlt C*. 25. 26. *so C, nur* do si. ich lobe die reinen stat da diu vil minneclich uz einem bade trât *A*. do wart ich so vro der stunde unt der stat (der stunde unt *ist zu streichen als schreibfehler und berichtigung*). da di reine sueze uz einem bade trat *D*.

27=93 *A*, 187 [193] *C*, 252 *D*, 2 *N*. daz ist so wunnerich (wunnenrich *N*) *DN*. 29. möhte *C*, moht *N*. 30. ouch *CN*, doch *A*, wol *D*. himelschen *D*, hiemelesen *N*. sin *A*. 31. liuhten *A*, liuthent *N*. sterne abe *N*, stern ab *D*. 32. Muest ich mich dar inne ersehen *D*. 33. mirs also *AC*, mir di so *DN*. 34. mohte *A*. wol *ACN*, da *D*. 35. ich iungen unde tuot *D*. 36. so wirt mir *DN*. senedem siechen gernder súhte baz *D*.

54,37 Ich freudehelfelôser man,
war umbe mach ich manegen frô,
55, 1 der mir es niht gedanken kan?
owê wie tuont die friunde sô?
jâ friunt! waz ich von friunden sage!
het ich dekeinen, der vernæme ouch mîne klage.
nun hân ich friunt, nun hân ich rât:
nû tuo mir swie dû wellest, minneclîchiu Minne,
sît nieman mîn genâde hât.
Vil minneclîchiu Minne, ich hân
von dir verloren mînen sin.
dû wilt gewalteclîchen gân
in mînem herzen ûz unt in.
wie sol ich âne sin genesen?
dû wonest an sîner stat, da'r inne solte wesen:
dû sendest in dû weist wol war.
dan mac er leider eine erwerben niht, frô Minne:
owê dû soltest selbe dar.
Genâde, frowe Minne! ich wil
dir umbe dise boteschaft
noch füegen dînes willen vil:
wis wider mich nû tugenthaft.
ir herze ist rehter fröiden vol,
mit lûterlîcher reinekeit gezieret wol:

---

*37=18 *A*, 202 [209] *C*, 152 *E*, 18 *F*. Ich frewe dich hilffe loser man *F*. 38. mac ich *A*, *fehlt C*. 1. ez *AC*, doch *E*, hoch *F*. gehelfen *E*. 2. tuont die lûte also *E*, thut die freud also *F*. 3. waz ich] das *F*. von frúnde *C*. Io frauwe ich mich der fründe min *E*. 4. het ich der eine vernym *F*. ouch *fehlt EF*. 5. nu han ich hilfe nu han ich rat *E*, nun hilffe ich enhan ich rat *F*. rat. des. *A*. 6. swaz du *E*, was du *F*. Minne] mynne freunde freundes freunde *F*. 7. mîn] nue *F*. hât *fehlt F*.

8=19 *A*, 192 [198] *C*, 153 *E*, 24 *F*. Vil *fehlt F*. 9. durch dich *F*. verlorn von dir *A*. 11. jnne minem *F*. 12. sol *C*, kunde *A*, mac *E*, mocht *F*. 13. an siner stat *AF*, ander stat *E*, iemer *C*. dar *A*, da er *C*, do sie *E*, al do er *F*. soltu *A*. 14. und sendest *EF*. wo *F*. 15. dan mac er] da (daz *A*) mac er *AC*, du enmaht ir *E*, du nun mag ich *F*. leider *fehlt E*. eine erwerben niht] niht. erwerben. *AF*, alterseine niht erwerben *C*, niht erwerben eine *E*. fro (frauwe *E*) minne *fehlt C*. frawe meine *F*. 16. owe *C*, ich wene *E*, *fehlt AF*. ir soltent *A*. selber *CF*. dar] jo *F*.

17=20 *A*, 193 [199] *C*, 154 *E*. Vil minnekliche minne *C*. wil] vuege *E*. 18. dir *fehlt E*. 19. noch fuegen *C*, gevuogen *A*, *fehlt E*. 20. nu *AC*, so *E*. túgenthafter *A*. 21. din lib ist reiner *C*. froiden *A*, tugende *C*, guete *E*. 22. lúterlicher *A*, luter *E*. getúret *C*.

erdringest dû dâ dîne stat,
sô lâ mich in, daz wir si mit ein ander sprechen.
mir missegie, do ichs eine bat.
Genædeclîchiu Minne, lâ:
war umbe tuost dû mir sô wê?
dû twingest hie, nû twing ouch dâ,
versuoche wer dir widerstê.
nû wil ich schowen ob du iht tügest.
dun darft niht jehen daz dû in ir herze'n mügest:
ezn wart nie sloz sô manicvalt,
daz vor dir gestüende, diebe meisterinne.
tuon ûf! sist wider dich ze balt.

Frô Sælde teilet umbe sich,
und kêret mir den rügge zuo.
ja enkan si niht erbarmen ich:
in weiz waz ich dar umbe tuo.
si stêt ungerne gegen mir:
louf ich hin umbe, ich bin doch iemer hinder ir:
sin ruochet mich niht an gesehen.

---

23. gedingestu da *E*, gebringest dus an *C*. 24. si *fehlt E*. gesprechen *CE*. 25. ich *E*, ich ez *A*.
26=21 *A*, 191 [197] *C*, 155 *E*, 25 *F*. Gnade riche *E*, Vil minneklichú *C*. 26. 27. Mynnigliche worumbe tustu mir so wee *F*. 27. owe wes tuost *A*. 28. Nu twingest och da. *A*. nu *C*, und *EF*. twinge *CE*. zwingest auch du (dâ *fehlt*) *F*. 29. und sich wa ez (was *F*) dir *AF*. 30. nu *AC*, da *E*, so *F*. wil ich *AE*, la *C*, mag man *F*. sehen *A*. iht *C*, noch *A*, *fehlt EF*. tringest *F*. 31. dun *E*, du *AC*, nue dar du *F*. endarf *A*. sagen *E*, sprechen *F*. herzen muogest *A*, herze múgest *C*, hertze niht enmügest *E*, hertzen nye nicht mugest *F*. 32. ez *AC*. menecvalt *A*. 33. daz] *so C. vermuthlich* daz ez. diebe] du liebe *C*. daz eh dir wider stuende diep aller meinsterinne *A*, du diebe meisterinne. daz vor dir bestuende *E*, das vor dir je bestunde *F*. 34. tuon *A*, rüne *E*, slús *C*, *fehlt F*. die es wieder zupalt *F*.
35=22 *A*, 83 *B*, 194 [200] *C*, 156 *E*, 19 *F*. Vro selde *AC*, Dú sælde *BE*, *fehlt F*. sich *AC*, mich *B*, mich hat *F*, sich mich *E*. 36. Si *C*. im *F*. rugge *C*, rücke *E*, rucke *F*, ruggen *AB*. 37. da enkan si niht *BC*, nu enwil si niht *A*, du kanst auch niht *E*, wen mag sie doch *F*. ich] mich *A*, sich *BCF*, dich *E*. 38. waz welt ir daz ich des nu tuo *A*, nu ratent frúnt was ich es tuo *B*. 39. gen *B*, uf gen *E*. 1. auff ich *F*, gen ich *C*. hin fúr *C*. ich *fehlt F*. 2. sine ruochet *C*, si geruochet *B*, si wil *A*. wie mac sie mich denne an *E*, wenn mag sie mich doch an *F*. ane sehen *BC*.

56, 3 ich wolte daz ir ougen an ir nacke stüenden:
sô müest ez ân ir danc geschehen.

Wer gap dir, Minne, den gewalt,
daz dû doch sô gewaltic bist?
dû twingest beide junc unt alt:
dâ für kan nieman keinen list.
nû lob ich got, sît dîniu bant
mich sulen twingen, deich sô rehte hân erkant
wâ dienest werdeclîchen lît.
dâ vone kume ich niemer. gnâde, frou künginne!
lâ mich der leben mîne zît.

Ir sult sprechen willekomen:
der iu mære bringet, daz bin ich.
allez daz ir habt vernomen,
daz ist gar ein wint: nû frâget mich.
ich wil aber miete:
wirt mîn lôn iht guot,
ich sage iu vil lîhte daz iu sanfte tuot.
seht waz man mir êren biete.
Ich wil tiuschen frowen sagen
solhiu mære daz si deste baz
al der werlte suln behagen:
âne grôze miete tuon ich daz.
waz wold ich ze lône?
si sint mir ze hêr:
sô bin ich gefüege, und bite si nihtes mêr
wan daz si mich grüezen schône.

---

3. ouge *BC*. an dem *F*. nækel *BC*. stuende *BCF*. 4. so müste sie es an iren danck jehen *F*.

5=23 *A*, 195 [201] *C*. 6. doh *fehlt A*. 7. iunge *C*. 8. dekeinen *A*. 12. vone kume *C*, von kum *A*. *da beide handschriften* frowe kúniginne *geben, so habe ich dem verse nicht anders zu helfen gewagt als durch verkürzung der formen.* 13. dir *AC*. lieben minú zit *C*.

*14=57 *A*, 196 [203] *C*, 101 *E*, 54ᵉ *L*, 7 *Uxx*. sült alle *E*. 15. iu *LU*, uch *A*, ü nüwe *E*, *fehlt C*. ich *fehlt U*. 17. dest *A*, dast *C*. allez *für* gar *E*. ir *für* nû *L*. 18. aber *AELU*, *fehlt C*. 19. und wirt *C*. ze ihte *E und nach dem ausmass der lücke auch U*. 20. sage] gesach *U*. iu vil] ü *ELU*, vil *A*, *fehlt C*. 21 *fehlt L*. mir gebe zuo miete *E*.

22=58 *A*, 197 [204] *C*, 102 *E*, 8 *Uxx*. 24. aller werlde — behage *E*. 26. wolde ich *AU*, wirt mir *E*. Ze richeme lone *C*. 27. sint si *C*. Sit sie mir sint ze her *E*. 28. unde enbite sie *E*.

Ich hân lande vil gesehen
unde nam der besten gerne war:
übel müeze mir geschehen,
kunde ich ie mîn herze bringen dar
daz im wol gevallen
wolde fremeder site.
nû waz hulfe mich, ob ich unrehte strite?
tiuschiu zuht gât vor in allen.

Von der Elbe unz an den Rîn
und her wider unz an Ungerlant
sô mugen wol die besten sîn,
die ich in der werlte hân erkant.
kan ich rehte schouwen
guot gelâz unt lîp,
sem mir got, sô swüere ich wol daz hie diu wîp
bezzer sint danne ander frouwen.

Tiusche man sint wol gezogen,
rehte als engel sint diu wîp getân.
swer si schildet, derst betrogen:
ich enkan sîn anders niht verstân.
tugent und reine minne,
swer die suochen wil,
der sol komen in unser lant: da ist wünne vil:
lange müeze ich leben dar inne!

Der ich vil gedienet hân
und iemer mêre gerne dienen wil,

30=59 *A*, 199 [206] *C*, 105 *E*. **31.** beste *A*. 33. kúnde *A*, könde *E*. min hertze ie *E*. bringe *A*. 34. 35. wolte *setzen AC vor* wol. daz mir gevallen. wölte tobende site *E*. 36. nu *E*, *fehlt AC*. vil rehte *A*. 37. gefellet mir vor in *E*.
38=60*A*, 200 [207] *C*, 103 *E*, 9 *U*xx. biz an *E*, *weggeschnitten U*. 39. Und wider *CU*, Her wider *A*, Wider her *E*. unz an *U*, biz an *E*, unz in *C*, uns an der *A*. engellant *E*. 1. so *C*, sü *E*, da *A*, *weggeschnitten U*. 2. daz ich *A*. bekant *C*. 3. kundich *U*. rehte *fehlt C*. kente ich rehter frauwen *E*. 4. guete *E*. gelêsse und den *C*. 5. so mir got *U*, somer got *E*, *fehlt A*. hie *AEU*, da *C*. 6. schœner *EU*. ander *A*, anderswa die *C*, dort die *E und, nach den resten, U*.
7=61 *A*, 198 [205] *C*, 104 *E*, 10 *U*xx (*nur die erste zeile*). 7—10. [We]lischez *U*, Falsches [*für* Wälschez, *wie schon Haupt gemeint hatte*] *E*. volk ist gar (*hier endet U*) betrogen. sie enkünnen eren niht began. tüsche man sint wol gezogen. reht als engel sint die wip getan *E*(*U*). 8. rehte *fehlt C*. 9. schiltet derst gar *A*. 11. fraude und *E*. 14. muoze ich wonen *E*.
15=201 [208] *C*. 16. mêre *fehlt C*.

diust von mir vil unerlân:
iedoch sô tuot si leides mir sô vil.
si kan mir versêren
herze und den muot.
nû vergebez ir got dazs an mir missetuot.
her nâch mac si sichs bekêren.

Minne diu hât einen site:
daz si den vermîden wolde!
daz gezæme ir baz.
dâ beswært si manegen mite,
den si niht beswæren solde:
wê wie zimt ir daz?
ir sint vier unt zwênzec jâr
vil lieber danne ir vierzec sint,
und stellet sich vil übel, sihts iender grâwez hâr.
Minne was mîn frowe sô gar,
deich wol wiste al ir tougen:
nu ist mir sô geschehen,
kumt ein junger ieze dar,
sô wird ich mit twerhen ougen
schilhend an gesehen.
armez wîp, wes müet si sich?
weizgot wan daz si liste pfliget
und tôren triuget, sist doch elter vil dann ich.
Minne hât sich an genomen
daz si gêt mit tôren umbe
springende als ein kint.
war sint alle ir witze komen?
wes gedenket si vil tumbe?
sist joch gar ze blint.
dazs ir rûschen nienen lât,
und füere als ein bescheiden wîp!
si stôzet sich, daz ez mir an mîn herze gât.

---

19. 20. si kan seren mir das herze und den muot *C*.
*23=203 [210] *C*, 27 (*als letzte strophe des liedes*) *E*. Minne hat noch einen site *E*. 24. swie sie *E*. wölte—sölte *E*. 26. Sie besweret manigen mite *E*. 28. stat ir *E*. 30. vil *fehlt E*. sin *C*. 31. sich als ubel. sihet sie ein grawez har *E*.
32=204 [211] *C*.
3=205 [212] *C*, 25 *E*. 4. daz sie vert mit den torn (umbe *fehlt*) *E*. 5. springent *C*. 8. doch *E*. 9. ruschen niene lat *C*, rütschen niht enlat *E*. 11. storet *E*.

58,12 Minne sol daz nemen für guot,
under wîlen sô si ringet,
daz ich sitzen gê.
ich hân alsô hôhen muot
als einer der vil hôhe springet:
wê waz wil sis mê?
anders diene ich swâ ich mac.
si besuoche wâ die sehse sîn:
von mir hâts in der wochen ie den sibenden tac.

Die zwîvelære sprechent, ez sî allez tôt,
ezn lebe nû nieman der iht singe.
nû mugen si doch bedenken die gemeinen nôt,
wie al diu welt mit sorgen ringe.
kumpt sanges tac, man hœret singen unde sagen:
man kan noch wunder.
ich hôrte ein kleine vogellîn daz selbe klagen:
daz tet sich under:
'ich singe niht, ez welle tagen.'
Die lôsen scheltent guoten wîben mînen sanc,
und jehent daz ich ir übel gedenke.
si pflihten alle wider mich und haben danc:
er sî ein zage, der dâ wenke.
..... swer tiuschen wîben ie gespræche baz!
wan daz ich scheide
die guoten von den bœsen. seht, daz ist ir haz.
lobt ich si beide
gelîche wol, wie stüende daz?

12=206 [213] *C*, 26 *E*. 16. einer *fehlt E*. 17. Wes bedarf ich denne me *E*. 18. swas *C*, swes *E*. 19. si versuoche *E*. 20. von mir *C*, noch mer *E*. wuochen *E*.

*21=6 *A*, 207 [214] *C*, 165 *E*, 23 *F*. 22. ern *E*, ez *CF*, und *A*. lebet *F*. nû *fehlt E*. niht *E*, ich *F*. singen *F*. 23. nu *AF*, *fehlt CE*. bedenken die *A*, erkennen die *C*, gedenken der *EF*. gemeine *A*. nôt] noch *F*. 24. ringen *F*. 25. gesanges *F*. man hœret *A*, man gehœret *C*, so hœren *E*, sie horet *F*. 26. noch *CE*, ouch *A*, *fehlt F*. 27. cleine *A*, kleines *CF*, *fehlt E*. 28. ez tet *EF*. 29. ich ensinge niht. es enwelle tage *F*. ez wölle e tagen *E*.

30=8 *A*, 82 *B*, 210 [217] *C*, 169 *E*. Die schamelosen *C*. schelten *BE*. 31. ubele *AE*. 32. si *AE*, nu *BC*. pflihtent *E*. uber *A*. mich *fehlt BC*. 33. und si *A*. 34. swer *A*, der *E*, obe *BC*. tûschen *BCE*, guoten *A*. frauwen *E*. ieman ie *BC*. 35. wan *fehlt C*. ich si *A*. 36. die besten *A*. und die *BC*. bœsten *A*. der haz *AE*. 37. die beide *BC*. 38. wol we wie *E*.

59, Ich bin iu eines dinges holt, haz unde nît,
sô man iuch ûz ze boten sendet,
daz ir sô ungerne bî den biderben sît
und daz ir iuwern hêrren schendet.
ir spehere, sô ir niemen stæten muget erspehen,
den ir verkêret,
sô hebt iuch hein in iuwer hûs (ez muoz geschehen),
daz ir unêret
verlogenen munt und twerhez sehen.

Der alsô guotes wîbes gert als ich dâ ger,
wie vil der tugende haben solte!
nun hân ich leider niht dâ mite ich sie gewer,
wan obs ein lützel von mir wolte.
zwô tugende hân ich, der si wîlent nâmen war,
scham unde triuwe:
die schadent nû beide sêre. schaden nû alsô dar!
ich bin niht niuwe:
dem ich dâ gan, dem gan ich gar.
Ich wânde daz si wære missewende frî:
nû sagent si mir ein ander mære,
daz niht lebendiges âne wandel sî:
so ist ouch mîn frowe wandelbære.
ichn kan ab niht erdenken waz ir missestê,
wan ein vil kleine:
si schadet ir vînde niht, und tuot ir friunden wê.
lât si daz eine,
swie vil ich suoche, ichn vindes mê.

1=75 *B*, 211 [218] *C*. 3. so gerne *BC*. 4. daz ir *fehlt B* 5. spehære *B*. 9. seht *B*.

10=9 *A*, 209 [216] *C*, 168 *E*. gerte *E*. 11. túgende *A*. sol *E*. 12. nu *A*. ich han aber leider niht *E*. 13. obe si ein lúzel von mir *A*, ob si ein wenic nemen *C*. so vil ob sie ein lützel *E*. wil *E*. 14. dri *A*. tugenden *E*. des ich wilent nam war *A*. wilen *E*. 16. nu schaden also *CE*. Die nement beide ein ander schaden war *A*. 17 *fehlt E*. 18. Swem ich *A*.

19=7 *A*, 74 *B*, 208 [215] *C*, 166 *E*. si *fehlt C*. were gar vor *A*. 21. daz *A*, si iehent (sprechent *E*) das *BCE*. lebediges *B*. 23. ich kan *BC*. erdenken *A*, gedenken *E*. erkennen *BC*. daz *E*. 24. won *B*. 25. schat *A*. viende *A*, vienden *B*, vient *C*, vinden *E*. 27. swie vil sich suoche *A*, swie vil is sueche *E*. fluoche *C*. ich [en *A*] vindes me *AE*, ich vinde niht me *BC*.

Ich hân iu gar gesaget daz ir missestât:
zwei wandel hân ich iu genennet.
nû sult ir ouch vernemen waz si tugende hât
(der sint ouch zwô), daz irs erkennet.
ich seit iu gerne tûsent: irn ist niht mê dâ,
wan schœne und êre.
die hât si beide vollecliche. hât si? jâ.
waz wil si mêre?
hiest wol gelobt: lobe anderswâ.

Wie sol man gewarten dir,
Welt, wilt alsô winden dich?
wænest dich entwinden mir?
nein: ich kan ouch winden mich.
dû wilt sêre gâhen,
und ist vil unnâhen
daz ich dir noch sül versmâhen.
Dû hâst lieber dinge vil,
der mir einez werden sol.
Welt, wiech daz verdienen wil!
doch solt dû gedenken wol
obe ich ie getræte
fuoz von mîner stæte,
sît dû mich dir dienen bæte.
Welt, du ensolt niht umbe daz
zürnen, ob ich lônes man.
grüeze mich ein wênic baz,
sich mich minneclîchen an.

28=76 *B*, 212 [219] *C*, 167 *E*. iu (úch *B*) gesait was *BC*. 30. so *E*. 31. ouch *fehlt E*. 32. ich spriche ir gerne *E*. mere *B*. dâ *fehlt C*. 34. die zwo hat sie vollenclichen *E*. baidú *B*. 36. wol *fehlt C*. lob sie *E*.

*37=132 *A*, 77 *B*, 213 [220] *C*, 115 *E*. man *BC*, ich *A*. Wer mac dir gewarten *E*. 38. wilt *A*, wilt du *B*, wil du *E*, wil dú *C*. alsus vinden *E*. 1. wænist *BC*, wenes du *A*, du wenest *E*. entwenden *E*. 4. vil *AE*, ouch *BC*. 5. dich *AE*. noch *fehlt E*. sol *E*.

6=131 *A*, 78 *B*, 214 [221] *C*, 116 *E*. guter *E*. 8. dienen *A*. 9. Io solt *E*. 10. ie *BC*, hie *A*, *fehlt E*.

13=130 *A*, 79 *B*, 215 [222] *C*, 117 *E*. ensolt *A*, solt *BCE*. umbe daz *fehlt E*. 14. ob *AE*, das *BC*. ich dich *E*. nam *C*. 15. grueze *AE*, trœste *BC*. 16. sihe *A*. wunnenclichen *E*.

60,17 dû maht mich wol pfenden
und mîn heil erwenden:
daz stêt, frowe, in dînen henden.
Ichn weiz wie dîn wille stê
wider mich: der mîne ist guot
wider dich. waz wil dus mê,
Welt, von mir, wan hôhen muot?
wilt dû bezzer wünne,
danne man dir günne
fröide und der gehelfen künne?
Welt, tuo mê des ich dich bite,
volge wîser liute tugent.
dû verderbest dich dâ mite,
wil dû minnen tôren jugent.
bite die alten êre,
daz si wider kêre
und ab dîn gesinde lêre.

Ich wil nû teilen, ê ich var,
mîn varnde guot und eigens vil,
daz iemen dürfe strîten dar,
wan den ichz hie bescheiden wil.
al mîn ungelücke wil ich schaffen jenen
61, 1 die sich hazzes unde nîdes gerne wenen,
dar zuo mîn unsælikeit.
mîne swære
haben die lügenære.
mîn unsinnen
schaff ich den die mit velsche minnen,
den frowen nâch herzeliebe senendiu leit.

---

17. vil wol *E.* 18. und alle min *E.* 19. an *E.*
20=80 *B*, 216 [223] *C.* 22. wildus *C*, wilt du *B.*
27=81 *B*, 217 [224] *C*, 118 *E.* mê *fehlt E.* 28. Minne *E.*
30. wilt du *BC.* touren *B.* 33. lere *BC*, mere *E.*
*34=62 *B*, 150 [156] *C*, 174 *E*, 29 *F.* *BC trennen diese strophe von den folgenden.* nû *fehlt EF.* 35. varende die aygen *F.* 36. nymannt *F.* durfe striten dar *BC*, denne strite dar *E*, denne stercken tar *F.* 37. den *BC*, als *EF.* ichz hie *BC*, ich üch *E*, ich hie *F.* 38. wil ich schaffen ienen *BC*, schaffe ich ienen *E*, ergenende *F.* 1. die sich *BC*, daz sie *E*, sich *F.* neydes und schatzes *F.* gerne *vor* wenen *F*, *vor* hazzes *E*, *fehlt BC.* 3. und mein *F.* 4. haben in die *B*, die haben die *F.* 5. minen unsin *E.* 6. schaffe ich den die *BC*, iene die *E*, genende *F.* vælsche *BC*, falsche *E*, valschen *F.* 7. Der *C.* senende hertze leyt *F.*

61, 8 Mir ist liep daz si mich klage
ze mâzę als ez ir schône stê;
ob man ir mære von mir sage,
daz ir dâ von sî sanfte wê.
si sol iemer mêre durch den willen mîn
ungefüege swære und fröide lâzen sîn:
daz stêt senenden frowen wol,
als ichz meine.
dar ahtent jene vil kleine,
die sich des flîzent
daz si den munt sô sêre bîzent
. . . .

Nû bîtent, lât mich wider komen.
ich weiz der wîbe willen wol:
ich hân eine mê von ir vernomen,
dâ mite ich mange erwerben sol.
ich wil lîp und êre und al mîn heil verswern:
wie kunde sich deheiniu danne mîn erwern?
nein ich weizgot, swaz ich sage.
got der solte
rihten, obe er wolte,
die sô swüeren,
daz in diu ougen ûz gefüeren
und sich doch einest stiezen in dem tage.

Ich wil niht mê ûf ir genâde wesen frô.
Mir ist mîn êrre rede enmitten zwei geslagen:
daz eine halbe teil ist mir verboten gar:
daz müezen ander liute singen unde sagen.
ich sol ab iemer mîner zühte nemen war

8=87 *B*, 219 [226] *C*. 9. als ir schœne ste *C*. 12. mêre *fehlt BC*. 13. ungefuege swære und ungefuege vrœde lassen sin *BC*. 16. das ahten *C*. 18. sú sich den *B*.

20=88 *B*, 220 [227] *C*, 33 *F*. Nun sweyget und lasset wieder kumen *F*. 21. weysz vil weyber *F*. 22. eine me von ir *C*, aine me von in *B*, ein rede von jr *F*. 23. manige *B*, menige *C*, jr vil *F*. 24—27. Wie mag sich eine gen mir erweren ich wil leyb und ere und all mein hayl fur sie venym es waisz ich sage got solte dicke *F*. 25. min danne *BC*. 26. was *C*. 29 úber die so *BC*. 30 *fehlt F*. fueren *BC*. 31. *so F, aber* eines *und* in den: das sú sich stiessen doch ainest an dem tage *BC*.

*32=89 *B*, 221 [228] *C*. *über* 32 *s. die anm.* 33. êrre *fehlt BC*.

61,37 und wünneclîcher mâze pflegen.
62,1 umb einez, daz si heizent êre,
lâz ich vil dinges under wegen:
mag ich des niht mê geniezen,
stêt ez als übel ûf der strâze,
sô wil ich mîne tür besliezen.

Ob ich mich selben rüemen sol,
sô bin ich des ein hübescher man,
daz ich sô mange unfuoge dol
sô wol als ichz gerechen kan.
ein klôsenære, ob erz vertrüege? ich wæne, er nein.
hæt er die stat als ich si hân,
bestüende in danne ein zörnelîn,
ez wurde unsanfter widertân.
swie sanfte ichz alsô lâze sîn,
daz und ouch mê vertrage ich doch dur eteswaz.

Frowe, ir sît schœne und sît ouch wert:
den zwein stêt wol genâde bî.
waz schadet iu daz man iuwer gert?
joch sint iedoch gedanke frî.
wân unde wunsch daz wolde ich allez ledic lân:
höveschent mîne sinne dar,
waz mag ichs, gebents iu mînen sanc?
des nement ir lîhte niender war:
sô hân ichs doch vil hôhen danc.
treit iuch mîn lop ze hove, daz ist mîn werdekeit.
Frowe, ir habt mir geseit alsô,
swer mir beswære mînen muot,
daz ich den mache wider frô:
er schame sich lîhte und werde guot.
diu lêre, ob si mit triuwen sî, daz schîne an iu.
ich fröwe iuch, ir beswæret mich:
des schamt iuch, ob ichz reden getar,

---

2. vil *B, fehlt C.* 3. ich *B*, si *C.* me *B, fehlt C.*
*6=90 *B*, 222 [229] *C.* 9. ichz *B*, ich *C.* 11. hat er *BC.* 13. unsanfte *C.* 15. das *C*, do *B.*
16=91 *B*, 223 [230] *C.* 19. Jo *C.* gedænke *B.* 20. wunsche *B.* 21. was mag ich sin (ichs *C*) *setzen BC vor diese zeile, und widerholen in der folgenden* was mag ich. hoveschen die minne dar *B.* 22. gent sú *B.*
26=92 *B*, 224 [231] *C.* 28. das ich ouch den mache fro *C.* 30. das das (*zwei mahl*) *BC.*

62,33 lât iuwer wort niht velschen sich,
und werdet guot: sô habt ir war.
vil guot sît ir, dâ von ich guot von guote wil.
Frowe, ir habet ein werdez tach
an iuch gesloufet, den reinen lîp.
wan ich nie bezzer kleit gesach,
63,1 ir sît ein wol bekleidet wîp.
sin unde sælde sint gesteppet wol dar in.
getragene wât ich nie genan:
dise næm ich als gerne ich lebe.
der keiser wurde ir spileman,
umb alsô wünneclîche gebe,
dâ keiser spil. nein, herre keiser, anderswâ!

Die verzagten aller guoten dinge
wænent daz ich mit in sî verzaget:
ich hân trôst daz mir noch fröide bringe
der ich mînen kumber hân geklaget.
obe mir liep von der geschiht,
sô enruoche ich wes ein bœser giht.
Nît den wil ich iemer gerne lîden.
frowe, dâ solt dû mir helfen zuo,
daz si mich von schulden müezen nîden,
sô daz mîn liep in herzeleide tuo.
schaffe daz ich frô gestê:
so ist mir wol, und ist in iemer wê.
Friundîn unde frowen in einer wæte
wolte ich an dir einer gerne sehen,
ob ez mir sô rehte sanfte tæte
alse mir mîn herze hât verjehen.
friundîn dast ein süezez wort:
doch sô tiuret frowe unz an daz ort.
Frowe, ich wil mit hôhen liuten schallen,
werdent diu zwei wort mit willen mir:
sô lâz ouch dir zwei von mir gevallen,

34. werdent *B*. 35. da(!) von *C*, wan das *B*. von guete *C*.
36=93 *B*, 225 [232] *C*. 37. ain úch *B*. 1. gekleidet *C*.
2. sinne *B*. gestemphet *C*. 3. getragene wat *B*, getragenú *C*.
4. dis *C*. 6. wunnecliche *B*, riche *C*.
*8=94 *B*, 226 [233] *C*. guoter *C*.
14=95 *B*, 227 [234] *C*. 17. lip *BC*.
20=96 *B*, 228 [235] *C*. Frúnden *C*. 21. dir] ú *C*, úch *B*.
24. frúndinne das ist *BC*. ain *B*, *fehlt C*.
26=97 *B*, 229 [236] *C*. lúten *BC*. 28. ouch] ich *BC*.

dazs ein keiser kûme gæbe dir.
friunt und geselle diu sint dîn:
sô sî friundîn unde frowe mîn.

Si frâgent unde frâgent aber alze vil
von mîner frowen, wer si sî.
daz müet mich sô daz ichs in allen nennen wil:
sô lânt si mich doch danne frî.
genâde und ungenâde, dise zwêne namen
hât mîn frowe beide. die sint ungelîch:
der ein ist arm, der ander rîch.
der mich des rîchen irre,
der müeze sich des armen schamen.
Die schamelôsen, liezen si mich âne nôt,
son hæt ich weder haz noch nît.
nû muoz ich von in gân, alsô diu zuht gebôt:
ich lâze in laster unde strît.
dô zuht gebieten mohte, seht, dô schuof siz sô:
tûsent werten einem ungefüegen man,
unz er schône sich versan;
und muose sich versinnen:
sô vil was der gefüegen dô.

‘Wie wol der heide ir manicvaltiu varwe stât!
sô wil ich doch dem walde jehen

29. das *BC*. dir *Bodmer*: mir *BC*. 30. dú sint baidú *BC*. din *aus* min *gebessert B*. 31. vrúndinne *B*.

*32=98 *B*, 232 [239] *C*, 13 (*zwischen liedern Rubins*, 1—12. 15—20, *vor dem ähnlichen ton HMS*. 1, 311ª) *a*, 14 *G*. und gefragent *B*. aber] laider *G*. al *fehlt C*. 34. daz ichs] da ichs *G*. in *fehlt a*. nemmen *B*. 35. und lazen (lazem *a*) mich *aG*. danne] dar nach *a*. 36. gnad *G*. di *G*. 37. die hat *a*. die *a*, si *G*, und *BC*. 1. arn *BC*. 2. ierren *B*.

4=84 B, 218 (¹) [225]. 233 (²) [240] *C*, 162 *E*, 14 *a*, 13 *G*. 5. son *E*, so *BCaG*. hat *E*, hette *B*, hete C^1, het C^2, hiet *G*, enhet *a*. 6. Ich det alse mir du *a*. von] bi *G*. gen *EG*. also *E*, als *BC*, als mir *G*. 7. ich laze] ich liesz *a*, nu habn *G*. in] ir *E*. 8. da zucht *G*. sehet do *a*, owe do (da *G*) *EG*, wie *BC*. so *Ba*, also *G*, do *C*, zuo *E*. 9. daz tausent *G*, daz hundirt *a*. warten eime gefuogen *E*. ainē *CG*. ungefuegem *B*. 10. vil schone sich *a*, so schœn sich *G*, sich schone *E*. 11 *fehlt E*. und muese C^2, do muose er *a*, ouch muest er *G*. 12. der ungefuegen C^2. da *G*.

13=100 *B*, 230 [237] *C*, 163 *E*, 16 *G*. Swie *BCG*. diu haide in mangerhande (maniger *BC*) *BCG*. varwe *fehlt G*. manicvalte *E*. 14. muez *G*. doch *fehlt E*.

daz er vil mêre wünneclîcher dinge hât:
noch ist dem velde baz geschehen.
sô wol dir, sumer, sus getâner arebeit!
sumer, daz ich iemer lobe dîne tage,
trôst, sô trœste ouch mîne klage.
ich sage dir waz mir wirret:
der mir ist liep, dem bin ich leit.'

Ich mac der guoten niht vergezzen noch ensol,
diu mir sô vil gedanke nimet.
die wîle ich singen wil, sô vinde ich iemer wol
ein niuwe lop daz ir gezimet.
nû habe ir diz für guot: sô lobe ich danne mê.
ez tuot in den ougen wol daz man si siht:
und daz man ir vil tugende giht,
daz tuot wol in den ôren.
sô wol ir des! sô wê mir, wê!

Owê, hovelîchez singen,
daz dich ungefüege dœne
solten ie ze hove verdringen!
daz dich schiere got gehœne!
owê daz dîn wirde alsô geliget!
des sint alle dîne friunde unfrô.
daz muoz eht alsô sîn: nû sî alsô:
frô Unfuoge, ir habt gesiget.
Der uns fröide wider bræhte,
diu reht und gefüege wære,
hei wie wol man des gedæhte
swâ man von im seite mære!

15. mêre *fehlt E.* *BC haben* me, *wofür ich* mere *gesetzt habe, weil man, um gleichheit der strophen in ansehung des auftactes zu erlangen, die orthographie wohl ändern darf, nur nicht die lesart.* dinge *BC*: varwe *E*, *wie s.* 51, 33, *aber von der heide, und hier schlecht widerholt.* durch daz er also vil der guten dinge hat *G*. 16. So ist *BC*, Des ist *G*. walde *G*. 17. owol *G*. sumer *und der rest des verses fehlen BC*. sus getaner *E*, also manger *G*. hofschait *G*, hochgezit *E*, arebeit *J. Grimm*, [*ohne kenntnis von G*]. 19. trost nu trœste meine chlage *G*, trœste mit troste mine clage *BC*. 20. dirs uf gnade *BC*. 21. der *E*, dú *BC*, daz *G*. dem *EG*, der *BC*.

22=99 *B*, 231 [238] *C*, 164 *E*, 15 *G*. Ich wil *BCG*. 23. gedænke *B*, gedanchen *G*. 24. singen wil *BCE*, singe *G*. so vinde ich *BCG*, ich vinden *E*. vol *C*. 25. ein newez lop daz *G*, ainen núwen lop der *BC*. 26. Nem ditz lob so lob *G*. dis vúr guot *C*, dis verguot *B*, daz für guot *E*. 27. wol *vor* in *G*. 28. 29 *fehlen E*. 28. und *sowie* vil *fehlen G*. tugnt *G*, tugenden *B*. 29. wol *nach* oren *G*. 30. so we *E*, und we *BC*, und owe *G*.

*31=112 [117] *C*.

1=113 [118] *C*. 2. rehte *C*.

65, ez wær ein vil hovelîcher muot,
des ich iemer gerne wünschen sol:
frowen unde hêrren zæme ez wol:
owê daz ez nieman tuot!
Die daz rehte singen stœrent,
der ist ungelîche mêre
danne die ez gerne hœrent:
doch volg ich der alten lêre:
ich enwil niht werben zuo der mûl,
dâ der stein sô riuschent umbe gât
und daz rat sô mange unwîse hât.
merkent wer dâ harpfen sül.
Die sô frevellîchen schallent,
der muoz ich vor zorne lachen,
dazs in selben wol gevallent
mit als ungefüegen sachen.
die tuont sam die frösche in eime sê,
den ir schrîen alsô wol behaget,
daz diu nahtegal dâ von verzaget,
sô si gerne sunge mê.
Swer unfuoge swîgen hieze,
waz man noch von fröiden sunge!
und si abe den bürgen stieze,
daz si dâ die frôn niht twunge.
wurden ir die grôzen höve benomen,
daz wær allez nâch dem willen mîn.
bî den gebûren liez ich si wol sîn:
dannen ists och her bekomen.

In einem zwîvellîchen wân
was ich gesezzen, und gedâhte,
ich wolte von ir dienste gân;
wan daz ein trôst mich wider brâhte.

9=114 [119] *C.*
17=115 [120] *C.* frevenlichen *C.* 22. so wol *C.*
25=101 *B*, 116 [121] *C.* Der *C.* ungefuoge *B*, ungefuege *C.* 26. Was man danne fuoge funde *C.* 27. abe *B*, von *C.* 28. dâ die frôn] da von *B.* Das (!) unfuoge da verswunde *C.* 29. in *B.* die edelen habe *C.* 31. bi den *B*, die *C.* 32. ist sú *BC.* och *fehlt C.* komen *B.*
*33=442 [465] *C unter den letzten nachträgen (s. die anm. zu s.* 113, 31), 21 *F.* zweyffel wane *F.* 34. und dachte *F.* 35. ausz jrem dinste (gân *fehlt*) *F.*

66, trôst mag ez niht geheizen, owê des!
ez ist vil kûme ein kleinez trœstelîn;
sô kleine, swenne ichz iu gesage, ir spottet mîn.
doch fröwet sich lützel ieman, er enwizze wes.
Mich hât ein halm gemachet frô:
er giht, ich sül genâde vinden.
ich maz daz selbe kleine strô,
als ich hie vor gesach von kinden.
nû hœret unde merket ob siz denne tuo.
'si tuot, si entuot, si tuot, si entuot, si tuot.'
swie dicke ichz tete, sô was ie daz ende guot.
daz trœstet mich: dâ hœret ouch geloube zuo.
Swie liep si mir von herzen sî,
sô mac ich doch wol erlîden
daz ich ir sî zem besten bî:
ich darf ir werben dâ niht nîden.
ichn mac, als ich erkenne, des gelouben niht
dazs ieman sanfte in zwîvel bringen müge.
mirst liep daz die getrogenen wizzen waz si trüge,
und alze lanc dazs iemer rüemic man gesiht.

Ir reinen wîp, ir werden man,
ez stêt alsô daz man mir muoz
êr unde minneclîchen gruoz
noch volleclîcher bieten an.
des habet ir von schulden grœzer reht dan ê:
welt ir vernemen, ich sage iu wes.

1. trost mag mich verhetzen *F*. awe des *F*, *fehlt C*. 2. vil küne im ein *F*. cleines *F*, *fehlt C*. 3. in sage *F*. 4. sich nymant auch des er nun wisset wes *F*.

5=102 *B*, 234 (1) [241]. 443 (2) [466] *C*, 22 *F*. haln C^2. 6. er giht C^2, ich wæne BC^1, *fehlt F*. sul C^1, sull *F*. 7. swie dike ich mas das selbe stro BC^1. kleine C^2, in dem *F*. 8. hie vor gesach bi den C^2, hie vorn (!) sach von den *F*, gewon was her von BC^1. 9 *fehlt* BC^1. *Nue F*, *fehlt* C^2. tut *F*. 10 *in keiner handschrift ganz richtig*. 11. dike ich (ichs *F*) also mas C^2F, ich tet BC^1. so *CF*, do *B*. wart BC^1. ie *BC*, in *F*. 12 *fehlt BC*. das trostet mich *F*, *fehlt* C^2. auch und gelaubet so *F*.

13=444 [467] *C*. 16. weben *C*. miden *C*. 18. das es *C*. 19. getogenen *C*. waz si trüge *fehlt C*. 20. das iemer *C*.

*21=101 *A*, 103 *B*, 235 [243] *C*, $2w^X$ (*von* ere *z.* 23 *an*). Ir rainú *BC*. 22. stat *BC*. man *fehlt BC*. 24. noch *A*, nu *Cw*. volleclichen *A*. 25. hab *C*. ir nuo (vo)n *w*. nu grosser rehte *B*. 26. wolt *A*. irz *w*. wes *fehlt A*.

66,27 wol vierzec jâr hab ich gesungen oder mê
von minnen und als iemen sol.
dô was ichs mit den andern geil:
nu enwirt mirs niht, ez wirt iu gar.
mîn minnesanc der diene iu dar,
und iuwer hulde sî mîn teil.
Lât mich an eime stabe gân
und werben umbe werdekeit
mit unverzageter arebeit,
als ich von kinde habe getân,
sô bin ich doch, swie nider ich sî, der werden ein,
67,1 genuoc in mîner mâze hô.
daz müet die nideren. ob mich daz iht swache? nein.
die biderben hânt mich deste baz.
der werden wirde diust sô guot,
daz man inz hœhste lop sol geben.
ezn wart nie lobelîcher leben,
swer sô dem ende rehte tuot.

Welt, ich hân dînen lôn ersehen:
swaz dû mir gîst, daz nimest dû mir.
wir scheiden alle blôz von dir.
scham dich, sol mir alsô geschehen.
ich hân lîp unde sêle (des was gar ze vil)
gewâget tûsentstunt dur dich:
nû bin ich alt und hâst mit mir dîn gampelspil:
ist mir daz zorn, sô lachest dû.
nû lache uns eine wîle noch:

---

27. oder *Aw*, unde *BC*. 29. ichs *w*, ich ez *A*, ich sin *BC*. 30. en *fehlt BC*. ne wirts mir *w*. mir sin niht me (mere *C*) es *BC*. 31. mîn *fehlt C*. minnen sang *BCw*. iu *fehlt w*.

33=102 *A*, 104 *B*, 236 [244] *C*, 3 *w*[x] (*aber nur reste von z.* 33 *sowie* vii 34). La. *w*. 36. han *AC*. 37. Swie nider ich si so bin ich doch *BC*. 1. hoh *A*, hoch *BC*. 2. Muot daz die *A*, hassent das die *BC*. 3. die werden *BC*. 4. dú werde *BC*. dú ist *BC*, ist *A*. 5. in daz *A*, ir das *B*, irs *C*. beste *BC*. 6. es *BC*. hovelicher *A*. 7. Denne swa man dem *BC*. rehte *fehlt A*.

8=103 *A*, 105 *B*, 237 [245] *C*, 6 *w*[x] (*von z.* 15 zurn *an*). lon wol gesehen *A*. 10. alle nachent und blos *C*. 11. súl mir alsame *BC*. 12. ich hatte *BC*. Lip unde sele han ich des *A*. 14. din *BC*, dir *A*. gumpel spil *BC*. 15. Und zúrne ich das so *BC*, . . zur(n) ich (da)z so *w*. 16. nû *fehlt BC*. Nuo l(ach) unser eine wile ienoch *w*, Lache uns noch eine wile also *C*.

dîn jâmertac wil schiere komen,
und nimet dir swazt uns hâst benomen,
und brennet dich dar umbe iedoch.

Mîn sêle müeze wol gevarn!
ich hân zer welte manegen lîp
gemachet frô, man unde wîp:
künd ich dar under mich bewarn!
lobe ich des lîbes minne, deis der sêle leit:
si giht, ez sî ein lüge, ich tobe.
der wâren minne giht si ganzer stætekeit,
wie guot si sî, wies iemer wer.
lîp, lâ die minne diu dich lât,
und habe die stæten minne wert:
mich dunket, der dû hâst gegert,
diu sî niht visch unz an den grât.

Ich hât ein schœnez bilde erkorn,
und owê daz ichz ie gesach
ald ie sô vil zuoz ime gesprach!
ez hât schœn unde rede verlorn.
dâ wonte ein wunder inne: daz fuor ine weiz war:
dâ von gesweic daz bilde iesâ.
sîn liljerôsevarwe wart sô karkelvar,
daz ez verlôs smac unde schîn.
mîn bilde, ob ich bekerkelt bin
in dir, sô lâ mich ûz alsô
daz wir ein ander vinden frô:
wan ich muoz aber wider in.

17. schier uns *w*. 18. datz *w*, swaz du *A*, das du *BC*. genomen *BC*. 19. dar umme noch *w*.

20=99 *A*, 106 *B*, 238 [246] *C*, 4 w^X (*von z.* 30 gegert *an*). Dú sele *A*. 24. deis] dc *AC*, das ist *B*. 25. si *A*, und *BC*. 26. weren *C*. 27. wies] weiz si *A*, wie si *B*, wie *C*. wert *B*. 31. dú en si *Cw*. vische *B*.

32=100 *A*, 107 *B*, 239 [247] *C*, 5 w^X (*bis z.* 2 wart). schone *BCw*. 33. und *fehlt Aw*. ich *A*. 34. alder ie *A*, unt ie *w*, und ouch *BC*. zuo ime *BC*, mit im *w*. 35. daz hat nuo *w*. 36. wonte *A*, wont *w*, was *BC*. wa *w*. 1. zuo ha(n)t untsweich *w*. 2. lilienrose *B*, lilien rose *C*. s(in) rose rot sin lylie wiz wart . . *w*. kackel *A*, karcher *B*, kranc *C*. 3. verlorn *A*. sin *A*. 4. bekerkelt bin *A*, gekærchet si *BC*. 5. in dir *A*, *fehlt BC*.

III.

69, Saget mir ieman, waz ist minne?
weiz ich des ein teil, sô wist ichs gerne mê.
der sich baz denn ich versinne,
der berihte mich durch waz si tuot sô wê.
minne ist minne, tuot si wol:
tuot si wê, so enheizet si niht rehte minne.
sus enweiz ich wie si danne heizen sol.
Obe ich rehte râten künne
waz diu minne sî, sô sprechet denne jâ.
minne ist zweier herzen wünne:
teilent sie gelîche, sost diu minne dâ:
sol abe ungeteilet sîn,
sô enkans ein herze alleine niht enthalten.
owê woldest dû mir helfen, frowe mîn!
Frowe, ich trage ein teil ze swære:
wellest dû mir helfen, sô hilf an der zît.

---

*1=13 *A*, 241 [249] *C*, 157 *E*, 45 *F*, 29 (Heren Walters zanch) [3] *s*. ist] ich *F*. 2. weiz ich des (es *F*) ein teil *EF*, wyst ichs ein deil *s*, *fehlt AC*. so wist ichs *s*, so west ich es *F*, so wist ich *AC*, ich westez *E*. gerne ouch dar umbe me *C*. 3. swer sich rehte nu versinne *AC*. vermerinee *s*. 4. der *fehlt s*. bescheide *E*. rehte mich *C*. durch waz sie tuo (tut *Fs*) *EFs*, wie tuot si *AC*. sô *fehlt C*. 5. die thut so wol *F*. 6. Und thut so wee und so *F*. en *fehlt EF*. heizze ich sie nit *E*. si *fehlt s*. rehte *fehlt CE*. minne *CEFs*, — ne *A*. 7. soz enweiz ich *A*, sus in weys ich net *s*, susz weisz nicht *F*. danne *fehlt Es*.

8=12 *A*, 242 [250] *C*, 158 *E*, 46 *F*. bitten kunde *A*. 9. diu *fehlt E*. sô *fehlt A*. denne *EF*, *fehlt AC*. 10. In jr ist *F*. 11. taylet *F*. si *AC*, sie die *E*, die *F*. 12. sols *E*, sol sie *F*. 13. en *fehlt EF*. alleine *vor* ein *A*, *fehlt E*. nicht belten *F*. 14. owê *fehlt F*. truwe min *A*.

15=10 *A*, 243 [251] *C*, 159 *E*, 47 *F*. frage *F*. eine (eine eine *A*) *vor* trage *AC*, *fehlt EF*. 16. woltest *F*. so hilf mir (mir *am rande nachgetragen*) est an *E*.

69,17 sî abe ich dir gar unmære,
daz sprich endelîche: sô lâz ich den strît,
unde wirde ein ledic man.
dû solt aber einez wizzen, daz dich rehte
lützel ieman baz dann ich geloben kan.
Kan mîn frowe süeze siuren?
wænet si daz ich ir liep gebe umbe leit?
sol ich si dar umbe tiuren,
daz siz wider kêre an mîne unwerdekeit?
sô kund ich unrehte spehen.
wê waz sprich ich ôrenlôser ougen âne?
den diu minne blendet, wie mac der gesehen?

70,1 Daz ich dich sô selten grüeze,
frowe, daz ist ân alle mîne missetât.
ich wil daz wol zürnen müeze
liep mit liebe, swa'z von friundes herzen gât.
trûren unde wesen frô,
sanfte zürnen, sêre süenen, deis der minne
reht: diu herzeliebe wil alsô.
In gesach nie tage slîchen
sô die mîne tuont. ich warte in alles nâch:
wesse ich war si wolten strîchen!
mich nimt iemer wunder wes in sî sô gâch.

---

17. gar *fehlt* *E*. 18. so sprich *E*. ich dir den *F*. 19. wirt *A*, pin von dir *F*. selic *E*. 20. du maht *E*. eines eines *A*, einer *E*. rehte *setzen* *AEF* *vor* wizzen. 21. nieman lützel *E*, ymant lützel *F*. danne ich *fehlt* *EF*.
22=11 *A*, 240 [248] *C*, 161 *E*, 49 *F*. feüren *F*, suezzen *E*. 23. wenet *CF*, wanez *A*, wil *E*. ir *fehlt* *AC*. liep gebe *A*, lob geb *F*, gebe lieb *CE*. 24. gruezzen *E*. 25. si ez *AC*, sie *EF*. wider *fehlt* *F*. gar an *AC*. an mich *F*. werdecheit *AE*. 26. kan *E*. sprechen *F*. 27. blendet *aus* blindet *gebessert* *C*(!). 27. 28. awe was rede ich erloser und augen ane wen minne plendet wer mag das gerechen *F*, we waz spriche ich wenne. swenne die minne blendet wie mac der geschehen *E*.
*1=244 (1) [236]. 401 (2) [418] *C*, 42 *E*, 28 U^x. so *fehlt* C^2. 2. frowe *fehlt* C^1. is gar an alle missetat *U*. allen argen missetat C^1. 3. wol daz C^1. 4. swas C^1U, swa ez C^2E. gât] gar *U*. 5. Nit entrure (Nine trure *U*) du wis vro C^2EU. 6. senfte C^2E. dirnen C^2. deis *U*, das C^1, das ist C^2E. minnen C^2EU. 7. reht C^1U, zeichen C^2E.
8=402 [419] *C*, 43 *E*, 29 U^x. Ich *C*. so slichen *U*. 9. allez *U*. 10. west ich *E*. wa *U*.

si mugen von mir komen zuo deme
der ir niht sô schône pfligt als ich: sô lâzen
denne schînen ob si wîzen weme.

Dû solt eine rede vermîden,
frowe: des getriuwe ich dînen zühten wol:
tætest dûs, ich woldez nîden;
als die argen sprechent, dâ man lônen sol,
'hete er sælde, ich tæte im guot.'
er ist selbe unsælic, swer daz gerne sprichet
unde niemer diu gelîche tuot.

Genâde, frowe! tuo alsô bescheidenlîche:
lâ mich dir einer iemer leben:
obe ab ich daz breche, daz ich furder strîche.
wan einez soltû mir vergeben:
daz mahtû mir ze kurzewîle erlouben gerne,
die wîle unz ich dîn beiten sol.
ich nenne ez niht, ich meine jenz, dû weist ez wol.
ich sage dir wes ich angest hân:
dâ fürht ich daz ichz wider lerne.

'Gewinne ich iemer liep, daz wil ich haben eine:
mîn friunt der minnet andriu wîp.
an allen guoten dingen hân ich wol gemeine,
wan dâ man teilet friundes lîp.
sô ich in under wîlen gerne bî mir sæhe,
sô ist er von mir anderswâ.
sît abe er dâ gerne sî, sô sî ouch dâ.
ez tuot sô manegem wîbe wê,
daz mir dâ von niht wol geschæhe.'

---

12. von mir *U*, *fehlt CE*. komen *nach* deme *CE*. 13. schone ne pflit *U*. als ich *U*, *fehlt CE*. lâzen] la si *CEU*.

15=245 ([1]) [254]. 403 ([2]) [420] *C*, 44 *E*, 30 *U*x. 16. frowe daz gezimet [den *CU*] dinen [gueten *E*, guten *U*] wol C^2*EU*. 17. spreches dus (durch *E*) C^2*E*, sprechestuz *U*. ich wöltez miden C^2*E*. 18. das die bœsen sprechent (sprechen C^2*E*) so man C^2*EU*. 20. der daz C^2*EU*. gerne *fehlt* C^1. 21. unde (*fehlt U*) niemer der (die *U*) geliche C^2*EU*, noch der werke niht en C^1.

*22=14 *A*, 246 [255] *C*. tuo *fehlt AC: es schien auch der sinn zu fordern*. 24. ab *fehlt AC*. 26. kurzer (kúrzer *A*) wile *AC*. 28. ich meine ienz *fehlt C*. 30. daz ich ez lerne *A*.

31=15 *A*, 247 [256] *C*. Gewunne *C*. lieb *auch C*(!). 32. ander *A*. 37. abe *fehlt AC*.

71, Si sælic wîp, si zürnet wider mich ze sêre,
daz ich friunde an manege stat.
sin gehiez mich nie geleben nâch ir lêre,
swie jâmerlîch ich sis gebat.
waz hilfet mich daz ich si minne vor in allen?
si swîget iemer als ich klage.
wil si daz ich andern wîben widersage,
sô lâze ir mîne rede ...
.... ein wênic baz gevallen.
'Ich wil dir jehen daz dû mîn dicke sêre bæte,
und nam ich des vil kleine war.
dô wisse ich wol dazt allenthalben alsô tæte:
dâ von wart ich dir sô fremede gar.
der mîn ze friunde ger, wil er mich gewinnen,
der lâze alselhe unstætekeit.
gemeine liep daz dunket mich gemeinez leit:
nû sage, weist dû anders iht?
dâ von tar ich dich niht geminnen.'

'Ich hœre im maneger êren jehen,
der mir ein teil gedienet hât.
der im in sîn herze kan gesehen,
an des genâde suoch ich rât,
daz er mirz rehte erscheine.
nû fürht ab ich daz erz mit valsche meine.
tæt er mir noch den willen schîn,
hæt ich iht liebers danne den lîp, des müeser hêrre sîn.'
Wie kumt daz ich sô wol verstân
ir rede, und si der mîner niht,
und ich doch grôzer swære niht enhân,
wan daz man mich frô drunder siht?

1=16 *A*, 248 [257] *C*. 3. si enhiez *A*, si gehies *C*. mich *fehlt A*. 4. ich ez si ez gebat *A*, ich si es bat *C*. 7. danne das *C*. ander *A*. wîben *fehlt A*.

10=17 *A*, 249 [258] *C*. min *A*, mich *C*. 11. vil *fehlt A*. 12. wist *A*. daz du *AC*. 15. alle selch *A*, alle solhe *C*. 17. du sage an *A*. 18. getar *AC*.

*19=25 *A*, 250 (1) [259]. 356 (2) [372] *C*. 23. ers mir C^2. 26. hat ich *A*.

27=27 *A*, 251 (1) [260]. 358 (2) [374] *C*, Reymar 334 *E*. kůmet *A*. 28. der minen *E*. 29. Daz ich ein so hohez hertze trage *E* (*aus Reimars strophe* 332 *E*). 30. Unde man mich so frowen siht *E*. dar under C^1.

71,31 ein ander man ez lieze:
nû volg ab ich, swie ich es niht genieze.
swaz ich dar umbe swære trage,
da enspriche ich niemer übel zuo, wan sô vil daz ichz klage.

Mich hât ein wünneclîcher wân
und ouch ein lieber friundes trôst
in senelîchen kumber brâht:
72,1 sol der mit fröide an mir zergân,
so enwirde ichs anders niht erlôst,
ezn kome als ich mirz hân gedâht
umb ir vil minneclîchen lîp,
diu mir enfremedet alliu wîp,
wan daz ichs alle dur si êren muoz.
jo enger ich anders lônes niht
von ir dekeiner, wan ir gruoz.
'Mit valschelôser güete lebt
ein man der mir wol iemer mac
gebieten swaz er êre wil.
sîn stæte mir mit froïde gebt,
wan ich sîn vil schône enpflac:
daz kumt von grôzer liebe vil.
mir ist an ime, des muoz ich jehen,
ein schœnez wîbes heil geschehen.
diu sælde wirt uns beiden schîn.
sîn tugent hât ime die besten stat
erworben in dem herzen mîn.'
Die mîne fröide hât ein wîp
gemachet stæte und mich erlôst
von sorgen al die wîle ich lebe.
genâde suoch ich an ir lîp:
enpfâhe ich wünneclîchen trôst,
der mac wol heizen friundes gebe.

---

31. daz liezze *E*. 32. aber iz swie ez mich verdriezze *E*. 33. swar ich *A*. 34. spriche C^1, gespriche *E*. zuo] von *E*. wenne so vil ob iz clage *E*.

*35=28 *A*, 252 [270] *C*. 37. senclichen *A*. 2. en wirt *A*. 3. han erdaht *C*. 5. enpfrömdet ellú *C*. 6. ich ez *A*. 8. von ir *A* (*Pfeiffers* ich *falsch*).

9=29 *A*, 253 [271] *C*. lebt *C*, liep *A*. 11. êre *fehlt AC*. 12. mit *fehlt AC*. 13. phfac (*so*) *A*. 14. kúmet *A*. 17. diu selde diu wirt *A*. 18. túgent *A*.

20=30 *A*, 254 [272] *C*. 21. 22. und endelos von schulden *AC*.

ein mannes heil mir dâ geschach,
dâ si mit rehten triuwen sprach,
ich müese ir herzen nâhe sîn.
sus darf es nieman wunder nemen,
lebt âne sorge dez herze mîn.

Lange swîgen des hât ich gedâht:
nû muoz ich singen aber als ê.
dar zuo hânt mich guote liute brâht:
die mugen mir wol gebieten mê.
ich sol singen unde sagen,
und swes si gern, daz sol ich tuon: sô suln si nînen kumber klagen.
Hœret wunder, wie mir ist geschehen
von mîn selbes arebeit.
mich enwil ein wîp niht an gesehen:
die brâht ich in die werdekeit,
daz ir muot sô hôhe stât.
jon weiz si niht, swenn ich mîn singen lâze daz ir lop zergât.
Hêrre, waz si flüeche lîden sol,
swenn ich nû lâze mînen sanc!
alle dies nû lobent, daz weiz ich wol,
die scheltent danne ân mînen danc.

---

29. Nu endarf nieman *A*. 30. Obe ane sorge lebet daz *AC*. herzen mich *A*.

*31=111 *A*, 255 [273] *C*, 83 *E*, 85 *b*, 30 *xy* Langes *b*, Ein langesz *y*. Eins schweigens *x*. des hat ich *AC*, het ich mir *bx*, hete ich *E*, hab ich *y*. erdacht *x*, bedacht *y*. 32. so *xy*. wil *CEy*. aber singen *xy*. als *fehlt x*. 33. schœne vrowen *b*, die frawen *x*, die schœnen Frawen *y*. 34. sú mõhten mir *b*. wol *AEy*, noch *C*, *fehlt bx*. helffen *y*. *der abgesang dieses gesetzes fehlt xy, sie haben aber dafür den des letzten.* 35. ich sol in *C*, ich wil *E*. Swas ich singe oder in gesagen *b*. 36. Unde swaz si gerne sehen daz wil ich tuon. so süln aber sie den minen kumber clagen *E*: Iedoch so bitte ichs allesament gemaine. das sú den minen kumber clagen *b*.

37=112 *A*, 256 [274] *C*, 84 *E*, 86 *b*. Mich nimt wunder *b*. ist *AE*, si *Cb*. 38. an mines *b*. 1. [umbe *b*] ain wip dú wil mich niht ansehen *Cb*. 2. an *b*. die *AE*, ir *Cb*. 3. sit alle ir *b*. ir der *C*. lop *E*. 4. wanne *E*. lop *A*, lop vil gar *E*, werdekeit *C*. So enwais ich wenne ouch mich min singen lat. und als ir hœhstes lop zergat *b*.

5=113 *A*, 257 [275] *C*, 87 *E*. Herre *A*, la herre *C*, Uwe *E*. si nu *C*. 7. die si *C*, die *AE*. loben *A*, lebent *E*. 8. schelten ane mine *A*: denne *ist ausradiert.*

73, tûsent herze wurden frô
von ir genâden; dius engeltent, scheide ich mich von ir alsô.
Dô mich dûhte daz si wære guot,
wer was ir bezzer dô dann ich?
dêst ein ende: swaz si mir getuot,
sô mac si wol verwænen sich,
nimet si mich von dirre nôt,
ir leben hât mîns lebennes êre: sterbet sie mich, so ist si tôt.
Sol ich in ir dienste werden alt,
die wîle junget si niht vil.
so ist mîn hâr vil lîhte alsô gestalt,
dazs einen jungen danne wil.
sô helfe iu got, hêr junger man,
sô rechet mich und gêt ir alten hût mit sumerlaten an.

Die mir in dem winter fröide hânt benomen,
si heizen wîp, si heizen man,
disiu sumerzît diu müez in baz bekomen.
ouwê daz ich niht fluochen kan!
leider ich enkan niht mêre
wan daz übel wort 'unsælic.' neinâ! daz wær alze sêre.
Zwêne herzelîche flüeche kan ich ouch:
die fluochent nâch dem willen mîn.

---

9. túsent *A.* herzen *AE.* würden *E.* 10. des engeltent si lihte ich mich *A*, des si lihte engeltent scheide ich mich *C.* die des engelten. lazzen sie mich verderben so *E.*

11=114 *A*, 258 [276] *C*, 86 *E.* So *A.* des duhte *C.* 12. wer was er *A.* 14. Des mac auch sie verwenen sich *E.* verweinen *A.* 16. ir loben *A.* stirbe aber ich *E.*

17=115 *A*, 259 [277] *C*, 85 *E*, 87 *b*, 30. 31 *xy* (*in* 31 *die vier ersten, in* 30 *die zwei letzten zeilen*). Solde ich *A.* Bin ich — worden *b.* Ich was iungk nu pyn ich alt *x*, Wasz ich schaff so bin ich alt *y.* 18. da bi so *b*, da von so *y.* en iünget *E.* Darumb gibt sie umb mich nit vil *x.* 19. Liht ist mir (Vil lihte wirt *E*) min har also gestalt *Eb*, Das mir der (mein *y*) part ist [so *y*] graw gestalt *xy.* 20. Darumbs ein *x.* danne *AC*, *fehlt E*, haben *bxy.* 21. Nu *b*(!). iu *fehlt C.* So pit ich dich du (ich pit euch darumb *x*) iunger man *xy.* her iunge man *b.* 22. Gerecht (rich *y*) mich (Das ir mich rechent *b*) an der alten brut. und slaht (schlag *y*) mit (mir *x*) sumer latten dran (summerlarchen an *x*, deiner lauten an *y*) *bxy.* get die alten *E.*

*23=116 *A*, 369 [385] *C*, 55 *E.* mir disen winter *E.* 24. heizzent *E.* 25. diu *fehlt E.* muoz *ACE.* 26. nit gefluochen *E.* 27. kan *E.*

29=117 *A*, 370 [386] *C*, 56 *E.* herzeliebe *A*, herzekliche *C.* doch *E.* 30. vliehent *E.*

hiure müezens beide ‘esel’ und ‘der gouch’
gehœren ê si enbizzen sîn.
wê in denne, den vil armen!
wess ich obe siz noch gerûwe, ich wolde mich dur got erbarmen.
Wan sol sîn gedultic wider ungedult:
daz ist den schamelôsen leit.
swen die bœsen hazzent âne sîne schult,
daz kumt von sîner frümekeit.
trœstet mich diu guote alleine,
diu mich wol getrœsten mac, sô gæbe ich umbe ir nîden kleine.
Ich wil al der werlte sweren ûf ir lîp:
den eit sol si wol vernemen:
sî mir ieman lieber, maget oder wîp,
diu helle müeze mir gezemen.
hât si nû deheine triuwe,
sô getrûwet si dem eide und entstêt mîns herzen riuwe.
Hêrren unde friunt, nû helfent an der zît:
daz ist ein ende, ez ist alsô.
ich enbiute iu mînen minneclîchen strît.
ja enwirde ich niemer rehte frô:
mînes herzen tiefiu wunde
diu muoz iemer offen stên, si enküsse mich mit friundes munde.
mînes herzen tiefiu wunde
diu muoz iemer offen stên, si enheiles ûf und ûz von grunde.
mînes herzen tiefiu wunde
diu muoz iemer offen stên, sin werde heil von Hiltegunde.

‘Nemt, frowe, disen kranz:’
alsô sprach ich zeiner wol getânen maget:
‘sô zieret ir den tanz,
mit den schœnen bluomen, als irs ûffe traget.

---

31. und den gouch *AC*, unde gauch *E*, *s. die anm.* 32. hœren *AC*. 33. ime denne dem *AC*. 34. ich denne ob *E*. geruwe, *so ACE*.
35=118 *A*, 260 [278] *C*. 1. kûmet *A*.
4=119 *A*, 261 [279] *C*. uf *A*, umb *C*. 9. enstet *A*.
10=120 *A*, 371 [387] *C*, 57 *E*. nu ratent mir. (an der zît *fehlt*) *E*. 11. das ist *C*, daz *A*, ez ist *E*. 12. ich enbûten dir minen *A*, in behalde minen *E*. 13. io enwirt ich *A*, ichn wirde *E*. 14. tieffen wunden *E*. 15. Muezzen immer *E*. stan *CE*. es enkûsse mich *C*. 16—19 *fehlen E*. 17. stên *fehlt C*. enheiles *A*, enheile es *C*.
*20=134 *A*, 262 [280] *C*, 51 *E*. Frauwe nement *E*. 21. getaner *C*. 23. die ir *E*.

het ich vil edele gesteine,
daz müest ûf iuwer houbet,
obe ir mirs geloubet.
sêt mîne triuwe, daz ichz meine.'
Si nam daz ich ir bôt,
einem kinde vil gelîch daz êre hât.
ir wangen wurden rôt,
same diu rôse, dâ si bî der liljen stât.
do erschampten sich ir liehten ougen:
dô neic si mir vil schône.
daz wart mir ze lône:
wirt mirs iht mêr, daz trage ich tougen.

Mir ist von ir geschehen,
daz ich disen sumer allen meiden muoz
vast under dougen sehen:
lîhte wirt mir mîniu: so ist mir sorgen buoz.
waz obe si gêt an disem tanze?
frowe, dur iuwer güete
rucket ûf die hüete.
owê gesæhe ichs under kranze!
'[Frowe,] ir sît sô wol getân,
daz ich iu mîn schapel gerne geben wil,
so ichz aller beste hân.
wîzer unde rôter bluomen weiz ich vil:
die stênt sô verre in jener heide.
dâ si schône entspringent
und die vogele singent,
dâ suln wir si brechen beide.'

24. vil edel *C*, golt und edeles *E*. 25. muest *C*, muoz *A*, fuer *E*. uf ir *CE*. 26. gehoubet *A*. 27. set *E*, sent *AC*.
28=136 *A*, 264 [282] *C*, 53 *E*. 31. als die — so sie *E*. bi den *C*. 32. des *AC*. schemten *E*. sich liehtú ougen *A*. 33. Doch neic ich ir vil schone *E*. 35. wart mir *E*.
1=137 *A*, 372 [388] *C*, 54 *E*. 2. allen megden disen sumer *E*. miden *A*. 3. diu ougen *AC*, augen *E*. 4. eine *A*, einú *C*. Vinde ich mine. so ist mir aller sorgen buoz *E*. 5. in disem *A*. owe geschehe ez under crantze *E*. 6. uwer *AC*, ür *E*. 7. ir rücket *E*. 8. ich ez *A*. waz ob sie get an disme tanze *E*.
9=135 *A*, 263 [281] *C*, 52 *E*. 10. schappel *A*, tschapel *C*. 11. so iz *E*. Daz aller beste daz ich han *AC*. *bei dieser lesart dürfte man* aller *tilgen, mit Benecke.* 12. wiz gruene unde roter bluomen vil *E*. 13. Niht verre an iener gruenen heide *E*. 14. schone entsprungen *AC*, vil schone springent *E*. 15. und die cleine (cleinen *A*) vogele sungen *AC*, und dü vogelin singent *E*. 16. sülle *E*.

Mich dûhte daz mir nie
lieber wurde, danne mir ze muote was.
die bluomen vielen ie
von dem boume bî uns nider an daz gras.
seht, dô muost ich von fröiden lachen.
do ich sô wünneclîche
was in troume rîche,
dô taget ez und muos ich wachen.

Diu welt was gelf, rôt unde blâ,
grüen in dem walde und anderswâ:
die kleinen vogele sungen dâ.
nû schrîet aber diu nebelkrâ.
pfligt si iht ander varwe? jâ:
sist worden bleich und übergrâ.
des rimpfet sich vil manic brâ.
Ich saz ûf eime grüenen lê:
da ensprungen bluomen unde klê
zwischen mir und eime sê.
der ougenweide ist dâ niht mê.
dâ wir schapel brâchen ê,
dâ lît nû rîfe und ouch der snê.
daz tuot den vogellînen wê.
Die tôren sprechent snîâ snî,
die armen liute owê owî.
des bin ich swære alsam ein blî.
der wintersorge hân ich drî:
swaz der unt der ander sî,
der wurde ich alse schiere frî,
wær uns der sumer nâhe bî.
E danne ich lange lebt alsô,
den krebz wolt ich ê ezzen rô.

17=138 *A*, 373 [389] *C*. ie *AC*. 20. den böimen *A* 21. müeste *C*. 24. muoz *C*, muoze *A*.

*25=147 *A*, 265 [283] *C*. 27. cleine *A*. singent *C*. 29. hat si *C*. da. ia *A*. 30. si ist bleich worden *C*.

32=148 *A*, 266 [284] *C*. 34. ienem *C*. 35. was da me *C*. 36. schappel *A*. 37. ouch der *fehlt A*.

1=149 *A*, 267 [285] *C*. 2. und arme lúte owi (*mit ganz kleinem, wohl unbeabsichtigtem zwischenraum nach* o) owi *C*. 3. bin *C*, bra *A*. 4. des winters sorge *C*. *s. zum Iw*. 554. 5. under andern *A*, und ouch der ander *C*. 6. alse *A*, aller *C*.

8=150 *A*, 268 [286] *C*. lebt *fehlt A*. 9. E wolde ich essen krebese ro *C*.

sumer, mache uns aber frô:
dû zierest anger unde lô.
mit den bluomen spilt ich dô,
mîn herze swebt in sunnen hô:
daz jaget der winter in ein strô.
Ich bin verlegen als ein sû:
mîn sleht hâr ist mir worden rû.
süezer sumer, wâ bist dû?
jâ sæhe ich gerner veltgebû.
ê daz ich lange in selher drû
beklemmet wære als ich bin nû,
ich wurde ê münch ze Toberlû.

Vil süeze wære minne,
berihte kranke sinne.
got, dur dîn anbeginne
bewar die kristenheit.
dîn kunft ist frônebære
übr al der welte swære.
der weisen barmenære,
hilf rechen disiu leit.
lœser ûz den sünden,
wir gern zen swebenden ünden.
uns mac dîn geist enzünden,
wirt riuwic herze erkant.
dîn bluot hât uns begozzen,
den himel ûf geslozzen.
nû lœset unverdrozzen
daz hêrebernde lant.
verzinset lîp und eigen.
got sol uns helfe erzeigen
ûf den der manegen veigen
der sêle hât gepfant.
Diz kurze leben verswindet,
der tôt uns sündic vindet:
swer sich ze gote gesindet,

---

10. aber *noch einmahl vor* mache *A.* 14. den winter *A.*
15=151 *A*, 269 [287] *C.* als Esau *C.* 18. gerne *C.* 19. e das *C*, danne *A.* lege *A.* 21. zetobernu *A.*
*22=46 *A*, 270 [288] *C.* 27. al *Bodmer:* uf *AC.* welde *C.* 28. den wisen *A.* 31. ze den *C*, *fehlt A.*
4=47 *A*, 271 [289] *C.*

77, 7 der mac der helle engân.
bî swære ist gnâde funden.
nû heilent Kristes wunden,
sîn lant wirt schiere enbunden:
dêst sicher sunder wân.
küngîn ob allen frouwen,
lâ wernde helfe schouwen.
dîn kint wart dort verhouwen,
sîn menscheit sich ergap.
sîn geist müez uns gefristen,
daz wir die diet verlisten.
der touf si seit unkristen:
wan fürhtent si den stap
der ouch die juden villet?
ir schrîen lûte erhillet.
manc lop dem kriuze erschillet:
erlœsen wir daz grap!
  Diu menscheit muoz verderben,
suln wir den lôn erwerben.
got wolde dur uns sterben,
sîn drô ist ûf gespart.
sîn kriuze vil gehêret
hât maneges teil gemêret.
swer sich von zwîvel kêret,
der hât den geist bewart.
sündic lîp vergezzen,
dir sint diu jâr gemezzen:
der tôt hât uns besezzen
die veigen âne wer.
nû hellent hin gelîche,
daz wir daz himelrîche
erwerben sicherlîche
bî dulteclîcher zer.
got wil mit heldes handen
78, 1 dort rechen sînen anden.
sich schar von manegen landen
den heilegestez her.

---

17. wirt *A*. 19. fuhrten *A*.
24=48 *A*, 272 [290] *C*. 29. heil *A*. 30. vō *AC*. 35. die vrigen ane wert *A*. 37. da wir *A*. 40. mir *A*. 1. dinen an den *A*. 2. vor *A*. 3. den heilegestes *C*, den heiligeist *A*.

78, Got, dîne helfe uns sende,
mit dîner zesewen hende
bewar uns an dem ende,
sô uns der geist verlât,
vor helleheizen wallen,
daz wir dar in iht vallen.
ez ist wol kunt uns allen,
wie jâmerlîch ez stât,
daz hêre lant vil reine,
gar helfelôs und eine.
Ierusalêm, nû weine:
wie dîn vergezzen ist!
der heiden überhêre
hât dich verschelket sêre.
dur dîner namen êre
lâ dich erbarmen, Krist,
mit welher nôt si ringen,
die dort den borgen dingen.
dazs uns alsô betwingen,
daz wende in kurzer frist.

Der anegenge nie gewan
und anegenge machen kan,
der kan wol ende machen und ân ende
sît daz allez stêt in sîner hende,
wer wære danne lobes sô wol wert?
der sî der êrste in mîner wîse:
sîn lop gêt vor allem prîse:
daz lop ist sælic, des er gert.
  Nû loben wir die süezen maget,
der ir sun niemer niht versaget.
si ist des muoter, der von helle uns lôste.
daz ist uns ein trôst vor allem trôste,
daz man dâ ze himel ir willen tuot.
nû dar, die alten mit den jungen,
daz ir werde lop gesungen.
sist guot ze lobenne, sie ist guot.

4=49 *A*, 273 [291] *C*. 11. es *auch* *C*(!). 21. boegen *A*. 22. dc uns *A*.

*24=274 [292] *C*. 29. 30. wis — fúr allen pris *C*, *von Benecke verbessert.*

32=275 [293] *C*.

79, Ich solt iuch engele grüezen ouch,
wan daz ich bin niht gar ein gouch:
waz habet ir der heiden noch zerstœret?
sît iuch nieman siht noch nieman hœret,
sagent, waz hânt ir noch dar zuo getân?
möht ich got stille als ir gerechen,
mit wem solt ich mich besprechen?
ich wolte iuch hêrren ruowen lân.
Hêr Michahêl, hêr Gabrîêl,
hêr tiufels vîent Raphahêl,
ir pflegent wîsheit sterke und arzenîe,
dar zuo hânt ir engelkœre drîe,
die mit willen leistent iwer gebot:
welt ir mîn lop, sô sint bescheiden
und schadent allerêrst den heiden:
lopt ich iuch ê, daz wære ir spot.

Man hôhgemâc, an friunden kranc,
daz ist ein swacher habedanc:
baz gehilfet friuntschaft âne sippe.
lâ einen sîn geborn von küneges rippe:
er enhabe friunt, waz hilfet daz?
mâgschaft ist ein selbwahsen êre:
sô muoz man friunde verdienen sêre.
mâc hilfet wol, friunt verre baz.

Swer sich ze friunde gewinnen lât
und ouch dâ bî die tugende hât
daz er sich âne wanken lât behalten,
des friundes mac man gerne schône walten.
ich hân eteswenne friunt erkorn
sô sinewel an sîner stæte,
swie gerne ich in behalten hæte,
daz ich in müeste hân verlorn.

Swer mir ist slipfic als ein îs
und mich ûf hebt in balles wîs,

1=276 [294] *C*.
9=277 [295] *C*.
17=278 [296] *C*. hoh gemach *C*. 19. hilfet *C*. 21. ern habe frúnde *C*.
25=279 [297] *C*. 29. frúnde *C*.
33=280 [298] *C*.

sinewell ich dem in sînen handen,
daz sol zunstæte nieman an mir anden,
sît ich dem getriuwen friunde bin
einlœtic unde wol gevieret.
swes muot mir ist sô vêch gezieret,
nû sus nû sô, den walge ich hin.

Sich wolte ein ses gesibent hân
ûf einen hôhvertigen wân:
sus strebte ez sêre nâch der übermâze.
swer der mâze brechen wil ir strâze,
dem gevellet lîhte ein enger pfat.
hôhvertic ses, nû stant gedrîet!
dir was zem sese ein velt gefrîet:
nû smiuc dich an der drîen stat.

Swelch hêrre nieman niht versaget,
der ist an gebender kunst verschraget:
der muoz iemer nôtic sîn ald triegen.
zehen versagen sint bezzer danne ein liegen.
geheize minre unde grüeze baz,
well er ze rehte umb êre sorgen.
swes er niht müge ûz geborgen
noch selbe enhabe, versage doch daz.

Unmâze, nim dich beidiu an,
manlîchiu wîp, wîplîche man:
pfaflîche ritter, ritterlîche pfaffen,
mit den solt dû dînen willen schaffen:
ich wil dir si gar ze stiure geben,
und alte junghêrren für eigen:
ich wil dir junge althêrren zeigen,
daz si dir twerhes helfen leben.

Ich bin dem Bogenære holt
gar âne gâbe und âne solt:

---

35. sinewel ich dē *C.*
3=281 [299] *C.* 8. stat *C.*
11=282 [300] *C.*
19=283 [301] *C.* beider an *C.* 23. dirs gar *C.* 24 *und* 26 *vertauscht C, ordnet aber durch zeichen* 25. 26. 24. 24. geben *vor* für *C.*
27=285 [303] *C.*

80,29 er ist milte, swie klein ichs geniuze.
sô nieze in aber ein Pôlân alde ein Riuze:
daz ist allez âne mînen haz.
in bræhte ein meister baz ze mære
danne tûsent snarrenzære,
tæt er den hovewerden baz.

Den dîemant den edelen stein
gap mir der schœnsten ritter ein:
81, 1 âne bete wart mir diu gâbe sîne.
jô lob ich niht die schœne nâch dem schîne:
milter man ist schœne und wol gezogen.
man sol die inre tugent ûz kêren:
sô ist daz ûzer lop nâch êren,
sam des von Katzenellenbogen.

Wer sleht den lewen? wer sleht den risen?
wer überwindet jenen unt disen?
daz tuot jener der sich selber twinget
und alliu sîniu lit in huote bringet
ûz der wilde in stæter zühte habe.
geligeniu zuht und schame vor gesten
mugen wol eine wîle erglesten:
der schîn nimt drâte ûf unt abe.

Wolveile unwirdet manegen lîp.
ir werden man, ir reiniu wîp,
niht ensît durch kranke miete veile.
ez muoz sêre stên an iuwerm heile,
welt ir iuch vergeben vinden lân.
zundanke veile unwirdet sêre:
dâ bî sô swachet iuwer êre,
und ziuhet doch ûf smæhen wân.

Swelch man wirt âne muot ze rîch,
wil er ze sêre striuzen sich

---

29. kleine ich sin *C*. 30. alder *C*.
35=284 [302] *C*. 4. tugende *C*.
7=286 [304] *C*. 10. alle sine *C*.
15=287 [305] *C*. 20. undanke wolveile *C*.
23=288 [306] *C*.

ûf sîne rîchheit, sô wirt er ze hêre.
ze rîch und zarm diu leschent beide sêre
an sumelîchen liuten rehten muot.
swâ übric rîchheit zühte slucket
und übric armuot sinne zucket,
dâ dunket mich enwederz guot.

Diu minne ist weder man noch wîp,
si hât noch sêle noch den lîp,
sie gelîchet sich dekeinem bilde.
ir nam ist kunt, si selbe ist aber wilde,
unde enkan doch nieman âne sie
der gotes hulden niht gewinnen
. . . .
si kam in valschez herze nie.

Ez ist in unsern kurzen tagen
nâch minne valsches vil geslagen:
swer aber ir insigel rehte erkande,
dem setze ich mîne wârheit des ze pfande,
wolt er ir geleite volgen mite,
daz in unfuoge niht erslüege.
minn ist ze himel sô gefüege,
daz ich si dar geleites bite.

Rît ze hove, Dietrich.
'hêrre, in mac.' waz irret dich?
'in hân niht rosses daz ich dar gerîte.'
ich lîh dir einz, und wilt dû daz.
'hêrre, gerîte al deste baz.'
nû stant alsô noch eine wîle, bîte.
wedr rîtest gerner eine guldîn katzen,
ald einen wunderlîchen Gêrhart Atzen?
'semir got, und æze ez höi, ez wær ein frömdez pfert.
im gênt diu ougen umbe als einem affen,
er ist als ein guggaldei geschaffen.
den selben Atzen gebent mir her: sô bin ich wol gewert.'
nû krümbe dîn bein, rît selbe har hein, sit du Atzen hâst gegert.

---

26. ze arn die löschent *C*.
31=289 [307] *C*. 34. nam ist *auch C* (!).
3=290 [308] *C*.
*11=30 *C*. 14. lihe *C*. 17. weder rittest *C*. 18. alder *C*

Owê daz wîsheit unde jugent,
des mannes schœne noch sîn tugent,
niht erben sol, sô ie der lîp erstirbet!
daz mac wol klagen ein wîser man,
der sich des schaden versinnen kan,
Reimâr, waz guoter kunst an dir verdirbet.
dû solt von schulden iemer des geniezen,
daz dich des tages wolte nie verdriezen,
dun spræches ie den frowen wol ....
des sün si iemer danken dîner zungen.
hetst anders niht wan eine rede gesungen,
'sô wol dir, wîp, wie reine ein nam!', dû hetest alsô gestriten
an ir lop daz elliu wîp dir gnâden solten biten.

Dêswâr, Reimâr, dû riuwes mich
michels harter danne ich dich,
ob dû lebtes und ich wær erstorben.
ich wilz bî mînen triuwen sagen,
dich selben wolt ich lützel klagen:
ich klage dîn edelen kunst, daz sist verdorben.
dû kundest al der werlte fröide mêren,
sô duz ze guoten dingen woltes kêren.
mich riuwet dîn wol redender munt und dîn vil süezer sanc,
daz die verdorben sint bî mînen zîten.
daz dû niht eine wîle mohtest bîten!
sô leiste ich dir geselleschaft: mîn singen ist niht lanc.
dîn sêle müeze wol gevarn, und habe dîn zunge danc.

Swâ der hôhe nider gât
und ouch der nider an hôhen rât
gezucket wirt, dâ ist der hof verirret.
wie sol ein unbescheiden man
bescheiden des er niht enkan?
sol er mir büezen des mir niht enwirret?

24=22 *a.* 31. nie wolti vir driessin *a.* 34. und hettist andirs niht won *a.* 35. ein] din *a. den nämlichen fehler hat C in Reinmars liede selbst (MF.* 165, 28), *aber ABE das richtige.* du hettest an ir lob alse gistritin. daz ellu wib dir iemir ginadin soltin bittin *a.*

1=31 *C,* 23 *a.* 2. michel *a.* 5. wil ich *a.* 6. edel *a.* 7. alle *a.* 8. woltust *und* 11. mochtust *a.* 10. daz der verdorben ist *a.* 13. gewarn *a. Nach dieser strophe sind in a neun unbeschriebene zeilen für eine dritte desselben tons.*

14=32 *C.* 16. dâ] das *C.*

wes stênt die hôhen vor den kemenâten?
sô suln die nidern umb daz rîche râten.
swâ den gebrichet an der kunst, seht, dâ tuont si niht mê
wan daz siz umbe werfent an ein triegen:
daz lêrent si die fürsten, unde liegen.
die selben brechent uns diu reht und stœrent unser ê.
nû sehent wie diu krône lige und wie diu kirche stê.

Ich muoz verdienen swachen haz:
ich wil die hêrren lêren daz,
wies iegeslîchen rât wol mügen erkennen.
der guoten ræte der sint drî:
drî ander bœse stênt dâ bî
zer linggen hant. lât iu die sehse nennen.
frum unde gotes hulde und weltlich êre,
daz sint die guoten: wol im der si lêre!
den möht ein keiser nemen wol an sînen hôhsten rât.
die andern heizent schade sünde und schande.
da erkennes bî der sie ê niht erkande.
wan hœret an der rede wol wiez umb daz herze stât.
daz anegenge ist selten guot, daz bœsez ende hât.

Drî sorge habe ich mir genomen:
möht ich der einer zende komen,
sô wære wol getân ze mînen dingen.
iedoch swaz mir dâ von geschiht,
in scheid ir von ein ander niht:
mir mag an allen drin noch wol gelingen.
gotes hulde und mîner frowen minne,
dar umbe sorge ich, wie ich die gewinne:
daz dritte hât sich mîn erwert unrehte manegen tac.
daz ist der wünneclîche hof ze Wiene:
in hirme niemer unz ich den verdiene,
sît er sô maneger tugende mit sô stæter triuwe pflac.
man sach Liupoltes hant dâ geben, daz si des niht erschrac.

Si frâgent mich vil dicke, waz ich habe gesehen,
swenn ich von hove rîte, und waz dâ sî geschehen.

---

20. des stent *C.*
27=33 *C.* 28. lêren *ist zusatz von Bodmer.* 35. wol *fehlt C.*
37. da erkenne si bi ders ê *C.*
1=34 *C.* 3. wære *C* (!). 11. in gehirme *C.*
*14=35 *C.*

84,16 ich liuge ungerne, und wil der wârheit halber niht verjehen.
ze Nüerenberc was guot gerihte, daz sage ich ze mære.
umb ir milte frâget varndez volc: daz kan wol spehen.
die seiten mir, ir malhen schieden danne lære:
unser heimschen fürsten sîn sô hovebære,
daz Liupolt eine müeste geben, wan dêr ein gast dâ wære.

Ich drabe dâ her vil rehte drîer slahte sanc,
den hôhen und den nidern und den mittelswanc,
daz mir die rederîche iegeslîche sagen danc.
wie könd ich der drîer eime nû ze dank gesingen?
der hôhe der ist mir ze starc, der nider gar ze kranc,
der mittel gar ze spæhe an disen twerhen dingen.
nû hilf mir, edelr küneges rât, da enzwischen dringen,
daz wir als ê ein ungehazzet liet zesamene bringen.

Von Rôme keiser hêre, ir hânt alsô getân
ze mînen dingen, daz ich iu muoz danken lân:
in kan iu selbe niht gedanken als ich willen hân.
ir hânt iuwer kerzen kündeclîchen mir gesendet.
diu hât unser hâr vil gar besenget an den brân,
unde hât ouch uns der ougen vil erblendet:
doch hânt si mir des wîzen alle vil gewendet.
sus mîn frum und iuwer êre ir schilhen hât geschendet.

85, 1 Von Kölne werder bischof, sint von schulden frô.
ir hânt dem rîche wol gedienet, und alsô
daz iuwer lop da enzwischen stîget unde sweibet hô.
sî iuwer werdekeit dekeinen bœsen zagen swære,
fürsten meister, daz sî iu als ein unnütze drô.
getriuwer küneges pflegære, ir sît hôher mære,
keisers êren trôst baz danne ie kanzelære,
drîer künege und einlif tûsent megde kamerære.

Swes leben ich lobe, des tôt den wil ich iemer klagen.
sô wê im der den werden fürsten habe erslagen

---

19. dannen *C.* 20. heimlichen fúrsten sint *C.* 21. wan das er ein *C.*
22=36 *C.* 29. als ê *Bodmer* (*proben s.* 270): alle *C.*
30=37 *C.* herre *C.* 31. úch *C.* 33. kerzen *C.* 34. vil *fehlt C.* 35. hant *C.*
1=38 *C.* 6. kúnig ist pflegere *C.*
9=39 *C.*

von Kölne! owê des daz in diu erde mac getragen!
ine kan im nâch sîner schulde keine marter vinden:
im wære alze senfte ein eichîn wit umb sînen kragen,
in wil sîn ouch niht brennen noch zerlíden noch schinden
noch mit dem rade zerbrechen noch ouch dar ûf binden:
ich warte allez ob diu helle in lebende welle slinden.

Swer an des edeln lantgrâven râte sî,
dur sîne hübscheit, er sî dienstman oder frî,
der mane in umb mîn lêren sô daz ich in spür dâ bî.
mîn junger hêrre ist milt erkant, man seit mir er sî stæte,
dar zuo wol gezogen: daz sint gelobter tugende drî:
ob er die vierden tugent willeclîchen tæte,
sô gienge er ebne und daz er selten missetræte;
wær unsûmic. sûmunge schât dem snit und schât der sæte.

Ich sach hie vor eteswenne den tac,
daz unser lop was gemein allen zungen.
swâ uns dehein lant iender nâhe lac,
daz gerte suone oder ez was betwungen.
rîcher got, wie wir nâch êren dô rungen!
dô rieten die alten, und tâten die jungen.
nû krumb die rihter sint, —
(diz bîspel ist ze merkenne blint)
swaz nû dâ von geschehe, meister, daz vint.

Frowe'n lât iuch niht verdriezen
mîner rede, ob si gefüege sî.
möhte ichs wider iuch geniezen,
sô wær ich den besten gerne bî.
wizzet daz ir schœne sît:
hât ir, als ich mich verwæne,
güete bî der wolgetæne,
waz danne an iu einer êren lît!

---

11. des *fehlt C.*
17=40 *C.* 22. tugende *C.*
*25=41 *C.*
*34=42 *C*, 78 *E*, Lutolt von Seven 7 *A* (*s. die anm.*). Frowen *A*, Frowe *C*, Frauwe ir *E*. 35. mine *E*. so si *A*. si *AC*, sin *E*. 1. mohte is *A*, möht ichs *C*, möht iz *E*. iht *nach* uch *A*. 2. den guoten *A*. 4. hatte ir danne *A*, hant ir *C*, habt ir *E*. 6. ú einer *C*, uch reiner *A*, ir einer *E*.

86, 7 'Ich wil iu ze redenne gunnen
(sprechent swaz ir welt), obe ich niht tobe.
daz hât ir mir an gewunnen
mit dem iuwern minneclîchen lobe.
ichn weiz obe ich schœne bin,
gerne hete ich wîbes güete.
lêrt mich wie ich die behüete:
schœner lîp entouc niht âne sin.'
Frowe, daz wil ich iuch lêren,
wie ein wîp der werlte leben sol.
guote liute sult ir êren,
minneclîch an sehen und grüezen wol:
eime sult ir iuwern lîp
geben für eigen, nement den sînen.
frowe, woltent ir den mînen,
den gæb ich umb ein sô schœne wîp.
'Beide schowen unde grüezen,
swaz ich mich dar an versûmet hân,
daz wil ich vil gerne büezen.
ir hânt hovelîch an mir getân:
tuont durch mînen willen mê,
sît niht wan mîn redegeselle.
in weiz nieman dem ich welle
nemen den lîp: ez tæte im lîhte wê.'
Frowe, lânt michz alsô wâgen:
ich bin dicke komen ûz grôzer nôt:
unde lânts iuch niht betrâgen:
stirbe ab ich, sô bin ich sanfte tôt.
'hêrre, ich wil noch langer leben.

7=43 *C*, 79 *E*, Lut. 8 *A*. Ich muoz *E*. 8. Swaz ir wöllet frauwe ob ich niht tobe *E*. 9. hat *A*, hant *C*, habt *E*. an mir *A*. 10. dem úwerm *C*, dem ürem *E*. minniklichem *CE*. 13. leret *E*, lerent *AC*. 14. reiner *A*. entoug *AE*, der toug *C*.

15=44 *C*, 80 *E*, Lut. 9 *A*. das *CE*, so *A*. iu *CE*. 16. der *C*, zer *AE*. 18. grüezen *fehlt E*. 19. einer *E*. 20. nement *A*, umb *C*. zuo eigene geben und nemen den sinen *E*. 21. owe frauwe wölt ir minen *E*.

23=45 *C*, 81 *E*. Beide an schouwen und an gruessen *C*. 24. swaz *E*, swa *C*. versümet *E*. 26. ir habt vil wol an mir getan *E*. 27 *fehlt E*. 28. sit min guot rede geselle *E*. 29. nieman weiz ich deme *E*. 30. neme *E*.

31=46 *C*, 82 *E*. lant mich es also *C*, daz wil ich so *E*. 32. in grozze not *E*. 33. des ensol mich nit betragen *E*.

86,36 lihte ist iu der lîp unmære:
waz bedorfte ich solher swære,
solt ich mînen lîp umb iuwern geben?'

87, 1 Nieman kan mit gerten
kindes zuht beherten:
den man zêren bringen mac,
dem ist ein wort als ein slac.
dem ist ein wort als ein slac,
den man zêren bringen mac:
kindes zuht beherten
nieman kan mit gerten.
Hüetent iuwer zungen:
daz zimt wol dien jungen.
stôz den rigel für die tür,
lâ kein bœse wort dar für.
lâ kein bœse wort dar für,
stôz den rigel für die tür:
daz zimt wol dien jungen.
hüetent iuwer zungen.
Hüetent iuwer ougen
offenbâr und tougen,
lânt si guote site spehen
und die bœsen übersehen.
und die bœsen übersehen
lânt si, guote site spehen
offenbâr und tougen:
hüetent iuwer ougen.
Hüetent iuwer ôren,
oder ir sint tôren.
lânt ir bœsiu wort dar in,
daz gunêret iu den sin.
daz gunêret iu den sin,
lânt ir bœsiu wort dar in,
oder ir sint tôren.
hüetent iuwer ôren.

36. daz leben *E*. 37. was bedürfet ir *E*.
*1=47 *C*, *nr.* 40 α (*nur z.* 1—4). mach α. 2. erherten α.
3. wer sich seluer priemēn mach α. 3. 6. zeron *C*. 7. 8. *die worte* kindes zuht *und* nieman kan *vertauscht C*.
9=48 *C*. úwerre *C*. 12. 13. la dekein *C*.
17=49 *C*. 17. 25. 32. úwere *C*. 24 *fehlt C*.
25=51 *C*. 31. alder *C*.

87,33 Hüetent wol der drîer
leider alze frîer.
zungen ougen ôren sint
dicke schalchaft, zêren blint.
dicke schalchaft, zêren blint,
zungen ougen ôren sint.
leider alze frîer
hüetent wol der drîer.

88, 1 Nieman ritter wesen mac
drîzec jâr und einen tac,
im gebreste muotes,
lîbes, alder guotes.
lîbes, alder guotes
im gebreste muotes
drîzec jâr und einen tac
nieman ritter wesen mac.

Friwentlîchen lac
ein rîter vil gemeit
an einer frowen arme.
er kôs den morgen lieht,
do er in dur diu wolken
sô verre schînen sach.
diu frowe in leide sprach
'wê geschehe dir, tac,
daz dû mich lâst bî liebe
langer blîben nieht.
daz si dâ heizent minne,
deis niewan senede leit.'
'Friwendinne mîn,
dû solt dîn trûren lân.
ich wil mich von dir scheiden:
daz ist uns beiden guot.
ez hât der morgensterne

33=50 *C.*

1=52 *C.* 3. *s. die anm.*

*9=31 *A*, 53 *C*, *fast ohne verschiedenheiten und mit sinnwidriger versetzung der fünften und sechsten strophe.* Friuntlichen *A*, Frúntliche *C.* 11. arn *C.* 13. die *A.* 14. so *fehlt C.* 16. Owe, *das* O *roth*, *A.* 18. beliben *C.* niet *AC.* 20. deis] dc *A*, das ist *C.*

21=32 *A*, 54 *C.* Frúndinne *AC.* 22. trúren *A.*

gemachet hinne lieht.'
'mîn friunt, nû tuo des nieht.
lâ die rede sîn,
daz dû mir iht sô sêre
beswærest mînen muot.
war gâhest alsô balde?
ez ist niht wol getân.'
'Frowe mîn, nû sich,
ich wil belîben baz.
nû rede in kurzen zîten
allez daz dû wil,
daz wir unser huote
triegen aber als ê.'
'mîn friunt, daz tuot mir wê,
ê bî dir aber ich
gelige. mîner swære
derst leider alze vil.
nû mît mich niht ze lange:
vil liep ist mir daz.'
'Daz muoz alsô geschehen
daz ich es niene mac,
sol ich dich, frowe, mîden
eines tages lanc:
sô enkumt mîn herze
doch niemer von dir.'
'mîn friunt, nû volge mir.
dû solt mich schiere sehen,
ob dû mir sîst mit triuwen
stæte sunder wanc.
owê der ougenweide!
nû kius ich den tac.'
'Waz helfent bluomen rôt,
sît ich nû hinnen sol?
vil liebiu friundinne,
die sint unmære mir,
reht als den vogellînen

---

26. hie inne gemachet lieht *C*.
33=33 *A*, 55 *C*. mîn *fehlt AC*. sich *fehlt A*. 36. daz *fehlt A*. wilt *A*. 2. 3. e ich dir aber bi gelige *A*, e'' ich'. dir'' aber bi gelige *C*. 4. der ist *AC*. 5. ze *fehlt C*.
7=34 *A*, 56 *C*. 8. ez niene *A*, es niene *C*. 11. io enkumet *A*. 12. niemir *A*. 16. stæte *fehlt A*.
19=36 *A*, 58 *C*. 23. rehte alse *A*. dien vogeln *C*.

die winterkalten tage.'
'friunt, dêst ouch mîn klage
und mir ein wernde nôt.
jon weiz ich niht ein ende,
wie lange ich dîn enbir.
nû lige eht eine wîle:
son tæt dû nie sô wol.'
'Frouwe, ez ist zît:
gebiut mir, lâ mich varn.
jâ tuon ichs dur dîn êre,
daz ich von hinnen ger.
der wahtære diu tageliet
sô lûte erhaben hât.'
'friunt, wie wirt es rât?
dâ lâze ich dir den strît.
owê des urloubes,
des ich dich hinnen wer!
von dem ich habe die sêle,
der müeze dich bewarn.'
Der rîter dannen schiet:
dô sente sich sîn lîp,
und liez ouch sêre weinde
die schœnen frowen guot.
doch galt er ir mit triuwen
dazs ime vil nâhe lac.
si sprach 'swer ie gepflac
ze singen tageliet
mir, der wil wider morgen
beswæren mînen muot.
nû lige ich liebes âne
reht als ein senede wîp.'

Ane liep sô manic leit,
wer möhte daz erlîden iemer mê?
wær ez niht unhövescheit,
sô wolt ich schrîen 'sê, gelücke, sê!'
gelücke daz enhœret niht

---

28. dîn] bin *A*. 30. so engetete du *A*, son getet du *C*. 31=35 *A*, 57 *C*. 33. io *A*. 34. von hinne *A*. 35. wahter *AC*. 36. lûte *A*. 37. frúndin wie wart (*in* wirt *gebessert*) *A*, frúnden wie wirt *C*. 38. daz laz *A*. 40. dir hinnan *C*.
3=37 *A*, 59 *C*. 4. senede *A*. 5. weinende *C*. 8. dc ime *A*, das im *C*. 10. ze singenne *C*. 13. ich *auch in* *C*(!). eine *A*. *15=60 *C*. 16. we wer *C*.

und selten ieman gerne siht,
swer triuwe hât.
ist ez alsô, wie sol mîn [danne] iemer werden rât?
 Wê wie jâmerlich gewin
tegelich vor mînen ougen vert!
daz ich sô gar ertôret bin
mit mîner zuht, und mir daz nieman wert!
mit den getriuwen alten siten
ist man nû zer welte versniten.
êr unde guot
hât nû lützel ieman wan der übel tuot.
 Daz die man als übel tuont,
dast gar der wîbe schult: dêst leider sô.
hie vor, do ir muot ûf êre stuont,
dô was diu welt ûf ir genâde frô.
hei wie wol man in dô sprach,
dô man die fuoge an in gesach!
nû siht man wol
daz man ir minne mit unfuoge erwerben sol.
 Lât mich zuo den frowen gân:
sô ist daz mîn aller meiste klage,
so ich ie mêre zühte hân,
so ich ie minre werdekeit bejage.
si swachent wol gezogenen lîp;
ezn sî ein wol bescheiden wîp:
der meine ich niht:
diu schamt sich des, swâ iemer wîbes scham geschiht.
 Reiniu wîp und guote man,
swaz der lebe, die müezen sælic sîn.
swaz ich den gedienen kan,
daz tuon ich, daz sie gedenken mîn.
hie mite sô künd ich in daz:
diu werlt enstê dan schiere baz,
sô wil ich leben
sô ich beste mac und mînen sanc ûf geben.

23=61 *C*, 1 *G* (*von z.* 24 *an*). 24. *mit* taegeleichen vert *beginnt G*, vor meinen ougen *hat also vorangestanden.* 25. so gar *C*, sust *G*. 26. mit *C*, an *G*. 28. zu der werld nu *G*. 29. ere *G*. 30. nû *fehlt G*.
31=62 *C*, 2 *G*. 32. daz ist — daz ist also *G*. 33. hie vor *fehlt G*. da *G*. ir *fehlt auch in C nicht* (!). 34. da *G*. gnade *G*. 36 sach *G*. 38. hulde mit ungefueg *G*.
1=63 *C*, 3 *G*. frowen *C*, vreuden *G*. 2. daz selb ist mein maiste *G*. 4. minner *G*. 5. gezogen *G*. 6—8. ist si ein wol gemachet weip. we daz siz tunt wi sint si so gedigen. an den diu ere stunt *G*.
9=64 *C*. in *G* (4) *folgt ohne lücke s.* 49, 25.

91,17 Junger man, wis hôhes muotes
dur diu reinen wol gemuoten wîp,
frôwe dich lîbes unde guotes,
unde wirde dînen jungen lîp:
ganzer fröide hâst dû niht,
sô man die werdekeit von wîbe an dir niht siht.
Er hât rehter frôide kleine,
der si von guoten wîben niht ennimt,
offenbâre, stille, und eine,
und als ez der mâze danne zimt.
dar an gedenke, junger man,
und wirp nâch herzeliebe: dâ gewinnest an.
Ob dus danne niht erwirbest,
dû muost doch iemer deste tiurre sîn.
dazt an fröiden niht verdirbest,
daz kumt allez von der frowen dîn.
dû wirst alsô wol gemuot,
daz dû den andern wol behagest, swie si dir tuot.
Ist aber daz dir wol gelinget,
sô daz ein guot wîp dîn genâde hât,
hei waz dir danne fröiden bringet,
sô si sunder wer vor dir gestât,
92,1 halsen, triuten, bî gelegen.
von solher herzeliebe muost dû fröiden pflegen.
Sich, nû hab ich dich gelêret
des ich selbe leider nie gepflac.
ungelücke mir verkêret
daz ein sælic man volenden mac.
doch tuot mir der gedinge wol
der wîle, den ich hân, deichz noch erwerben sol.

Ein niuwer sumer, ein niuwe zît,
ein guot gedinge, ein lieber wân,
diu liebent mir en widerstrît,
daz ich noch trôst ze fröiden hân.

---

*17=65 *C.* 19. liebes *bei Bodmer ist druckfehler.*
23=66 *C.* 25. offenbar *C.*
29=67 *C.*
35=68 *C.* 2. von so rehter *C.*
3=69 *C.* 4. selber *C.* 8. der wîle] und der wille *C.*
*9=70 *C.* 10. ein herzelieber wan *C.*

92,13 noch fröwet mich ein anderz baz
dan aller vogellîne sanc:
swâ man noch wîbes güete maz,
dâ wart ir ie der habedanc.
daz meine ich an die frowen mîn:
dâ muoz noch mêre trôstes sîn.
sist schœner danne ein schœne wîp:
die schœne machet lieber lîp.
Ich weiz wol daz diu liebe mac
ein schœne wîp gemachen wol:
iedoch swelch wîp ie tugende pflac,
daz ist diu der man wünschen sol.
diu liebe stêt der schœne bî
baz danne gesteine dem golde tuot:
nû jehent waz danne bezzer sî,
hânt dise beide rehten muot.
si hœhent mannes werdekeit:
swer ouch die süezen arebeit
dur si ze rehte kan getragen,
der mac von herzeliebe sagen.
Der blic gefröwet ein herze gar,
den minneclîch ein wîp an siht:
wie welt ir danne daz der var,
dem ander liep von ir geschiht?
der ist eht manger fröiden rîch,
sô jenes fröide gar zergât.
93,1 waz ist den fröiden ouch gelîch,
dâ liebez herze in triuwen stât,
in schœne, in kiusche, in reinen siten?
swelch sælic man daz hât erstriten,
ob er daz vor den frömden lobet,
sô wizzent daz er niht entobet.
Waz sol ein man der niht engert
gewerbes umb ein reine wîp?

---

14. vogellinen *C.* 19. si ist noch schœner *C.* 21=71 *C.* 27. jehet *C.* 28. disú *C.* 30. erbeit *C.* 33=72 [71] *C.* 36. von in beschiht *C.* *Bodmer änderte sprachwidrig* von im. *für* beschehen *setze ich immer* geschehen: *hier hat es auch schon Bodmer. doch steht in Sunburgs liede hinter dem sangall. Wilh. v. Or.* hohiv werdecheit beschiht.

7=73 [72] *C*, 1 *i*, 81[4] *s.* 8. zuo werben *s.* reines *i.*

93, si lâze in iemer ungewert,
ez tiuret doch wol sînen lîp.
er tuo dur einer willen sô
daz er den andern wol behage:
sô tuot in ouch diu eine frô,
ob im diu ander gar versage.
dar an gedenke ein sælic man:
dâ lît vil sælde und êren an.
swer guotes wîbes minne hât,
der schamt sich aller missetât.

Waz hât diu welt ze gebenne
liebers danne ein wîp,
daz ein sende herze baz gefröwen müge?
waz stiuret baz ze lebenne
danne ir werder lîp?
in weiz niht daz ze fröiden hôher tüge,
swenne ein wîp von herzen meinet
den der ir wol lebt ze lobe.
dâ ist ganzer trôst mit fröiden underleinet:
disen dingen hât diu welt niht dinges obe.
Mîn frowe ist zwir beslozzen,
der ich liebe trage,
dort verklûset, hie verhêret dâ ich bin.
des einen hât verdrozzen
mich nû manege tage:
sô gît mir daz ander senelîchen sin.
solt ich pflegen der zweier slüzzel huote,
dort ir lîbes, hie ir tugent,
disiu wirtschaft næme mich ûz sendem muote,
und næm iemer von ir schœne niuwe jugent.

---

9. was denne lot siu in iemer *i*. ym *s*. 10. er tuoryt dan noch sinen lyp *s*, dannoch zieret siu sinen lip *i*. 11. tuo *s*, tuege *i*, tuot *C*. durch die eine so *i*. 12. der ander *s*. behaget *C*. 13. der eynre mach ym wal machen vro *s*, lihte machet in ein ander vro *i*. 14. der ander *s*, die eine *i*. gar versaget *C*, weder zaghe *s*. 15—18=41⁴ (²) *s*. 15. des troeste sich *ss*². ein ieclich *i*. 16. vil tugende *i*, dûegden *s*², vyl tuocht *s*. 17. welch (wech *s*) man *ss*². reiner wibe *i*, eyns reynes wibes *ss*².

*19=74 [73] *C*.

29=75 [74] *C*. 31. verherret *C*.

94, Wænet huote scheiden
von der lieben mich,
die ich mit stæten triuwen her gemeinet hân?
solhe liebe leiden,
des verzîhe sich:
ich diene iemer ûf den minneclîchen wân.
mac diu huote mich ir lîbes pfenden,
dâ habe ich ein trœsten bî:
sin kan niemer von ir liebe mich gewenden.
twinget si daz eine, so ist daz ander frî.

Dô der sumer komen was
und die bluomen dur daz gras
wünneclîchen sprungen,
aldâ die vogele sungen,
dar kom ich gegangen
an einen anger langen,
dâ ein lûter brunne entspranc:
vor dem walde was sîn ganc,
dâ diu nahtegale sanc.
Bî dem brunnen stuont ein boum:
dâ gesach ich einen troum.
ich was von der sunnen
gegangen zuo dem brunnen,
daz diu linde mære
den küelen schaten bære.
bî dem brunnen ich gesaz,
mîner swære ich gar vergaz,
schier entslief ich umbe daz.
Dô bedûhte mich zehant
wie mir dienten elliu lant,

1=76 [75] *C*.
*11=139 *A*, 77 [76] *C*, 7 U^x. 13. wunneclich entsprungen *C*, minnichlichen drungen *U*. 14. alda *AU*, und *C*. 15. do *CU*. 16. uf *C*, durch *U*. 17. kueler *C*. spranc *U*. 18. dur den anger *C*. 19. nahtegal wol sanc *C*.
20=140 *A*, 78 [77] *C*, 8 U^x. uf dem anger *C*. boun *C*. 21. da getrounde mir ein troun *C*. 22. 23. ich was von sunnen untwichen zu dem brunnen *U*, ich was zuo dem brunnen gegangen von der sunnen *C*, do kom ich von der sunnen gegangen zuo dem brunnen *A*. 25. den kuelen *A*, mir kulen *U*, mir da *C*. 26. do ich da gesessen was *C*. 27. sorge *C*, sorgen *U*. gar *fehlt U*. 28. vil schiere *C*. ich *fehlt A*.
29=141 *A*, 79 [78] *C*, 9 U^x. Da *A*. 30. allú lanc *A*.

wie mîn sêle wære
ze himel âne swære,
und wie der lîp solte
gebâren swie er wolte.
dâne was mir niht ze wê.
got der waldes, swiez ergê:
schœner troum enwart nie mê.
  Gerne slief ich iemer dâ,
wan ein unsæligiu krâ
diu begonde schrîen.
daz alle krâ gedîen
als ich in des günne!
si nam mir michel wünne.
von ir schrîenne ich erschrac:
wan daz dâ niht steines lac,
sô wær ez ir suonestac.
  Wan ein wunderaltez wîp
diu getrôste mir den lîp.
die begond ich eiden:
nû hât si mir bescheiden
waz der troum bediute.
daz hœret, lieben liute.
zwên und einer daz sint drî:
dannoch seit si mir dâ bî
daz mîn dûme ein vinger sî.

Waz ich doch gegen der schœnen zît
gedinges unde wânes hân verlorn!

---

31. und wie *C*. 33. Unt er lip *U*. wie *A*, doch *C*. 34. gebaren *AU*, hie leben *C*. 35. da *C*, do ne *U*. mirz *U*. niht ze we *AU*, sanfte und niender we *C*. 36. got gewaldes wiez erge *U*, got bescheide es wie es erge *C*. 37. wan besser troun *C*.
38=142 *A*, 80 [79] *C*, 10 U^{x}. wer ich *C*. 39. ein vil unselic *C*. 1. erschrien *C*. 2. kran *U*. 4. si nam *AU*, si benam mir *C*. gute wunne *U*. 5. sch^{e}ien *AU*. ir erschrac *A*. 6. da kein stein enlac *C*. 7. es wer gewesen ir endes tac *C*. suontac *A*.
8=143 *A*, 81 [80] *C*, 11 U^{x}. Ein vil wunder (wundren *U*) *CU*. 9. Hat getrostet *U*. 11. do begunde si mir bescheiden *C*. 12. troun *C*. bediute *U*, beduhte *A*, betúte *C*. 13. das merkent wise lúte *C*, daz merken gute liute *U*. 14. zwe *U*. d^{a} *aus radiertem* daz *U*. 15. dannoc seite *A*, dan noch sagt *U*, ouch so seite *C*. 16. ein *AU*, min *C*.
*17=82 [81] *C*.

swaz kumbers an dem winter lît,
den wânde ich ie des sumers hân verborn.
sus sazte ich allez bezzerunge für:
swie vil ich trôstes ie verlür,
sô hât ich doch ze fröiden wân.
dar under misselanc mir ie:
in vant sô stæte fröide nie,
si wolte mich ê ich si lân.
  Muoz ich nû sîn nâch wâne frô,
son heize ich niht ze rehte ein sælic man.
dem ez sîn sælde füeget sô
daz im sîn herzeliep wol guotes gan,
hât ouch der selbe fröiderîchen sin,
des ich vil leider âne bin,
son spotte er niht dar umbe mîn,
ob im sîn liep iht liebes tuot:
ich wære ouch gerne hôhgemuot,
möht ez mit liebes hulden sîn.
  Er sælic man, si sælic wîp,
der herze ein ander sint mit triuwen bî!
ich wil daz daz ir beider lîp
getiuret und in hôher wirde sî.
vil sælic sîn ir jâr und al ir zît.
er ist ouch sælic sunder strît,
der nimt ir tugende rehte war,
sô daz ez in sîn herze gêt.
ein sælic wîp, diu sich verstêt,
diu sende ouch guoten willen dar.
  Sich wænet maneger wol begên
sô daz er guoten wîben niht enlebe:
der tôre kan sich niht verstên
waz ez fröide und ganzer wirde gebe.
dem lîht gemuoten dem ist iemer wol
mit lîhten dingen, als ez sol:

---

20. verborn *auch in* C(!). 21. saste C.
27=83 [82] C, 21 *a*. Muez ich nach wane wezin vro *a*. 28. so bin ich niht von *a*. 29. Obe sich ens dinc gi fugit so *a*. 31. vroidin sin *a*. 32. Ob ich in leide trurich bin *a*. 33. so spot er *a*. 35. wol gi muet *a*. 36. mit C, in *a*. *Für eine der übrigen strophen dieses tones sind in a nach dieser zehn zeilen leer gelassen.*
37=84 [89] C.
9=85 [90] C. 16. der gediene C.

swer wirde und frôide erwerben wil,
der diene guotes wîbes gruoz.
swen si mit willen grüezen muoz,
der hât mit frôiden wirde vil.
Jâ hêrre, wes gedenket der
dem ungedienet ie vil wol gelanc?
ez sî ein sie, ez sî ein er,
swer alsô minnen kan, der habe undanc,
und dâ bî guoten dienest übersiht.
ein sælic wîp diu tuot des niht:
diu merket guotes mannes site:
dâ scheidet si die bœsen von.
sô ist ein tumbiu sô gewon
daz ir ein tumber volget mite.

Stæt ist ein angest und ein nôt:
in weiz niht ob si êre sî:
si gît michel ungemach.
sît daz diu liebe mir gebôt
daz ich stæte wære bî,
waz mir leides sît geschach!
lât mich ledic, liebe mîn frô Stæte.
wan ob ich sis iemer bæte,
sô ist si stæter vil dann ich.
ich muoz von mîner stæte sîn verlorn,
diu liebe en underwinde ir sich.
Wer sol dem des wizzen danc,
dem von stæte liep geschiht,
nimt der stæte gerne war?
dem an stæte nie gelanc,
ob man den in stæte siht,
seht, des stæte ist lûter gar.
alsô habe ich stæte her gerungen:
nochn ist mir leider niht gelungen.
daz wende, sælic frowe mîn,
daz ich der valschen ungetriuwen spot
von mîner stæte iht müeze sîn.

19=86 [91] *C*. 26. bœsen] guoten *C*.
*29=87 [92] *C*.
1=88 [93] *C*.

Het ich niht mîner fröiden teil
an dich, herzeliep, geleit,
sô möht es wol werden rât:
sît nû mîn fröide und al mîn heil,
dar zuo al mîn werdekeit,
niht wan an dir einer stât,
solt ich dan mîn herze von dir scheidon,
sô müest ich mir selben leiden:
daz wære mir niht guot getân.
doch solt dû gedenken, sælic wîp,
daz ich nû lange kumber hân.

Frowe, ich weiz wol dînen muot:
daz dû gerne stæte bist,
daz hab ich befunden wol.
jâ hât dich vil wol behuot
der vil reine wîbes list
der guotiu wîp behüeten sol.
alsus fröit mich dîn sælde und ouch dîn êre,
und enhân niht fröide mêre.
nû sprich, bin ich dar an gewert?
dû solt mich des geniezen lân,
daz ich sô rehte hân gegert.

Ez wær uns allen
einer hande sælden nôt,
daz man rehter fröide schône pflæge als ê.
ein missevallen
daz ist mîner fröiden tôt,
daz dien jungen fröide tuot sô rehte wê.
war zuo sol ir junger lîp,
dâ mit si fröide solten minnen?
hei wolten si ze fröiden sinnen!
junge man, des hulfen iu diu wîp.

Nû bin ich iedoch
frô und muoz bî fröiden sîn
durch die lieben, swiez dar under mir ergât.
mîn schîn ist hie noch:

12=89 [94] *C.* 16. al *fehlt* *C.* 17. dir eine *C.*
23=90 [95] *C.*
*34=91 [96] *C.* 5. iu] noh *C.*
6=92 [97] *C.* ê doch *C.*

98,10 sô ist ir daz herze mîn
bî, daz man mich ofte sinnelôsen hât.
hei solten si zesamene komen,
mîn lîp, mîn herze, ir beider sinne!
daz si des wol wurden inne,
die mir dicke frôide hânt benomen.
Vor den merkæren
kan nû nieman liep geschehen:
wan ir huote twinget manegen werden lîp.
daz muoz beswæren
mich: swenn ich si solte sehen,
sô muoz ich si mîden, si vil sælic wîp.
doch müeze ich noch die zît geleben,
daz ich si willic eine vinde,
sô daz diu huote uns beiden swinde;
dâ mite mir wurde liebes vil gegeben.
Vil meneger frâget
mich der lieben, wer si sî,
der ich diene und allez her gedienet hân.
sô des betrâget
mich, sô spriche ich 'ir sint drî,
den ich diene: sô hab ich zer vierden wân.'
doch weiz siz alleine wol,
diu mich hât sus zuo zir geteilet.
diu guote wundet unde heilet,
der ich vor in allen dienen sol.
Nû, frowe Minne,
kum si minneclîchen an,
diu mich twinget und alsô betwungen hât.
brinc si des inne,
daz werdiu minne twingen kan.
99,1 waz ob minneclîchiu liebe ouch sie bestât?
sô möhtes ouch gelouben mir
daz ich si gar von herzen meine.
nû, Minne, bewære irz und bescheine;
daz ich iemer gerne diene dir.

---

10. 11. bi *vor* ir *C.* 12. hei] hie *C.*
16=93 [98] *C.* 17. niemanne *C.* 25. wurde mir *C.*
26=94 [99] *C.* 31. dien ich diene *C.* *sonst habe ich* dien *wohl gelassen in strophen die nur C hat.*
36=95 [100] *C.*

99, 6 Sumer unde winter beide sint
guotes mannes trôst, der trôstes gert:
er ist rehter frôide gar ein kint,
der ir niht von wîbe wirt gewert.
dâ von sol man wizzen daz,
daz man elliu wîp sol êren,
und iedoch die besten baz.
Sît daz nieman âne frôide touc,
sô wolte ouch ich vil gerne frôide hân
von der mir mîn herze nie gelouc,
ezn sagte mir ir güete ie sunder wân.
swenn ez diu ougen sante dar,
seht, sô brâhtens im diu mære,
daz ez fuor in sprüngen gar.
In weiz niht wol wiez dar umbe sî:
sin gesach mîn ouge lange nie:
sint ir mînes herzen ougen bî,
sô daz ich ân ougen sihe sie?
da ist doch ein wunder an geschehen:
wer gap im daz sunder ougen,
daz ez si zaller zît mac sehen?
Welt ir wizzen waz diu ougen sîn,
dâ mit ich si sihe dur elliu lant?
ez sint die gedanke des herzen mîn:
dâ mite sihe ich dur müre und ouch dur want.
nû hüeten swie si dunke guot:
sô sehent si doch mit vollen ougen
herze wille und al der muot.
Wirde ich iemer ein sô sælic man,
daz si mich ân ougen sehen sol?
siht si mich in ir gedanken an,
sô vergiltet si mir mîne wol.
mînen willen gelte mir,
100, 1 sende mir ir guoten willen:
mînen den habe iemer ir.

---

*6=96 [101] *C.*
13=97 [102] *C.*
20=98 [103] *C.*
27=99 [104] *C.* 29. die gedenke *C.*
34=100 [105] *C.*

100, 3 Ich gesprach ie wol von guoten wîben,
was mir leit, ich wurde frô.
sende sorge konde ich nie vertrîben
minneclîcher danne alsô.
wol mich, daz ich in hôhen muot
mit mînem lobe gemachen kan,
und mir daz sanfte tuot!
Owê wolte ein sælic wîp alleine,
sô getrûrte ich niemer tac,
der ich diene, und hilfet mich vil kleine
swaz ich sie geloben mac.
daz ist ir lieb und tuot ir wol:
ab si vergizzet iemer mîn,
sô man mir danken sol.
Frömdiu wîp diu dankent mir vil schône.
dazs iemer sælic müezen sîn!
daz ist wider mîner frowen lône
mir ein kleinez denkelîn.
si hab den willen den si habe,
mîn wille ist guot, und klage diu werc,
gêt mir an den iht abe.

Frô Welt, dû solt dem wirte sagen
daz ich im gar vergolten habe:
mîn græste gülte ist abe geslagen;
daz er mich von dem brieve schabe.
swer ime iht sol, der mac wol sorgen.
ê ich im lange schuldic wære, ich wolt ê zeinem juden borgen.
er swîget unz an einen tac:
sô wil er danne ein wette hân,
sô jener niht vergelten mac.
'Walther, dû zürnest âne nôt:
dû solt bî mir belîben hie.

---

*3=101 [106] *C.* ie *Bodmer*: nie *C.* 7. hohem *C.*
10=102 [107] *C.*
17=103 [108] *C.*
*24=133 *A*, 105 [110] *C*, 7 *w*[x]. ir sult *ACw.* 26. min grozer gelt ist abe geschlagen *A*, min groze ge: *damit endet w.* 29. ê ich des leides wolte pflegen. ich solte ê zeimem iuden borgen *A.* es zeinem *C.* 30. der swiget iemer unz *A.* 31. so heizet er danne ein wette geben *A.* 32. alse *A.* ienr *C.*
33=106 [111] *C.*

100, 35 gedenke waz ich dir êren bôt,
waz ich dir dînes willen lie,
als dû mich dicke sêre bæte.
101, 1 mir was vil inneclîche leit daz dû daz ie sô selten tæte.
bedenke dich: dîn leben ist guot:
sô dû mir rehte widersagest,
sô wirst dû niemer wol gemuot.'
Frô Welt, ich hân ze vil gesogen:
ich wil entwonen, des ist zît.
dîn zart hât mich vil nâch betrogen,
wand er vil süezer fröiden gît.
do ich dich gesach reht under ougen,
dô was dîn schowen wunderlich . . . . al sunder lougen:
doch was der schanden alse vil,
dô ich dîn hinden wart gewar,
daz ich dich iemer schelten wil.
'Sît ich dich niht erwenden mac,
sô tuo doch ein dinc des ich ger:
gedenke an manegen liehten tac,
und sich doch underwîlent her
niuwan sô dich der zît betrâge.'
daz tæt ich wunderlîchen gerne, wan deich fürhte dîne lâge,
vor der sich nieman kan bewarn.
got gebe dir, frowe, guote naht:
ich wil ze herberge varn.

Selbwahsen kint, dû bist ze krump:
sît nieman dich gerihten mac
(dû bist dem besmen leider alze grôz,
den swerten alze kleine),
nû slâf unde habe gemach.
ich hân mich selben des ze tump,
daz ich dich ie sô hôhe wac
ich barc dîn ungefüege in friundes schôz,
mîn leit bant ich ze beine,
mînen rugge ich nâch dir brach.

---

1. leit das dus so *C.*
5=107 [112] *C.*
14=108 [113] *C.*
*23=109 [114] *C.*

4. son *C.*
21. gebe úch *C.*
31. din leit *C.*

101,33 nû sî dîn schuole meisterlôs an mîner stat: ich kan dir niht.
kan ez ein ander, deis mir liep, swaz liebes dir dâ von geschiht.
doch weiz ich wol, swâ sîn gewalt ein ende hât,
dâ stêt sîn kunst nâch sünden âne dach.

102,1 Diu minne lât sich nennen dâ
dar si doch niemer komen wil:
si ist den tôren in dem munde zam,
und in dem herzen wilde.
hüetet iuwer, guoten wîp.
vor kinden bergent iuwer jâ:
so enwirt ez niht ein kindes spil.
minn unde kintheit sint ein ander gram.
vil dicke in schœnem bilde
siht man leider valschen lîp.
ir sult ê spehen, war umbe, wie, wenn unde wâ reht, unde weme,
ir iuwer minneclîchez jâ sô teilet mite daz ez iu zeme.
sich, minne, sich, swer alsô spehe, der sî dîn kint,
sô wîp sô man: die andern dû vertrîp.

Ich was durch wunder ûz gevarn:
dô vant ich wunderlîchiu dinc.
ich vant die stüele leider lære stân,
dâ wîsheit adel und alter
gwaltcclîche sâzen ê.
hilf, frowe maget, hilf, megde barn,
den drin noch wider in den rinc,
lâ si niht lange ir sedeles irre gân.
ir kumber manicvalter
der tuot mir von herzen wê.
ez hât der tumbe rîche nû ir drîer stuol, ir drîer gruoz.
owê daz man dem einen an ir drîer stat nû nîgen muoz!
des hinket reht und trûret zuht und siechet schame.
diz ist mîn klage: noch klagte ich gerne mê.

---

33. stat in kan *C.* 34. deis] bas das ist *C.* 35. 36. din *C.* 36. âne dach] obe dach *C. s. J. Grimm, meistergesang s.* 97, bruder Wirner 41 *J.*

1=110 [115] *C*, 30 *a.* nemin *a.* 3. demme torin *a.* 5. huotin *a.* nu huetet ir úch reinen wib *C.* 6. torin *a.* 9. 10. man sihet dicke in schonin bilde falsin lip *a.* 11. wie *und* wa *vertauscht a.* 12. ia so *C*, lachen *a.* u zheme *a*, gezeme *C.* 13. swer *C*, der *a.* 14. so man so wib *C.* danderin *a.*

15=111 [116] *C.* 19. gewaltig *C.* 23. manigvalt *C.*

102,29 Mirst diu êre unmære,
dâ von ich ze jâre wurde unwert,
und ich klagende wære
'wê mir armen hiure! diz was vert.'
alsô hân ich mangen kranz verborn
und bluomen vil verkorn.
jô bræche ich rôsen wunder, wan der dorn.
Swer sich sô behaltet
daz im nieman niht gesprechen mac,
103,1 wünneclîche er altet,
im enwirret niht ein halber tac.
der ist frô, swenn er ze tanze gât,
swes herze ûf êre stât.
wê im, des sîn geselle unêre hât!
Wan sol iemer frâgen
von dem man, wiez umb sîn herze stê.
swen des wil betrâgen,
der enruochet wie diu zît zergê.
maneger schînet vor den frömden guot,
und hât doch valschen muot.
wol im ze hove, der heime rehte tuot!

Swâ guoter hande wurzen sint
in einem grüenen garten
bekliben, die sol ein wîser man
niht lâzen unbehuot.
er sol in spilen vor als ein kint
mit ougenweide zarten.
dâ lît gelust des herzen an,
und gît ouch hôhen muot.
sî bœse unkrût dar under,
daz breche er ûz besunder
(lât erz, daz ist ein wunder),
und merke ob sich ein dorn
mit kündekeit dar breite,
daz er den furder leite
von sîner arebeite:
sist anders gar verlorn.

---

*29=117 [122] *C.*
36=118 [123] *C.*
6=119 [124] *C.*
*13=120 [125] *C.*

Uns irret einer hande diet:
der uns die furder tæte,
sô möhte ein wol gezogener man
ze hove haben die stat.
die lâzent sîn ze spruche niet:
ir drüzzel derst sô dræte,
kund er swaz ieman guotes kan,
daz hulfe niht ein blat.
ich und ein ander tôre
wir dœnen in sîn ôre,
daz nie kein münch ze kôre
sô sêre mê geschrei.
gefüeges mannes dœnen
daz sol man wol beschœnen:
müet des mannes hœnen, —
hie gêt diu rede enzwei.

Mir hât hêr Gêrhart Atze ein pfert
erschozzen zîsenache.
daz klage ich dem den er bestât:
derst unser beider voget.
ez was wol drîer marke wert:
nû hœrent frömde sache,
sît daz ez an ein gelten gât,
wâ mit er mich nû zoget.
er seit von grôzer swære,
wie mîn pferit mære
dem rosse sippe wære,
daz im den vinger abe
gebizzen hât ze schanden.
ich swer mit beiden handen,
daz si sich niht erkanden.
ist ieman der mir stabe?

Man seit mir ie von Tegersê,
wie wol daz hûs mit êren stê:
dar kêrte ich mêr dan eine mîle von der strâze.

29=121 [126] *C*. 3. tœnen *C*.
7=122 [127] *C*. 16. pfert *C*.
*23=123 [128] *C*. 25. dar umbe kerte *C*.

ich bin ein wunderlîcher man,
daz ich mich selben niht enkan
verstân und mich sô vil an frömde liute lâze.
ich schiltes niht, wan got genâde uns beiden.
ich nam dâ wazzer:
alsô nazzer
muost ich von des münches tische scheiden.

Daz milter man gar wârhaft sî,
geschiht daz, dâ ist wunder bî.
der grôze wille der dâ ist,
wie mac der wesen verendet?
dêswâr dâ hœret witze zuo
und wachen gegen dem morgen fruo
und anders manec schœner list,
daz ez iht werde erwendet.
der alsô tuot,
der sol den muot
an ruowe selten kêren:
mit witzen sol erz allez wegen,
und lâze got der sælden pflegen.
sô sol man stegen
nâch lange wernden êren.

Nû sol der keiser hêre
fürbrechen dur sîn êre
des lantgrâven missetât.
wand er was doch zewâre
sîn vîent offenbâre:
die zagen truogen stillen rât:
si swuoren hie, si swuoren dort,
und pruoften ungetriuwen mort:
von Rôme fuor ir schelden.
ir dûf enmoht sich niht verheln,
si begonden under zwischen steln
und alle ein ander melden.

---

27. 28. niht entstan Und mich *C.* 29. schilte sin niht *C.*
*33=104 *A*, 365 [381] *C.* 1. werden *AC.* 8. růwe *AC.*
10. selde *C.* 11. langer *A.*
*13=108 *A*, 366 [382] *C.* 20. priẘeten *A.*

seht, diep stal diebe,
drô tet liebe.

Der Mîssenære solde
mir wandeln, ob er wolde.
mîn dienest lâz ich allez varn:
niewan mîn lop aleine,
deich in mit lobe iht meine,
daz kan ich schône wol bewarn.
lob ich in, sô lob er mich:
des andern alles des wil ich
in minneclîch erlâzen.
sîn lop daz muoz ouch mir gezemen,
ode ich wil mînz her wider nemen
ze hove und an der strâzen.
sô ist nû gnuoge
gewartet sîner fuoge.

Ich hân dem Mîssenære
gefüeget manec mære
baz danne er nû gedenke mîn.
waz sol diu rede beschœnet?
möht ich in hân gekrœnet,
diu krône wære hiute sîn.
het er mir dô gelônet baz,
ich dient im aber eteswaz:
noch kan ich schaden vertrîben.
er ist ab sô gefüege niht,
daz er mir biete wandels iht:
dâ lâzen wirz belîben.
waz vil verdirbet
des man niht enwirbet.

---

25. diepstal *zusammen A.* 26. dro *A*, dû *C.*
27=109 *A*, 367 [383] *C.* 28. ober wolte *A.* 29. minen dienst *AC.* 31. das in min lob *C.* deich *hat hier A: wo man diese form sonst finden wird, rührt sie von mir her, und die handschriften haben* daz ich. 35. erlazet *A.* 38. straze *AC.* 1. ist *A*, ich *C.* 2. gewarte *A*, warte *C.*
3=110 *A*, 368 [384] *C.* 12. so vuoge *A.* 13. iht] reht *AC.*

106,17 Der guote wîn wirt selten guot, wan in dem guoten vazze:
wirt daz bereit ze rehte wol, sô habet ez den wîn.
dar umbe wunder nieman, ob ich an dem künege hazze,
hât er ein herze als si dâ sagent, sol daz niht werden schîn.
im sint die reife alsô vertriben: er welle ræzer sîn,
so ist vaz und tranc ein wiht.
guot wîn mac ie sô lange ligen daz man in seiger siht.

Ez nam ein witiwe einen man hie vor in alten zîten.
dô kam vil ritter unde frowen dur ir liebe dar.
als dô der briutegome kan, des wart ein michel strîten,
wie si der briute bunden: des zerwurfen si sich gar.
ze jungest bants ir selber, daz ir niht dar an enwar.
hêr künec, nû sît gemant,
daz ir dekein gebende zam, wan dazs ir selber bant.

Der künec behielte küneges namen, dern in behalten hieze,
und lebte och swie sin hiezen leben, die in hânt in ir pfliht.
nu ist billich daz er des gein rehten liuten wol genieze:
wan sol im schulde und êre geben, dar mans dran gesiht.
werde ab er sîn selbes man, sô lône in anders niht
107,1 wan alse ir rât nû sî:
und swer in sælden roube, den mach er der êren frî.

Si jehent, daz bœser kom ie nâch. daz hât sich nû verkêret:
wan vindet nû daz man nie vant hie vor bî Karles zît.
sich hânt deshalp der lande reht ze hove wol gemêret:
ez was ê sleht alsam ein hant, nust drunder michel strît.
swâ man dem ungetriuwen man die triuwe wider gît,
da ist daz gerihte guot:
wan enem kan niht geschaden swer für guot hât swaz er tuot.

---

*17=der truhsze von S. Gallen 111 *A.* in *fehlt A. die verbesserung gehört herrn von der Hagen* (*litterar. grundriss s.* 489). 18. bereitet ze rehte so habez den win *A.* 21. die treffe *A.*
24=Truhs. 112 *A.* 25. frowe *A.* 26. brǒtegome *A.* 30. kein *A.*
31=Truhs. 113 *A.* 2. den eren *A.*
3=Truhs. 114 *A.* 4. karlen zite *A.* 6. nu sint—strite *A.* 9. enem] einem man *A.*

107,10 Dâ hin da her wart nie sô wert in allen tiuschen landen:
swer nû dâ hin dâ her niht kan, derst an dem spil betrogen.
künege wâren ê die niht dâ hin dâ her bekanden:
nust si der list wol komen an, intwerhes umben bogen.
ez heten hie bevor die grôzen fürsten niht gelogen
dur liute noch dur lant:
nû ist in meistic allen wol dâ hin dâ her bekant.

Vil meneger mich berihtet,
der niht berihten kan
sich selben alse er solde:
des alte ich vor den tagen.
wie gar er mich vernihtet,
der mir niht guotes gan,
und giht wie vil er wolde
mit mîner kunst bejagen
in fremeden landen werdekeit. nû bin ich sô gesite,
hæt ich hie guot und êre,
daz næm ich für daz mêre,
dar umbe ich iemer dur daz jâr des tievels zîte lite.

Gelêrter fürsten krône
mit ûz erwelter tugent,
mit zuht, mit kunst, mit güete,
hât got hin zim genomen.
der lebte hie vil schône
mit alter kunst in jugent.
nâch lobe stuont sîn gemüete:
108,1 des was sîn name . .
. . . . der ie nâch sælden warp.
nû pflege sîn got der rîche:
des wünschen innecliche,
sît tiurre fürste sîn genôz nie manege zît verdarp.

10=Truhs. 115 *A*. 12. ê *fehlt A*. niht da her da har bekanden *A*. 13. nu sit si den list *A*. intwerhes] *auf diese verbesserung ist sowohl W. Grimm als ich verfallen.* inthvrs. *A*.
*17=Truhs. 116 *A*. 20. ragen *A*(!). 25. in virmiden lânden *A*. 26. hat ich *A*.
29=Truhs. 117 *A*. 30. túgent *A*. 5. nie manegen ziten *A*.

108, 6 Uns ist unsers sanges meister an die vart,
den man ê von der Vogelweide nande,
diu uns nâch in allen ist vil unverspart.
nû waz frumt swaz er ê der welte erkande?
sîn hôher sin ist worden kranc.
nû wünschen ime dur sînen werden höveschen sanc,
sît dem sîn fröide sî ze wege,
daz sîn der süeze vater nâch genâden pflege.

---

*6 = Truhs. 118 *A*. 11. hovelichen *A*.

IV.

109, Ganzer fröiden wart mir nie sô wol ze muote:
mirst geboten, daz ich singen muoz.
sælic sî diu mir daz wol verstê ze guote!
mich mant singen ir vil werder gruoz.
diu mîn iemer hât gewalt,
diu mac mir wol trûren wenden
unde senden
fröide manicvalt.
Gît daz got daz mir noch wol an ir gelinget,
seht, sô wære ich iemer mêre frô,
diu mir beide herze und lîp ze fröiden twinget.
mich betwanc nie mê kein wîp alsô.
ê was mir gar unbekant
daz diu Minne twingen solde
swie si wolde,
unz ichz an ir bevant.
Minne, wunder kan dîn güete liebe machen,
und dîn twingen swenden fröiden vil.
dû lêrest liebe ûz spilnden ougen lachen,
swâ dû mêren wilt dîn wunderspil:
dû kanst fröidenrîchen muot
sô verworrenlîche verkêren,
daz dîn sêren
sanfte unsanfte tuot.
Süeze Minne, sît nâch dîner süezen lêre
mich ein wîp alsô betwungen hât,
bit si dazs ir wîplîch güete gegen mir kêre:
sô mac mîner sorge werden rât.

---

*1=348 [364] *C.* froeiden *auch* *C*(!).
9=349 [365] *C.* 13. es was *C.*
17=352 [368] *C.* 21. froeiderichen *C.*
25=350 [366] *C.* 28. sorgen *C.*

110, dur ir liehten ougen schîn
wart ich alsô wol enpfangen,
gar zergangen
was daz trûren mîn.
Mich fröit iemer daz ich alsô guotem wîbe
dienen sol ûf minneclîchen danc.
mit dem trôste ich dicke trûren mir vertrîbe,
unde wirt mîn ungemüete kranc.
endet sich mîn ungemach,
sô weiz ich von wârheit danne
daz nie manne
an liebe baz geschach.

Wol mich der stunde, daz ich sie erkande,
diu mir den lîp und den muot hât betwungen,
sît deich die sinne sô gar an sie wande,
des si mich hât mit ir güete verdrungen.
daz ich von ir gescheiden niht enkan,
daz hât ir schœne und ir güete gemachet,
und ir rôter munt, der sô lieplîchen lachet.
Ich hân den muot und die sinne gewendet
an die reinen, die lieben, die guoten.
daz müez uns beiden wol werden volendet,
swes ich getar an ir hulde gemuoten.
swaz ich fröiden zer werlde ie gewan,
daz hât ir schœne und ir güete gemachet,
und ir rôter munt, der sô lieplîchen lachet.

Wer kan nû ze danke singen?
dirre ist trûric, der ist frô:
wer kan daz zesamene bringen?
dirre ist sus und der ist sô.
sie verirrent mich

5=351 [367] *C.*
*13=353 [369] *C.*
20=354 [370] *C.* 22. muos *C.* 23. hulden *C.*
*27=374 [390] *C*, Lutolt von Seven 4 *A.* 28. dierr *A*, der *C.* 30. dirre *A*, der *C.* sus und] truric *AC.* vro *A.* 31. vererren *C.* sich *A.*

und versûment sich:
wess ich waz si wolten, daz sung ich.
Fröide und sorge erkenne ich beide:
dâ von singe ich swaz ich sol.
mir ist liebe, mir ist leide.
sumerwünne tuot mir wol:
swaz ich leides hân,
daz tuot zwîvelwân,
wiez mir umb die lieben sül ergân.
Wol iu kleinen vogellînen!
iuwer wünneclîcher sanc
der verschallet gar den mînen.
al diu werlt diu seit iu danc.
alsô danken ir
. . . . . .
. . . .

Selpvar ein wîp,
âne wîz rôt ganzlîcher stæte,
ungemâlet, daz si niht gebuggerâmet wære,
ich lob ir lîp,
swie ich si doch nie niht gebæte.
jâ hœre ich gerne von ir guotiu mære,
diu ir val hâr ûf gebunden hât.
bî ir manegiu hin zer kirchen gât,
diu ir swarzen nac vil hôhe blecken lât.
ich wæne daz gebende unglîche stât.

in dem dône Ich wirbe umb allez daz ein man.

Ein man verbiutet âne pfliht
ein spil, des im nieman wol gevolgen mac.
er gihet, swenne ein wîp ersiht
sîn ouge, ir sî mat sîn ôsterlîcher tac.
wie wære uns andern liuten sô geschehen,
solt wir im alle sînes willen jehen?

---

32. versinnent *AC*. 33. wes ich *AC*. 34=375 [391] *C*, Lut. 5 *A*. 4. weiz *A*. 5=376 [392] *C*, Lut. 6 *A*. vogellin *AC*. 6. minneklicher *C*. *12=377 [393] *C*, Niüne 42 *A*. 16. gebere *A*. 19. menegú *A*. ze kyrchen *A*. 20. nach — blecket *A*. *22=379 [395] *C*. 23. 24. ein spil ane pfliht *C*. 25. 26. er giht wenne sin ouge ein wib ersiht si si sin osterlicher tag *C*. 28. solten wir *C*.

ich bin der imez versprechen muoz:
bezzer wære mîner frowen senfter gruoz.
deist mates buoz.
'Ich bin ein wîp dâ her gewesen
sô stæte an êren und ouch alsô wol gemuot:
ich trûwe ouch noch vil wol genesen,
daz mir mit steine nieman keinen schaden tuot.
swer küssen hie ze mir gewinnen wil,
der werbe ab ez mit fuoge und âne spil.
ist daz ez im wirt iesâ,
er muoz sîn iemer sîn mîn diep, und habe imz dâ und anderswâ.'

Müeste ich noch geleben daz ich die rôsen
mit der minneclîchen solde lesen,
sô wold ich mich sô mit ir erkôsen,
daz wir iemer friunde müesten wesen.
wurde mir ein kus noch zeiner stunde
von ir rôten munde,
sô wær ich an fröiden wol genesen.
Waz sol lieblich sprechen? waz sol singen?
waz sol wîbes schœne? waz sol guot?
sît man nieman siht nâch fröiden ringen,
sît man übel âne vorhte tuot,
sît man triuwe milte zuht und êre
wil verpflegen sô sêre,
sô verzagt an fröiden maneges muot.

Ir vil minneclîchen ougenblicke
rüerent mich alhie, swann ich si sihe,
in mîn herze. owê sold ich si dicke
sehen, der ich mich für eigen gihe!
eigenlîchen dien ich ir:
daz sol si vil wol gelouben mir.

---

29. der eine ders verspr. *C*. 31. da ist *C*. 32=380 [396] *C*. ein wib *zwei mahl* *C*. 35. Das mir selkem steine *C*. 36. 37. ab] aber *nach* swer *C*. 37. âne] ander *C*. 38. esa *C*. 2. und lege es anderswa *C*. *3=381 [397] *C*. 10=382 *C*. *17=383 [399] *C*.

112,23 Ich trage in mînem herzen eine swære,
der ich von ir lâzen niht enmac,
bî der ich vil gerne tougen wære
beide naht und ouch den liehten tac.
des enmac nû niht gesîn:
ez enwil diu liebe frowe mîn.
Sol ich mîner triuwe alsust engelten,
so ensol niemer man getrûwen ir.
sie vertrüege michels baz ein schelten
danne ein loben, daz geloubent mir.
wê war umbe tuot si daz,
der mîn herze treit vil kleinen haz?

Frowe, vernemt dur got von mir diz mære:
ich bin ein bote und sol iu sagen,
113, 1 ir sünt wenden einem ritter swære,
der si lange hât getragen.
daz sol ich iu künden sô:
ob ir in welt fröiden rîchen,
sicherlîchen
des wirt manic herze frô.
Frowe, enlât iuch des sô niht verdriezen,
ir engebt im hôhen muot.
des mugt ir und al die wol geniezen,
den ouch fröide sanfte tuot.
dâ von wirt sîn sin bereit,
ob ir in ze fröiden bringet,
daz er singet
iuwer êre und werdekeit.
Frowe, sendet im ein hôhgemüete,
sît an iu sîn fröide stât.
er mac wol geniezen iuwer güete,
sît diu tugent und êre hât.
frowe, gebt im hôhen muot.
welt ir, sîn trûren ist verkêret,

23=384 [400] *C*. 24. von mir *C*. 28. es enwelle *C*.
29=385 [401] *C*.
*35=386 [402] *C*. von *fehlt C*. 1. einem ritter sine sende swere *C*. si *fehlt C*.
7=387 [403] *C*. 9. alle die *C*. 12. ir *auch in C*(!).
15=389 [405] *C*.

daz ez in lêret
daz er daz beste gerne tuot.
'Jâ möhte ich michs an in niht wol gelâzen,
daz er wol behuote sich.
krumbe wege die gênt bî allen strâzen:
dâ vor, got, behüete mich.
ich wil nâch dem rehten varn,
ze leide im der mich anders lêre.
swar ich kêre,
dâ müeze mich doch got bewarn.'

'Mir tuot einer slahte wille
sanfte, und ist mir doch dar under wê.
ich minne einen ritter stille:
dem enmag ich niht versagen mê
des er mich gebeten hât:
tuon ichs niht, mich dunket daz mîn niemer werde rât
Dicke dunke ich mich sô stæte
mînes willen. sô mir daz geschiht,
swie vil er mich denne bæte,
al die wîle daz enhulfe niht.
ieze hân ich den gedanc:
waz hilfet daz? der muot enwert niht eines tages lanc.
Wold er mich vermîden mêre!
jâ versuochet er mich alze vil.
ouwê des fürht ich vil sêre,
daz ich müeze volgen swes er wil.
gerne het ichz nû getân,
wan deichz im muoz versagen und wîbes êre sol begân.
In getar vor tûsent sorgen,
die mich tougen in dem herzen mîn

23=388 [404] *C*. mich des *C*.
*31=390 [406] *C*, 1 *E*, 2 *U*ˣ. 34. en *fehlt CE*. 36. immer *E*.
37=391 [407] *C*, 2 *E*, 1 *F*, 3 *U*ˣ. Offt *F*. 2. das enhulff in *F*, so enhulfe es *CE*. 3. iezu *U*, iezunt *E*, ye so *F*. den danck *F*. 4. helfet *U*. den mut er wirt (*d. h.* der muot enwirt) nicht eines *F*. ist kume *C*, kume ist *E*.
5=392 [408] *C*, 3 *E*, 2 *F*, 4 *U*ˣ. Wil *CE*. 6. so *CE*. al *fehlt F*. 7. o we *U*, uwe *E*. vorhte *C*. vil ze *C*. 8. muoze *U*, muos *CEF*. veriehen wer *F*. 10. das ichs im *C*, daz iz ime *E*, das ich *FU*.
11=393 [409] *C*, 4 *E*, 3 *F*, 5 *U*ˣ. Ich *E*. Ich entar *F*. von tugent *U*. 12. tougen *U*, twingent *CEF*.

twingent âbent unde morgen,
leider niht getuon des willen sîn.
daz ichz iemer einen tac
sol fristen, dêst ein klage diu mir ie bî dem herzen lac.
Sît daz im die besten jâhen
daz er alsô schône künne leben,
sô hân ich im mir vil nâhen
in mîme herzen eine stat gegeben,
dâ noch nieman in getrat.
si hânt daz spil verlorn, er eine tuot in allen mat.'

Der rîfe tet den kleinen vogelen wê,
daz si niht ensungen.
nû hœre ichs aber wünneclîch als ê,
nu ist diu heide entsprungen.
dâ sach ich bluomen strîten wider den klê,
weder ir lenger wære.
mîner frowen sende ich disiu mære.
Uns hât der winter kalt und ander nôt
vil getân ze leide.
ich wânde daz ich iemer bluomen rôt
gesæhe an grüener heide.
joch schât ez guoten liuten, wære ich tôt,
die nâch fröiden rungen
und die gerne tanzten unde sprungen.
Versûmde ich disen wünneclîchen tac,
sô wær ich verwâzen,

---

13. Den abent (aben *E*) und den morgen *CEF*. 14. leider *U*, mac ich leider *CE*, *fehlt F*. den *EFU*. 15. ichs *C*, ez *E*, ich es *F*. 16. sol gevristen *CEU*. deist *U*, das ist *CEF*. mein clage die im *F*. ye *FU*, vil nahe *CE*.

17=394 [410] *C*, 5 *E*, 4 *F*, 6 *U*x. iehen *E*. 18. also künes leben *F*. kunde *U*. 19. mir *U*, *fehlt CEF*. 20. In *fehlt U*. eine stat in mime herzen *CE*. geben *C*. 21. darnach *F*. in ne trat *U*. 22. sie haben tat spil verloren *F*. und er eine *CE*. alle mut *F*.

*23=395 [411] *C*, 6 *E*, 12 *U*x. vogellin *C*, vogelin *E*, vogelinen *U*. 24. sie niene sungen *U*. 25. hor ichs *U*, hœrt es *C*, hœrt irs *und übergeschrieben* v† is *E*. ader *U*. 27. den gruenen klê *CE*. 29. send *U*, seit *CE*.

30=396 [412] *C*, 7 *E*, 13 *U*x. 33. an *CE*, in *U*. 34. io *E*, ia *U*. sehat es *CE*, schadet *U*. 35. wrouden rinden *U*. 36. tanzen *CU*. singen *U*.

37=397 [413] *C*, 8 *E*, 14 *U*x. Versümde *E*.

115, und wære mir ein angeslîcher slac:
dâ nâch müese ich lâzen
al mîne fröide der ich wîlent pflac.
got gesegen iuch alle:
wünschet noch daz mir ein heil gevalle.

Hêrre got, gesegene mich vor sorgen,
daz ich vil wünneclîche lebe.
wil mir ieman sîne fröide borgen,
daz i'm ein ander wider gebe?
die vind ich vil schiere ich weiz wol wâ:
wan ich liez ir wunder dâ;
der ich vil wol mit sinnen
getriuwe ein teil gewinnen.
Al mîn fröide lît an einem wîbe:
der herze ist ganzer tugende vol,
und ist sô geschaffen an ir lîbe
daz man ir gerne dienen sol.
ich erwirbe ein lachen wol von ir.
des muoz sie gestaten mir:
wie mac siz behüeten?
ich fröwe mich noch ir güeten.
Als ich under wîlen zir gesitze,
sô si mich mit ir reden lât,
sô benimt si mir sô gar die witze,
daz mir der lîp alumme gât.
swenne ich iezuo wunder rede kan,
gesihet si mich einest an,
sô hân ichs vergezzen,
waz wolde ich dar gesezzen.

---

1. were mir *U*, were an miner fröide *CE*. engestlicher tac' *E*, ewelicher (*vor* welicher *ist* wichli *ausgestrichen*) slac *U*. 2. dan noch *U*, dennoch *CE*. mueze *C*, muest *E*, must *U*. ichs *C*. 3. alle *CE*, an *U*. pflac *fehlt U*. 5. ouch *U*.

*6=398 [415] *C*, 9 *E*. 13. getruwe *E*.

14=399 [416] *C*, 10 *E*. Alle min *C*. 15. tugenden *C*. 16. ist sô *fehlt CE*. 18. erwirbe *Bodmer:* erwrbe *C*, erwürbe *E*. 21. nach *CE*.

22=400 [417] *C*, 11 *E*. 26. iezo (iezuo *E*) von der rede kam *CE*. 27. eines *E*.

Mich nimt iemer wunder waz ein wîp
an mir habe ersehen,
dazs ir zouber leit an mînen lîp.
waz ist ir geschehen?
si hât ouch ir ougen:
wie kumt dazs als übel gesiht?
ich bin aller manne schœnest niht,
daz ist âne lougen.

Habe ir ieman iht von mir gelogen,
sô beschowe mich [baz].
sist an mîner schœne gar betrogen:
si wil anders niht.
wan wie stât mir mîn houbet!
dazn ist niht ze wol getân.
sie betriuget lîhte ein tumber wân,
ob siz niht geloubet.

Dâ si wont, dâ wonent wol tûsent man
die vil schœner sint.
wan daz ich ein lützel fuoge kan,
so ist mîn schœne ein wint.
fuoge hân ich kleine:
doch ist sie genæme wol,
. . . . sô daz si vil liuten sol
iemer sîn gemeine.

Wil si fuoge für die schœne nemen,
so ist si wol gemuot.
kan si daz, sô muoz ir wol gezemen
swaz si mir getuot.
sô wil ich mich neigen,
und tuon allez daz si wil.
waz bedarf si denne zoubers vil?
ich bin doch ir eigen.

Lât iu sagen wiez umbe ir zouber stât,
des si wunder treit.

---

*30=404 [421] *C*, 67 *E*. 32. 35. das *C*, daz *E*. 34. ir *fehlt CE*. 35. übele geschiht *E*.

1=405 [422] *C*, 68 *E*. 3. an mir schone *C*. 7. liht einen tumber wanne *E*.

9=406 [423] *C*, 69 *E*. sie wonent do *E*. 11. zuoge *C*. 12. gar *vor* ein *CE*. 14. gemeine (*ohne* wol) *CE*.

17=407 [424] *C*, 70 *E*. 18. vil wol *CE*. 22. tuon *fehlt C*.

25=408 [425] *C*, 71 *E*. úch *C*.

sist ein wîp diu schœne und êre hât,
dâ bî liep und leit.
dazs iht anders künne,
daz sol man gar übergeben;
wan daz mir ir wünneclîchez leben
machet sorge und wünne.

Bî den liuten nieman hât
hovelîchern trôst denn ich:
sô mich sendę nôt bestât,
sô schîne ich geil und trœste selben mich.
alsô hân ich dicke mich betrogen
unde durch die werlt manege fröide erlogen:
daz liegen was ab lobelich.
Maneger wænet, der mich siht,
mîn herze sî an fröiden hô.
hôher fröide hân ich niht,
und wirt mir niemer wider, wan alsô:
werdent tiusche liute wider guot,
unde trœstet si mich, diu mir leide tuot,
sô wirde ich aber wider frô.

Leider ich muoz mich entwenen
maneger wünne der mîn ouge an sach:
war nâch sol sich einer senen,
der niht geloubet waz hie vor geschach?
der weiz lützel waz daz sî, gemeit.
daz ist senender muot mit gerender arebeit.
unsælic sî daz ungemach!
Ich hân ir gedienet vil,
der Werlte, und wolte ir gerne dienen mê,
wan dazs übel danken wil,
und wænet des daz ich mich niht verstê.

---

30. übergeben] verheln *CE, und in der nächsten zeile fehlt* mir. 32. machet *auch C*(!). *nach* wunne *setzen CE noch hinzu* das ist ir leben.

*33=409 [426] *C*, 93 *E*. 37. selbe *E*, selben *C*, *vor* mich. *in der vorhergehenden zeile haben beide den accusativ.* 39. löbelich *E*.

1=411 [428] *C*, 95 *E*. 5. werden *CE*.

*8=410 [427] *C*, 94 *E*. mich *fehlt C*. 9. der *C*, die *E*. 10. sich *E*, ich *C*. sene *E*. 12. gemeint *CE*.

15=412 [429] *C*, 96 *E*. 18. des *fehlt CE*.

ich verstên michs wol an eime site:
des ich aller sêrest ger, sô ich des bite,
sô gît siz einem tôren ê.
Ichn weiz wiechz erwerben mac.
des man dâ pfligt, daz widerstuont mir ie:
wirbe ab ich sô man ê pflac,
daz schadet mir lîhte: sus enweiz ich wie.
doch verwæne ich mich der fuoge dâ,
daz der ungefüegen werben anderswâ
genæmer sî dan wider sie.

Nû sing ich als ich ê sanc,
'wil abe iemen wesen frô?
daz die rîchen haben undanc,
und die jungen haben alsô!'
wist ich waz in würre
(daz möhten si mir gerne sagen),
sô hulf ich in ir schaden klagen.
Swâ sô liep bî liebe lît
gar vor allen sorgen frî,
ich wil daz diu winterzît
den zwein wol erteilet sî.
sumer unde winter,
der zweier êren ist sô vil,
daz ich beide loben wil.
Hât der winter kurzen tac,
sô hât er die langen naht,
daz sich liep bî liebe mac
wol erholn, daz ê dâ vaht.
waz hân ich gesprochen?
owê jâ het ich baz geswigen,
sol ich iemer sô geligen.

---

20. das *auch* C (!). allererst *C*. 21. so gitez siez eime torn e *E*.
22=413 [430] C, 97 *E*. 24. wirde *CE*. 27. ungefuogen erwerben *E*.
*29=Niüne 39 *A*. 35. in *fehlt A*.
36=415 [438] *C*, 99 *E*, 1 U^{XX} (*von z.* 36 lit *an*), Niüne 40 *A*. 37. gar an alle sorge vri *CE*. 38. merket ob des winters zit *CEU*. dú sumer zit *A*. 1. gesezzet *CE*. *der abgesang fehlt CEU*. 2. wint *A*.
5=415 [438] *C*, 99 *E*, 1 U^{XX}, Niüne 41 *A*. *die stollen fehlen CEU*. 8. erhohi *A*. 9. gesprochen *CEU*, geredet *A*. 10. we da solt ich han geswigen *CEU*.

118,12 ‘Wer gesach ie bezzer jâr?
wer gesach ie schœner wîp?
daz entrœstet niht ein hâr
einen unsæligen lîp.
wizzet, swem der anegenget an dem morgen fruo,
deme gêt ungelücke zuo.’
Ich wil einer helfen klagen,
der ouch fröide zæme wol,
dazs in alsô valschen tagen
schœne tugent verliesen sol.
hie vor wær ein lant gefröwet umb ein sô schœne wîp:
waz sol der nû schœner lîp?

Ich bin nû sô rehte frô,
daz ich vil schiere wunder tuon beginne.
swenne ez sich gefüeget sô
daz ich erwirbe mîner frowen minne,
sô stîgent mir die sinne
hôher danne der sunnen schîn. genâde, ein küniginne!
Ich ensach die guoten hie
sô dicke nie, daz ich des iht verbære,
mirne spilten dougen ie.
der kalte winter was mir gar unmære.
ander liute dûhte er swære:
mir was die wîle als ich enmitten in dem meien wære.
Disen wünneclîchen sanc
hân ich gesungen mîner frowen ze êren.
119,1 des sol si mir wizzen danc:
wan ich wil iemer durch si fröide mêren.

*12=414 [437] *C*, 98 *E*. 14. niht enhar *E*. 16. swenne *E*. 18=416 [439] *C*, 100 *E*, 2 *U*xx. 20. dasz *C*, daz *E*, daz si *U*. 22. hie vor *U (und schon Lachmann)*, hie bevor *CE*.

*24=417 [440] *C*, 110 *E*, 5 *F*. nu *fehlt C*. 25. vil schiere *CE*, so swere *F*. tuon *C*, nu *E*, thu *F*. 26. Leichte es *F*. 28. *so CEF*. 29. die synne schon gnad kunigynne *F*.

30=418 [441] *C*, 111 *E*, 6 *F*. die schonen *F*. hie] nie *CE*, *fehlt F*. 31. nye *F*, *fehlt CE*. des iht] des ye *F*, daz *CE*. 32. mirn *C*, mi^e^rn *E*, mir en *F*. dú ougen *CEF*. ie *CE*, zu ir ye *F*. 33. gar *CE*, ye *F*. unmere *F*, ze swere *CE*. 34. swære] so swere *F*, guot *CE*. 35. mir was rechte als es vor mitten in *F*. mitten *E*.

36=419 [442] *C*, 112 *E*, 7 *F*. *die drei ersten zeilen der strophe fehlen F*. 37. miner lieben frowen *C*, miner hertzen lieben frauwen *E*. 2. frauden *E*. Durch sie so wil ich meine freude meren *F*.

119, 3 wol mac si mîn herze sêren:
waz danne, ob si mir leide tuot? daz kan si wol verkêren.
Daz enkunde nieman mir
geràten daz ich schiede von dem wâne.
kêrt ich mînen muot von ir,
wâ funde ich denne ein alsô wol getâne,
diu sô wære valsches âne?
sist schœne und baz gelobet denne Elêne und Dîjâne.

Hœrâ Walther, wiez mir stât,
mîn trûtgeselle von der Vogelweide.
helfe suoche ich unde rât:
diu wol getâne tuot mir vil ze leide.
kunden wir gesingen beide,
deich mit ir müeste brechen bluomen an der liehten heide!

Got gebe ir iemer guoten tac
und lâze mich si noch gesehen,
diech minne und niht erwerben mac.
mich müet daz ich si hôrte jehen
wie holt si mir entriuwen wære,
und sagte mir ein ander mære,
des mîn herze inneclîchen kumber lîdet iemer sît.
ouwê wie süeze ein arebeit!
ich hân ein senfte unsenftekeit.
'Got hât vil wol ze mir getân,
sît ich mit sorgen minnen sol,
daz ich mich underwunden hân
dem alle liute sprechent wol.
im wart von mir in allen gâhen
ein küssen und ein umbevâhen:
dô schôz mir in mîn herze daz mir iemer nâhe lît

---

3. sie im herge *F*. 4. mir leide *F*, dû beide *CE*. thut sie mag es wol *F*.
5=420 [443] *C*, 113 *E*, 8 *F*. Dazn kônde *E*, das nun kunde *F*, Dar zuo enkunde *C*. 5. 6. geraten mir *F*. 6. schayde *F*. 8. wann funde ich denn eine so wol getane *F*, wâ funde ich [denne *E*] ein so schœne (schœn *E*) wip *CE*. 9. so *E*, also *F*, *fehlt C*. 10. schœner *CE*. und pas gethan dann *F*. Helêne *C*, Helene *E*. helena oder dyana *F*.
11=421 [444] *C*, 114 *E*. 16. mit ir *E*, mit dir *C*. gruenen *E*.
*17=422 [445] *C*, 125 *E*. 18. si *fehlt CE*. 20. hœre *CE*. 22. sagt *C*, saget *E*. 23. minnenclichen *E*. 24. uwe *E*.
26=424 [447] *C*, 127 *E*. hât *fehlt C*. 29. sprechen *E*.

unz ich getuon des er mich bat.
ich tætez, wurde mirs diu stat.'

Ich wære dicke gerne frô,
wan daz ich niht gesellen hân.
nû si alle trûrent sô,
wie möhte ichz eine denne lân?
ich müese ir vingerzeigen lîden,
ichn wolte fröide durch si mîden.
sus behalte ich wol ir hulde, daz siz lâzen âne nît:
wand ich gelache niemer niht
dâ ez ir dekeiner siht.

Ez tuot mir inneclîchen wê,
als ich gedenke wes man pflac
in der werlte wîlent ê.
ouwê deich niht vergezzen mac
wie rehte frô die liute wâren!
dô kunde ein sælic man gebâren,
unde spilet im sîn herze gein der wünneclîchen zît.
sol daz nimmer mêr geschehen,
sô müet mich daz ichz hân gesehen.

Sît daz ich eigenlîchen sol,
die wîle ich lebe, sîn undertân,
und si mir mac gebüezen wol
den kumber den ich durch si hân
geliten nû lange und iemer alsô lîden muoz,
daz mich enmac getrœsten nieman, sie entuoz,
sô sol si nemen den dienest mîn,
und bewar dar under mich,
daz si an mir ouch niht versûme sich.

---

34. würde mir sin stat *E*.

35=423 [446] *C*, 126 *E*. 37. allen *E*. truren *CE*. 1. ich *CE*. 2. ichn *CE*. mueze *C*, muest *E*. 3. durch si nit (niht *E*) miden *CE*. 4. behabe *C*. sis lasse *C*, sie lazzen *E*. nit *C*, niht *E*.

7=425 [448] *C*, 128 *E*. 8. des man *E*. 13. spilte *CE*. 14. iemer *C*.

*16=426 [449] *C*, 129 *E*. 17. ir sin *CE*. 18. wol gebuezen *CE*. 20. nu lange *fehlt C*. 22. nemen *E*, nieman *C*. 23. micht *C*. 24. daz sie sich [b] auch an [a] mir versüme sich niht *E*, daz si sich an mir ouch versume sich niht *C*, *von Bodmer verbessert*.

120,25 Wedr ist ez übel, od ist ez guot,
daz ich mîn leit verhelen kan?
wan siht mich dicke wol gemuot:
sô trûret manic ander man,
der mînen schaden halben nie gewan:
sô gebâre ich dem gelîche
als ich sî fröidenrîche.
nû müeze ez got gefüegen sô
daz ich noch von wâren schulden werde frô.

Wie kumet daz ich sô manegem man
von sîner nôt geholfen hân,
und ich mich selben niht enkan
getrœsten, mich entriege ein wân?
121,1 ich minne ein wîp, diust guot und wol getân:
diu lât mich aller rede beginnen,
ich kan ab endes niht gewinnen.
dar umbe wære ich nû verzaget,
wan dazs ein wênic lachet sô si mir versaget.

Si sehe dazs innen sich bewar
(si schînet ûzen fröidenrîch),
dazs an den siten iht irre var:
sô wart nie wîp sô minneclîch:
sost ir lop vil frouwen lobes entwîch;
ist nâch ir wirde gefurrieret
diu schœne diu si ûzen zieret.
kan ich ir denne gedienen iht,
des wirt bî selken êren ungelônet niht.

Swie noch mîn fröide an zwîvel stât,
den mir diu guote mac vil wol
gebüezen, ob sis willen hât,
son ruoche eht waz ich kumbers dol.

---

*25=427 [450] *C*, 130 *E*. 27. man *E*. 29. nie halben *CE*. 33. noch *fehlt CE*.

34=428 [451] *C*, 131 *E*, 26 *F*. menigen *C*, mangen *F*. 35. sender *F*. 36. und *F*, sit *CE*. in mir *F*. selbe *E*, selber *F*. kan *F*. 37. mich nun trage *F*. 1. ich mein *F*. guot und *fehlt F*. 2. die let mich *F*, die enlat mich *CE*. 3. Inne aber *F*. 5. wenn das sie lutzel *F*. so si *CF*, so ist *E*.

6=429 [452] *C*, 132 *E*. 10. sost] so stet *CE*. entwîch] entwiht *E*, ein wiht *C*. 11. ist si nach ir *CE*. 12. die — die *C*. 14. sülchen *E*.

15=430 [453] *C*, 133 *E*, 27 *F*. Wann noch *F*. 16. gute so wol mag *F*. 18. eht *C*, ich *EF*.

121,19 si frâget des mich nieman frâgen sol,
wie lange ich welle bi ir belîben:
sist iemer mêr vor allen wîben
ein wernder trôst ze fröiden mir.
nû müeze mir geschehen als ich geloube an ir.
  Genuoge kunnen deste baz
gereden daz si bî liebe sint:
swie dicke ich ir noch bî gesaz,
sô wesse ich minner danne ein kint.
ich wart an allen mînen sinnen blint.
des wær ich anderswâ betœret:
sie ist ein wîp diu niht gehœret,
und guoten willen kan gesehen.
den hân ich, sô mir iemer müeze liep geschehen.

Die grîsen hânt michs überkomen,
diu werlt gestüende trûreclîcher nie
und hete an fröiden ab genomen.
doch streit ich zornlîche wider sie,
si möhtens vol gealten,
ez wurde niemer wâr.
mir was ir rede swâr.
122,1 sus streit ich mit den alten:
die hânt den strît behalten
nû wol lenger denne ein jâr.
  Mîn ouge michel wunder siht,
diez wirs verdienen kunnen vil denn ich,
daz den sô schœne heil geschiht.
ouwê Welt, wie kumt ez umbe dich!
ist got selch ebenære?
er gît dem einen sin,
dem andern den gewin:

19. fraget (freget *E*) mich des mich *EF*. fregen *E*. 20. wolde an ir beleyben *F*. 21. mêr] mir *F*. si ist mir iemer vor *CE*. 23. als das ich globe *C*.
24=431 [454] *C*, 134 *E*, 28 *F*. kunne *F*. 25. gernden *C*. da sie bey leben *F*. 26. nach bey besasz *F*. 28. und wart *F*. 30. das ist ein *F*. 31. und doch guten *F*. ersehen *F*. 32. mir *fehlt C*. lob *F*.
*33=432 [455] *C*, 135 *E*. wolten mich des *CE*. über kummen *E*, wider striten *C*. 36. zorniclichen *E*. 37. vol gealten *Wackernagel* 1, *s.* 206: wol gedagen *CE*. 38. ez wirt *CE*.
4=433 [456] *C*, 136 *E*. vil *setzen CE vor* wirs. 9. 10. dem einen gewin Dem andern sin *CE*. *vergl. s.* 20, 20.

122,11 sô wæne ich alsô mære
ein rîcher tôre wære
sô rîch als ich armer bin.
  Hie vor, dôs alle wâren frô,
dô wolte nieman hœren mîne klage:
nû ist sümelîchen sô
daz si mir wol gelouben swaz ich sage.
nû müeze got erwenden
unser arebeit,
und gebe uns sælekeit,
daz wir die sorge swenden.
ouwê möht ichz verenden!
ich hân eine sunder leit.

Ein meister las,
troum unde spiegelglas,
daz si zem winde
bî der stæte sîn gezalt.
loup unde gras,
daz ie mîn fröide was,
swiez nû erwinde,
iz dunket mich alsô gestalt;
dar zuo die bluomen manicvalt,
diu heide rôt, der grüene walt.
der vogele sanc ein trûric ende hât;
dar zuo diu linde
süeze und linde.
sô wê dir, Werlt, wie dirz gebende stât!
  Ein tumber wân
den ich zer welte hân,
123,1 derst wandelbære,
wand er bœsez ende gît:
ich solt in lân,
wan ich mich wol verstân,

13. so riche so ich *E*.
14=434 [457] *C*, 137 *E*. Hie bevor *E*. dos *E*, do wir *C*.
17. ich in sage *CE*. 22. ich *C*, ez *E*. 23. ein *CE*.
*24=435 [458] *C*, 197 *E*. Min *E*. 25. traume *E*. 30. swie ich nu *CE*. 31. ich dunke *CE*. 32. die *hat Wackernagel hinzu gefügt*. 34. vogellin *CE*. 35. diu] der *C*, ein *E*.
38=436 [459] *C*, 198 *E*. 2. bœzs *C*. 3. lassen *CE*. 4. wan *C*, wenne *E*.

123, daz er iht bære
mîner sêle grôzen nît.
mîn armez leben in sorgen lît:
der buoze wære michel zît.
nû fürhte ich siecher man den grimmen tôt,
daz er mit swære
an mir gebære.
vor vorhten bleichent mir diu wangen rôt.
Wie sol ein man
der niuwan sünden kan,
.... gedingen
oder gewinnen hôhen muot?
sît ich gewan
den muot daz ich began
zer werlte dingen
merken übel unde guot,
dô greif ich, als ein tôre tuot,
zer vinstern hant reht in die gluot,
und mêrte ie dem tiefel sînen schal.
des muoz ich ringen
mit geringen:
nû ringe und senfte ouch Jêsus mînen val.
Heiliger Krist,
sît dû gewaltic bist
der welte gemeine,
die nâch dir gebildet sint,
gip mir den list
daz ich in kurzer frist
alsam gemeine
dich sam dîn erwelten kint.
ich was mit sehenden ougen blint
und aller guoten sinne ein rint,
swiech mîne missetât der welte hal.

---

5. gebere *CE*. 6. grosse not *CE*. 9. vorhte *C*, förhte *E*. 12. die wange *E*.

13=437 [460] *C*, 199 *E*. 20. merkent *E*. 22. vinstern, *so CE*. 25. mit sorgen *CE*.

27=438 [461] *C*, 200 *E*. 28. geweltic *E*. 30. sin *C*. 31. die list *CE*. 32—34. das ich dich in kurzer frist alsam dine erwelten kint gemeine *CE*. 35. gesehenden *CE*. 36. guoten dinge ein kint *CE*. 37. der, *so CE*.

123,38 mach ê mich reine,
ê mîn gebeine
versenke sich in daz verlorne tal.

124,1 Owê war sint verswunden alliu mîniu jâr!
ist mir mîn leben getroumet, oder ist ez wâr?
daz ich ie wânde daz iht wære, was daz iht?
dar nâch hân ich geslâfen und enweiz es niht.
nû bin ich erwaht, und ist mir unbekant
daz mir hie vor was kündic als mîn ander hant,
liut unde lant, dâ ich von kinde bin erzogen,
die sint mir frömde [worden] reht als ob ez sî gelogen.
die mîne gespilen wâren, die sint træge unt alt.
vereitet ist daz velt, verhouwen ist der walt:
wan daz daz wazzer fliuzet als ez wîlent flôz,
für wâr ich wânde mîn unglücke wurde grôz.
mich grüezet maneger trâge, der mich kande ê wol.
diu welt ist allenthalben ungenâden vol.
als ich gedenke an manegen wünneclîchen tac,
die mir sint enpfallen gar als in daz mer ein slac,
iemer mêre ouwê.
Owê wie jæmerlîche junge liute tuont,
den nû vil riuweclîche ir gemüete stuont!
die kunnen niuwan sorgen: wê wie tuont si sô?
swar ich zer werlte kêre, dâ ist nieman frô:
tanzen, singen, daz zergât mit sorgen gar:
nie kristenman gesach sô jæmerlîche schar.
nû merkent wie den frouwen ir gebende stât:
die stolzen ritter tragent dörpellîche wât.
uns sint unsenfte brieve her von Rôme komen,
uns ist erloubet trûre und fröide gar benomen.
daz müet mich inneclîchen sêre (wir lebten ie vil wol),
daz ich nû für mîn lachen weinen kiesen sol.

---

38. mache mich *CE.* 39. gebeine] sele *C,* sel *E.* 40. versinke in *C.*
*1=439 [462] *C,* 212 *E.* wa *E.* alle mine *CE.* 2. ist min leben mir *C.* 5. erwachet *CE.* 6. hie *fehlt E.* 7. dâ] danne *E,* dannan *C.* erzogen] geborn *CE.* 8. gelegen *C.* 9. *mit* die mine *endigt E.* 10. bereitet *C.* 13. bekande *C.* 16. gar *fehlt C.* flac *C.*
18=440 [463] *C.* 19. núwekliche *C.* 20. ouwe wie *C.* 22. daz *fehlt C.* mit] mir *C.* 23. schar] iar *C.* 27. truren *C.*

die wilden vogel die betrüebet unser klage:
waz wunders ist dâ bî, ob ich dâ von verzage?
waz spriche ich tumber man durch mînen bœsen zorn?
swer dirre wünne volget, der hât jene dort verlorn,
iemer mêr ouwê.

Owê wie uns mit süezen dingen ist vergeben!
ich sihe die [bittern] gallen mitten in dem honege sweben:
diu Welt ist ûzen schœne, wîz grüen unde rôt,
und innân swarzer varwe, vinster sam der tôt.
swen si nû habe verleit, der schouwe sînen trôst:
er wirt mit swacher buoze grôzer sünde erlôst.
dar an gedenkent, ritter: ez ist iuwer dinc.
ir tragent die liehten helme und manegen herten rinc,
dar zuo die vesten schilte und diu gewîhten swert.
wolte got, wær ich der sigenünfte wert!
sô wolte ich nôtic man verdienen rîchen solt.
joch meine ich niht die huoben noch der hêrren golt:
ich wolte sælden krône êweclîchen tragen:
die möhte ein soldener mit sîme sper bejagen.
möht ich die lieben reise gevaren über sê,
sô wolte ich denne singen wol, und niemer mêr ouwê.

---

30. *das zweite* die *fehlt C.* 31. dâ bî *fehlt C.*
35=441 [464] *C*, 1 *w*[X] (*von z.* 38 varwe *an bis z.* 6 Ja ne). 39. habe verleitet *w*, verleitet habe *C*. 1. daz ist *w*. 3. und die *Cw*. 4. got wen wer *w*. segenunge *w*. 6. Ja ne *w*. 7. selbe crone *C*.

Zeitordnung einiger lieder.

1198. s. 8, 4—9, 15. 25, 11—25. 20, 31—21, 9. 107, 29—108, 5. 24, 33—25, 10. 107, 17—28. 19, 5—16. 29—20, 3.

1200. s. 25, 26—26, 2.

1203. s. 9, 16—39.

1205. s. 106, 24—30. 18, 29—19, 4. 16, 36—17, 10. 19, 17—28. 17, 11—24. 107, 10—16. 106, 17—23. 31—107, 9. 101, 23—36. 102, 15—28.

1205—1211. s. 20, 4—15. 104, 7—22. 82, 11—83, 13. 57, 23—58, 20.

1212. s. 76, 22—79, 16. 14, 38—16, 35. 11, 6—13, 4. 18, 15—28.

1212—1215. s. 31, 23—32. 83, 14—39.

1213. s. 33, 21—30. 34, 4—23.

1214. s. 32, 17—36.

1215. s. 35, 7—16. 105, 13—26.

1215. 1216. s. 85, 17—24. 84, 1—13. 32, 7—16.

1216. 1217. s. 84, 14—21.

1217. 1218. s. 26, 3—12. 23—27, 16.

1218—1220. s. 28, 1—10.

1219. s. 28, 11—20. 34, 34—35, 6. 36, 1—10. 31, 33—32, 6. 35, 17—26.

1220. s. 28, 31—29, 3. 15—24.

1221—1225. s. 84, 22—85, 8.

1225. 1226. s. 85, 9—16.

1227. s. 66, 21—68, 7. 10, 9—11, 5. 13, 5—32. 124, 1—125, 10.

[berichtigungen ergeben sich aus den zusätzen zu 11,6. 19,5. Haupt.]

ANMERKUNGEN.

I.

Das erste buch begreift meistens politische und moralische gedichte, welche C in zwei gesonderte reihen ordnet, die eine, in die sich ein minnelied (16—20) *verirrt hat, von anfang bis zur 29sten strophe, die andre nach einem zwischenraum von* 14 *zeilen* 291 *bis* 343 [309—359]. *nachträge aus einer andern sammlung, von der sich in A eine abschrift erhalten hat, finden sich in C zwischen* 355 [371] *und* 378 [394], *nach der ordnung von A und mit demselben text. in B findet man einen theil dieser lieder in anderer ordnung unter den nummern* 1—39, *und fünf strophen eines tons nachgetragen unter* 108—112: *von den eigenthümlichen der andern sammlung (= A) hat sie keine. aus einerlei quelle, aber einer sehr unreinen, haben B und C alle gemeinschaftlichen strophen von s.* 8 *bis* 17, *und noch zwei, s.* 31, 13—32: *sonst überall sind sie verschieden. dort haben sie nur Eine stimme bei der untersuchung, die für jedes lied (aber nicht für jede lesart) muss besonders geführt werden, welche überlieferung die echteste sei. E hat aus dem ersten buche nur das einzige lied* Allerêrst lobe ich mir werde, *und aus der quelle dieser handschrift giebt C zwei strophen dazu auf dem rande, s.* 16, 1. 22.

3, 2. *wohl* die ie? *die trinität, welche durch deinen weisen rathschluss von jeher vereinigt war.* fürgedanc *erläutert W. Grimm zu Freidank s.* 324: *vergl. Sunburg* 7. 38 *J, MS.* 1, 157ª. *aber das gedicht in Docens miscell.* 2, 172 *heisst* der minne Frîgedank. [128]

3, 5. *MS.* 2, 220ᵇ der drîen imer ein êwic (einic?) gotheit ist.

3, 13. blodes *kl.* [der tiefl und blœdes vleisches gir *Mai und Beaflor* 22, 38. *Haupt.*]

4, 24. *besser wäre wohl* und wider.

4, 34. *Bodmer* ein selden here, *hier unpassend, wie richtig auch Konrad den ausdruck in der goldenen schmiede* 933 *braucht,* an dich aleine wart geleit vil manicvalter sælden her. *J. Grimm besserte* ein sedelære. *Frisch führt das wort* (sedalâre, *sitzküssen*) 2, 253^{a} *aus den* tradit. Fuld. p. 472 (518) *Pistor. an: wo steht es in Graffs wörterbuch? mit C stimmt überein Georg* 2706 hôhiu pfalz und frône hern Salomônes trône, *eine königliche wohnung für Salomos thron.*

4, 35. [balsamita, minze *sumerlaten* 54, 73. *in der genesis fundgr.* 2, 16, 33 *neben* minz. *Haupt.*]

5, 10. *diese zeile ist in C höchst fehlerhaft gebaut (s. z. Iwein* 4098) *und fordert die aufgenommene verbesserung.*

5, 24. *vielleicht hiess es ursprünglich* brach dîner ôren porten. [129]

5, 29. *vielleicht* ze gote. *Sunburg* 39 *J* Uz einem worte wuohs ein g o t, der doch ie wesende was: er wart m e n s c h e sunder spot, dô sîn diu reine maget genas.

6, 37. varnde *zu gange. in Grieshabers predigten s.* 14 die siechin, alsô schiere sô si an got geloubitin, sô wurdin si varinde. *vergl.* unvarende *in Wolframs Wilhelm* 58, 29. *eben so erkläre ich* varende leit, *s. Haupt zu Hartmanns liedern* 4, 24, *und* varenden kumber *bei Ulrich vom Türlein s.* 12^{b} *(nach wenigstens drei handschriften).*

7, 4. *vergl. Tristan* 4568, *Georg* 4587.

7, 37. den gedinge *C. dieser sonderbare accusativus ist in Wolframs Wilhelm* 367, 2 *stark bezeugt. C hat ihn auch in dem leich Ottos von Bodenlaube (bei Benecke s.* 2), ûf den gedinge, *wo aber A hat* uf daz gedinc. [130]

8, 4. *B und C haben in den folgenden strophen einerlei text, der mehr nach unvollkommener mündlicher überlieferung als der andre (in A) nach absichtlicher besserung aussieht.*

8, 15. der ietweders dem andern schaden tuot *BC*] *Lichtenstein s.* 587, 31 ietwederz dem andern schaden tuot (gotes hulde, êre, gemach, und guot).

8, 17. [*Pleier im Garel* 85^{a} (*Germania* 3, 29) mit guote man verdienen sol werltlich êre und gotes hulde, daz ist alles guotes übergulde. *K. M.*]

8, 22. In ainen schrîn múgin komen *BC*] *Titurel* 6, 4 ich mein daz mîn her Walther kunde sprechen, hulde gotes und guot und weltlich êre mitsamt wær nieman habende, *nach andern* daz hulde gotes — in einen schrîn iht möhte. *vergl. z.* 18.

9, 13. *die cirkel, sagt der dichter, die einfachen fürstenkronen, sind zu stolz, dass sie sich der königlichen krone vergleichen, die herzog Philipp in besitz hatte. arme könige nennt er sie, wie auch die fürsten Philipp vorstellten,* nullum alium principem sufficere ad sustinenda onera imperii, vel in divitiis condigne posse respondere imperii dignitati (registr. Innocent. III. de negotio imperii epist. 136 = *Pertz.* leges 2, p. 211); *könige weil sie es werden sollten: nur Otto ward würklich gewählt. gemeint nämlich sind Berthold von Zäringen und Otto von Poitou; nicht auch Bernhard von Sachsen: denn der dichter heißt sie zurück treten, Bernhard und*

*Berthold aber waren nicht zugleich auf der wahl.**) *der zeitpunkt des liedes ist vor Ottos königswahl, weil nach dieser von Berthold nicht mehr die rede war. Philipp war am* 6. *merz* 1198 *in Thüringen gewählt, die auf den* 1. *merz nach* [131] *Köln ausgeschriebene fürstenversammlung zur wahl Bertholds war gescheitert und nach Andernach vertagt. ehe sich dort Berthold vergebens erwarten ließ und Otto darauf am* 1. *mai* [*am* 9. *juni: Böhmer Fontes* 3, 399. *Haupt.*] *zu Köln gewählt und am* 12. *juli zu Achen gekrönt ward, räth der dichter, das verwirrte Deutschland solle Philipp den* weisen *d. i. die königskrone aufsetzen. am* 5. *aprill ging er zu Worms vom bann gelöst unter krone, und ward zu Mainz am* 15. *august* [*s. zu* 18, 36] *gesalbt und gekrönt.*

9, 21. kriegen *C*] *unrichtig. er hörte, der papst betrog beide, Otto und Philipp.*

9, 29. leien] *der anhänger Philipps.*

9, 32. *auf Petri und Pauli* (29. *juni*) 1201 *ward der bann über könig Philipp und seine anhänger vom cardinal Guido in der Peterskirche zu Köln ausgesprochen.*

9, 33. 34. *Cäsarius von Heisterbach in den* dialogis miraculorum 2, 9 Iste Lupoldus *(bischof zu Worms)* ita diabolicus erat ut tempore scismatis quod erat inter duos reges, Ottonem scilicet et Philippum, cum sibi usurpasset episcopatum Maguntinensem eiusdem Philippi auctoritate (1200) et multis interesset bellis, non parceret ecclesiis, non coemiteriis. — qui cum esset privatus ab officio et beneficio ab Innocentio papa propter invasionem iam dicti episcopatus, auxilio Philippi fretus collecto exercitu profectus est in Italiam, ipsum papam debellare: quem etiam in diversis locis, quod dictu horribile est, ardentibus candelis excommunicavit. *der feldzug gegen den papst und das* dictu horribile *mögen mönchsgeschwätz sein: aber man sieht dass Walther nicht der einzige war, der den papst gebannt haben wollte. auf die zerstörung der gotteshäuser legt er noch nach vielen jahren s.* 10, 35 *ein großes gewicht: wir würden ihn genauer verstehn, wenn wir wüsten wo er sich von* 1199 *bis gegen* 1205 *aufhielt: s. zu s.* 19, 36. *Arnold von Lübeck* 5, 5 Philippus enim (1203) cum manu gravi, Lippoldo Moguntino auxilium ferente et aliis multis copiis, Turingiam intravit, et Erpisfordiae consistens totam terram in circuitu vastabat. nec minus qui de foris erant provinciam vastabant. — sedecim sane ecclesiae conventuales religiosorum tam virorum quam mulierum cum parochiis 350 a Boiemis destructae sunt.

---

*) *Dies ist gewiss: aber nach könig Philipps schreiben an den papst* (*von* 1207, registr. Innoc. III. l. c.) *wandte man sich erst an Bernhard nachdem sich Berthold geweigert hatte; da hingegen nach des kölnischen Gottfrieds chronik* (*bei Freher* 1, 363), *deren erzählung durch strengen zusammenhang wahrscheinlich wird, die fürsten zuerst mit Bernhard unterhandelten und nachher mit Berthold.*

[*nach O. Abel in der zeitschrift f. d. alt.* 9, *s.* 138*ff. ist diese strophe im sommer des jahres* 1201 *gedichtet. Haupt.*]

9, 39. *papst Innocenz III war bei seiner wahl* (8. *januar* 1198) 37 *jahr alt.* iuvenis Romanus, *sagt bischof Albrecht von Stade in seiner chronik.*

10. *Der ton in welchem die folgenden strophen gedichtet sind findet sich* [132] *noch einmahl* 3, *s.* 84 *in liedern die in die jahre von* 1215 *oder* 16 *bis* 1225 *gehören. der* êrre bâbest *z.* 34 *ist nach s.* 9, 39. 34, 33 *Innocenz III: der gegenwärtige, den er s.* 11, 1 *durch den ausdruck die* übeln *bezeichnet, kann wohl nicht Honorius III sein, sondern nur Gregor IX. der dichter, weit entfernt Friedrich dem II. die verzögerung des kreuzzuges schuld zu geben, fürchtet den einfluss des seit Michaelis und Martini* 1227 *wiederholt ausgesprochenen bannes* (*vergl. s.* 124, 26): *er räth dem kaiser nach Deutschland zu kommen und die pfaffen zu strafen, die durch verkündigung des bannes zum ungehorsam und zur verweigerung von gut und leuten reizen.*

10, 3. dir sint beidú ungemessen *BC*] beidiu *hier und* beide *z.* 11 *streicht Simrock* 1, *s.* 171 *mit recht. die bedenklichen lesarten der allzu gleichen handschriften z.* 19 *und* 35 *machen die verschiedenheit dieses tons von dem s.* 84 *nicht glaublich. z.* 27 *stimmt mit ihm überein.*

10, 19. niemen *BC*] *ohne versmaß, und die negation ist unrichtig, denn die meinung ist 'wenn nicht genug zum kreuzzuge geben und kommen wollen'.*

11, 2. *deutlicher wäre* man swenke in lîhte entgegene.

11, 6. *Das schwanken der politischen ansicht unseres dichters ist nur scheinbar. der echte könig ist ihm der die königskrone auf dem haupte trägt* (19, 2,*). *so war er erst Philipp zugethan* [133] (*s. zu s.* 19, 36), *und wohnte erst nach landgraf Hermanns unterwerfung in Thüringen* (*zu s.* 24, 4). *nach Philipps tode, und nachdem Otto Martini* 1208 *zu Frankfurt die königliche krone und die reichskleinode erhalten hatte, wird auch Walther den einstimmig gewählten als den rechten könig anerkannt haben, wie der landgraf, an dessen hofe er sich scheint fortdauernd aufgehalten zu haben* (*s. zu s.* 20, 4). *dort konnte er aber nach seiner gesinnung nicht mehr bleiben seit Hermanns abfall von Otto* (*sommer* 1211). *nach der rückkehr des*

---

*) *Allzu buchstäblich muss man dies aber nicht nehmen. Wackernagel bemerkt* 2, *s.* 155 *ganz richtig dass erst nach Ottos tode, und dann noch nicht sogleich, dessen bruder pfalzgraf Heinrich dem könige die reichskleinode überlieferte. Otto war von Johannis bis Martini* 1208 *allein könig, aber ohne krone, die bischof Konrad von Speier seit Philipps tode auf Trifels* behielt. *nur in diese zeit, oder in jene* (*juli* 1215 *oder mai* 1218 *bis juli* 1219), *passt der scherz oder spott graf Ottos von Bodenlaube* (*MS.* 1, 15[a]) der künec alsô den weisen hât, daz ime den nieman schînen lât: behalten ist mîn frowe als er.

kaisers aus Italien finden wir ihn jetzt bei diesem trotz dem banne des pabstes; aber nicht schon im merz 1212 *in Frankfurt* (*s.* 18, 15), *sondern wahrscheinlich auf dem reichstage zu Nürnberg, auf pfingsten, wo die böhmische krone Wratislaw, dem sohn Otackers, dem schwestersohn des Meissners* (*s.* 12, 3), *zugesprochen ward. so hat er auch gewiss dem könig Friedrich vor seiner krönung zu Achen* (25. *juli* 1215) *nicht angehangen: wenig monate vorher war er auf Ottos seite, als landgraf Hermann kurz vor seinem tode* (*er starb im aprill* 1215) *sich wieder mit ihm verbinden wollte* (*s.* 105, 13). *um die zeit mag er zum zweiten mahl nach Thüringen gegangen sein, und vielleicht bezieht sich s.* 35, 7. 10 *darauf, wo z.* 15 *auf winterzeit deutet.* [*die ehedem verbreitete meinung dass landgraf Hermann am* 26. *aprill* 1215 *gestorben sei ist unrichtig. am* 31. *januar* 1216 *bezeugte er zu Gelnhausen eine urkunde des königs Friedrich, in Böhmers Frankfurter urkundenbuche s.* 25. *er scheint zu ende des jahres* 1216 *gestorben zu sein: s. Schumachers vermischte nachrichten zur erläuterung und ergänzung der sächsischen geschichte* 6, *s.* 26. *das necrologium eines Aschaffenburger psalteriums in der zeitschrift des vereins für thüring. gesch.* 2, 119 *hat III.* non. ian. Hermannus lantgravius. *Haupt.*]

11, 18. *in den gemeinschaftlichen strophen dieses tons stimmt B wieder genau mit C: ich folge vielmehr A, deren eigenthümliche lesarten zum theil besser sind, ohne doch eine nachhelfende hand zu verrathen.*

12, 3. *Köpke bezieht* [134] *diese strophe richtig auf markgraf Dietrich von Meissen und das bündniss das er mit Otto gegen Innocenz Otacker und Hermann zu Frankfurt am* 20. *merz* 1212 *geschlossen hatte. die schwierigkeiten bei einer andern auslegung sind Uhland* (*s.* 104 *f.*) *nicht entgangen. der Tanhäuser überträgt Walthers lob Dietrichs* (*hier und s.* 106, 7) *auf dessen sohn Heinrich* (*MS.* 2, 64 *f.*)*: und dies deutet er selbst durch den zusatz an,* der vater mit den kinden, *womit er Walthers lob abermahls auch Heinrichs kindern zutheilt.* An dem man ie des besten jach, Heinrich der Mîssenære, der sîne triuwe nie zerbrach, derst alles wandels lære. er solte des rîches krône tragen, der vater mit den kinden. ich kunde nie bî mînen tagen kein wandel an im vinden. *aber Walther hatte s.* 106, 8 *wohl die böhmische krone gemeint: s. zu s.* 11,6.

12, 6. *diese und die folgenden strophen sind in C unter den aus der quelle von A nachgetragenen: daher stimmen beide handschriften genau überein.*

12, 12. *Cäsarius von Heisterbach lässt* (mirac. 4, 15) *einen kreuzfahrer von einer saracenischen prophezeiung erzählen: wie es in ihren büchern heiße, werde ein christlicher kaiser Otto Accon und Jerusalem der christenheit gewinnen; und setzt hinzu* Nos ista audientes sperabamus quia prophetia illa implenda esset in Ottone imperatore Saxone, qui ante aliquot annos defunctus est. *Otto der vierte selbst sagte vor seinem tode* (orig. Guelf. 3, p. 363), *er habe nach seiner römischen krönung das kreuz genommen, und dasselbe seitdem vor den leuten verborgen am halse getragen in erwartung der möglichkeit eines kreuzzuges. hatte Walther davon etwas erfahren? oder spricht er, wie Wackernagel 2, s. 142 meint, nur im sinne der allgemeinen begeisterung, die im jahr* 1212 *sogar einen kreuzzug französischer und deutscher kinder erregte? dass er schon vor* 1212 *seinen eifer gegen die heiden gerichtet habe, ist unerweislich: denn s.* 79, 1—16 *finde ich kein merkmal einer bestimmten zeit. aber der leich muss älter sein: sonst würde der kreuzzug vorkommen. die simonie kommt vor, s.* 6, 39, *und der widerstreit zwischen worten und werken, s.* 7, 12, *wie in den sprüchen s.* 33, 6. 36: *die steigerung des letzten vorwurfes, s.* 34, 29, *kann erst dem vorwurf selbst gefolgt sein* (*vergl. z.* 33). *in dem gesange des kreuzheers s.* 76, 22 *und in dem des ankommenden kreuzfahrers s.* 14, 38, *die ich am liebsten in die zeit der noch neuen begeisterung setzen möchte, wird das trübe, was gegen pabst und pfaffen zu sagen war, verschwiegen, weil der dichter die gemeinsame stimmung darstellen will. nach* 1213 *hat er, soviel ich finden kann, erst wieder am ende des jahres* 1227 *seine gesinnung auf den kreuzzug gewandt.*

12. 26. *Uhland deutet* (*s.* 135) *das wapen auf Friedrich II* [135] (*vergl. Wackernagel* 2, *s.* 143): *aber es passt auch auf Otto, und wie könnten Friedrich und er in demselben tone besungen sein? bei der krönung zu Rom führte er im schilde den halben adler und drei löwen. dies sagt als augenzeuge der dichter des Welschen gastes im achten buch. s.* origin. Guelf. 3, 322. 323. *auf den münzen daselbst bei s.* 374 *ist der halbe adler und der löwe.* "*Der halbe adler ist wappen des herzogthums Sachsen, worüber auch Conrads schwanritter* 915 *nachzusehen, und Kopps bilder und schriften* 1, 116. 117. *Witichindus corbeiens. p.* 632 *wage ich nicht darauf zu beziehen:* hic (Hathagast) arripiens signum, quod apud eos habebatur sacrum, l e o n i s atque draconis atque desuper a q u i l a e volantis insignitum effigie." J. Grimm. *die verse im Welschen gast* (8, 5 *und* 9, 2) *lauten nach W. Grimms mittheilung also.*

Dô her Otte was ze Lampart,
dem nû ist misselungen hart,
unde was ze Rôme komen,
als ir wol habt vernomen,
dô kom ich ze den zîten dar
und was in sînem hove, deist wâr,
wol ahte wochen unde mêre.
dô misseviel mir harte sêre
daz an sîm schilt erschinen gar
drî lewen und ein halber ar.
ez was getân unmæzlîche
bêdenthalben sicherlîche.
an drin lewen was ze vil:
swer einen lewen füeren wil,

ob er sich nâch im rihten kan,
der dunket mich ein biderbe man.
sô sult ir wizzen ouch für wâr,
gebresten hât ein halber ar:
ich wil iu dar an niht liegen:
ein halber ar mag niht gevliegen.
dâ was an lützel und an vil
unmâze, swerz verstên wil.
ich wæn ez bezeigen wolde
waz dar nâh geschehen solde.
ein lewe bezeigent *(so)* hôhen muot,
drî lewen bezeigent übermuot.
swer drîer lewen herze hât,
volget der übermuot rât:
swer hât eines lewen muot,
mich dunket daz er gnuoc tuot.
der are vliuget harte sêre, [136]
sîn hôher fluc bezeiget êre:
sô bezeiget ouch für wâr
der êre schidunge ein halber ar.
nû wellent jehen sumelîche
daz der her Otte sî vom rîche
gescheiden durch sînn übermuot.
swer wil über mannes muot
mit drîer lewen herze stîgen,
der muoz in kürze abe sîgen.
swi hôhe wær (*l.* vüer) ein halber ar,
er müeste vallen, deist wâr *u. s. w.*
Ir muget noh gedenken wol
daz ich sprach daz nien sol
in iemens schilt drî lewen gar
erschînen und ein halber ar.
ich sprach daz drî lewen übermuot
bezeichent, des einer niht entuot:
ich sprach ouch daz ein halber ar
der êre schidunge bezeiget gar,
wan ein ganzer ar wol
nâh rehte êre bediuten sol *u. s. w.*

12, 34. Ibi *(zu Bamberg)* etiam Sifridus episcopus (Mogont.) Ottonem imperatorem excommunicavit, et missis litteris suis ad omnes archiepiscopos ut ipsum facerent auctoritate apostolica praecepit. Godefridi mon. Colon. annales 1211.

13, 5. von *ist zu tilgen.*

13, 7. *Beneckens besserung* der blîbet hie *giebt den sinn 'wer klug tapfer und reich ist, hat schande daheim zu bleiben'.* diu beidiu *beziehe ich auf die zwei paare,* witze unde manheit, silber und daz golt, *nicht bloss auf das letztere. da* hie *für den gedanken entbehrlich ist (s. Hartmann von Aue, lied.* 12, 6), *habe ich vorgezogen* belîbet der. 13, 8. himelschen *BC*] *vergl. s.* 54, 30.

13, 12. *Der dichter deutet vielleicht auf den großen sturm im december* 1227, *welchen der mönch Gottfried erwähnt, und gewiss auf den bann den pabst Gregor IX um dieselbe zeit über Friedrich sprach.*

13, 13 *und* 15, *die zweiten zeilen der stollen, sind um einen fuss kürzer als in den beiden folgenden gesetzen: das erste ist zweideutig, weil man z.* 6 und *schreiben und z.* 8 wê *weglassen kann.*

13, 20. zwein *ist gegen sinn und vers.* [137]

13, 23. varender fröiden *MS.* 1, 70ª. varnden lôn *MS.* 1, 165ᵇ.

13, 30. *es fehlt ein fuss: etwa* meiste strît.

14, 38. *[Vor diesem lied stehn in* 1. 2. 3 *Z strophen eines neuen tons, s. vorr. p.* XXVIII*f.] — Dass Walther selbst eine kreuzfahrt gethan habe, wird aus diesem liede mit unrecht gefolgert. es ist sogar unwahrscheinlich, dass er die grenzen der deutschen zunge, wie er sie s.* 31, 13. 14 *angiebt, erreicht hat, da man ihm wenigstens mannigfaltige wanderungen nicht nachrechnen kann. undeutsche länder unter den vielen die er gesehen hatte (s.* 56, 30. 38) *waren eins und das andre slavische und ein wenig von der Lombardei. Uhland deutet (s.* 139) *das kreuzlied auf das jahr* 1228: *es ist aber sehr zweifelhaft ob Walther Friedrichs II ankunft in Palästina (*7. *september* 1228) *erlebt hat. s.* 125, *in einem liede das am ende des jahrs* 1227 *oder im anfang des folgenden gedichtet ist, achtet er sich der ehre an der* lieben reise *über see theilzunehmen allzu gering, und sagt ausdrücklich, er k ö n n e es nicht. unser lied ist ganz gewiss nicht aus seinen letzten jahren: es müste sonst auf die überwundene trübe sehnsucht zurück deuten*): und aus eigner empfindung hätte es Walther wohl wärmer und persönlicher gedichtet, schwerlich auch ohne bitterkeit, die auf dem zuge selbst wachsen muste. übrigens nimmt es sich besser aus, wenn man nur die beglaubigtern strophen liest: aber Walther selbst mochte nicht immer gleich viel singen, und ich wüste nicht warum ich eine für unecht erklären sollte. dieses urtheil wiederholt sich bei andern liedern.* [138]

15, 5. *E [und* 7 *Z] schaltet folgende strophe ein* (202).

Me danne tusent hundert (dann hundert tusent *Z*) wunder
die von (Hie in *Z*) disme laude sint.
die kan ich ihte mer besunder (Da von ich nicht me besunden *Z*).
unde gehahten denne (Kan gesagen als *Z*) ein cleine (cleine *fehlt Z*) kint.

---

*) *Dass Freidanks gedicht davon nichts hat, und überhaupt nichts lyrisches, auch nicht ganz Walthers strenge in der politischen gesinnung und in der sittlichen, macht mir W. Grimms meinung, Freidank sei Walther, unwahrscheinlich, indem ich beider gedichte lese: ich zweifle wieder, wenn ich in seiner feinen beweisführung die menge des treffenden betrachte.*

wenne ein teil von unser e.
swem des niht genuoge. der ge.
zuo den iüden die sagent im (sagent es *Z*) me.

15, 19. heiden *nimmt Haupt für* heidanî *(heidenschaft), welches Graff* 4, *sp.* 812 *ohne bezeichnung der quelle giebt; wie* kristen, *s. W. Grimm zum Ruland* 3, 23 *und Georg* 323. 1425.

16, 15. lantrihtere rihten *E*] *Seb. Franckens sprichwörter* (1541) 1, *bl.* 36 *rw.* richter dichter.

16, 21. [*Ulrich von Türheim Wilh.* 195^{b} nu müez diu hêre trinitât iwer beider immer pflegen unde gebe [**139**] iu dâ den segen, sô in nôt der sünder stât und weder pfant noch bürgen hât. *Haupt.*]

16, 35. *Von ganz anderm inhalt aber in demselben versmaß ist folgende einzeln stehende strophe,* 10 *F.*

Vrawe mein durch ewer gute
nue vernemet meine clage.
Das jr durch ewer hochgemute
nich enzurnet was ich sage
Vil leichte das ein tummer man
misse redet als er wol kan
daran solt (*l.* da ensult) jr euch nicht keren an.

dasselbe maß haben minnelieder MS. 1, 4^{a} *und bei Lichtenstein s.* 434, *oder, wenn man in der letzten zeile* dâ ensult ir *aussprechen will, MS.* 1, 90^{ab}.

17, 11. *Diese strophe wird nicht deutlich durch Wolframs anspielung im Wilhelm* 286, 19 hêr Vogelweid von brâten sanc: dirre brâte *(der verbrannte küchenmeister)* was dick unde lanc: ez hete sîn frouwe dran genuoc, der er sô holdez herze ie truoc. *doch hilft sie wenigstens ungefähr die zeit bestimmen. denn Wolfram dichtete seinen Wilhelm, über dessen vollendung er starb, zwischen* 1215 *und* 1220; *daher er auch im Welschen gast* (*winter* 1215 *und* 1216) *nicht erwähnt wird, wohl aber der Parzival* (*Docens miscell.* 2, 297). *dass das werk nach dem tode landgraf Hermanns* (*apr.* 1215 [*s. zu* 11, 6. *Haupt.*]) *gedichtet ward, scheint die stelle* 417, 22 *zu beweisen:* 3, 8 *widerstreitet nicht, und im Titurel* 7, 61 (*in einer strophe die vielleicht von Wolfram ist, nach Tit.* 82) *wird voraus gesetzt dass der dichter den landgrafen überlebte, obgleich wieder* 22, 70 *Hermann noch lebt. von Ottos krönung zu Rom* (4. *oct.* 1209) *redet er* (*Wilh.* 394, 1) *so dass man nicht annehmen darf, er habe von einer spätern kaiserkrönung gewust: also sprach er sein mähre vor Friedrichs krönung* (22. *nov.* 1220). *mit Uhland* (*s.* 30) *aus der stelle auf seine politische gesinnung zu schließen wage ich nicht: überhaupt ist die meinung, dass er ein anhänger des pabstes gewesen sei, unerweislich. wenn im Titurel* [**140**] 27, 188 *statt der kaiserkrönung Ottos seine krönung zu Achen* (*juli* 1198) *erwähnt wird, die nicht allzu prächtig war, so zeigt dies nur dass der Titurel von keinem zeit-*

genossen geschrieben ist. die strophe Walthers muste zwischen 1215 *und* 1220 *in frischem andenken sein. dass Wolfram darüber spotte, und dass sie auf die eroberung Konstantinopels durch die Lateiner ziele, hat Koberstein (über den Wartburger krieg s.* 32) *ohne grund angenommen. der spissbraten (s. über* spiz *Grimms grammatik* 2, 989, *Stalders idiot.* 2, 384 spißli, *Titurel* 27, 249) *der einst im orient zu dünn geschnitten ward, so dass die fürsten den könig deshalb nicht mehr mochten, ist nur ein beispiel; wie der* künec von Kriechen *in folgendem namenlosen spruche,* 233 *D, den Gervinus (geschichte der deut. dichtung* 1, *s.* 327) *unnöthig auf einen griechischen kaiser deutet.*

Swelch man diu jâr hât âne muot, diu doch manzîtic sint,
den machet lîhte butzen griul
 bî vier und zweinzic jâren kûme jærec:
So ist im der lîp wol mannes grôz, der muot klein als ein kint.
nû wer dich, man, vertrîp daz kint:
 swie klein ez sî, ez ist dir doch geværec.
Ez enlât dir nimmer wâfen wol gezemen,
ez wil dir minne milte manheit gar benemen.
bartelôser muot, nû birc daz kinne:
ez spottet dîn, sam tuos dû sîn:
dîn blœze ist sîner riuhe ein vil unwerder schîn.
hie bart: hêr künec von Kriechen, wâ nû sinne?

am natürlichsten nimmt man Walthers könig für den könig Philipp, dem er unmilde vorwirft, die ihn noch das reich kosten werde. nur wüste ich nicht wie Philipp gegen die fürsten gekargt hätte: vielmehr ist grade das gegentheil bekannt. ich glaube daher lieber, der dichter klagt über ein ihm selbst geschehenes unrecht, und er sagte z. 14 der tiursten, *nicht* der fürsten. *dann lässt sich auch Wolframs scherz einfach erklären, 'an diesem braten hätte herr Walther samt seiner liebsten genug gehabt'. wenn der spruch Walthers umzug nach Thüringen veranlasste, so konnte Wolfram nach zehn oder mehr jahren wohl daran erinnern (s. zu s.* 19, 36. 11, 6), *mochte der dichter noch am hofe des landgrafen Ludwigs sein oder aus unzufriedenheit ihn eben verlassen haben (s. zu s.* 83, 14. 20, 4). *aber der andre spruch fordert auch eine auslegung. da die anspielung auf den ersten offenbar ist, so kann nur ein deutscher könig gemeint sein, der in gefahr schwebte das reich zu verlieren; oder vielmehr, da das gedrohte nie geschah, nur Philipp selbst. und wer könnte es anders sein als* [141] *Walther der ihn hier und vielleicht wieder s.* 101, 23—36. 120, 15—28 *schilt? härter freilich als s.* 106, 17. 31. *die zahl vierundzwanzig (z.* 3) *ist gewiss nicht die wahre: wer hätte*

---

2. vil lihte *D.* 7. nimmer minne noch wafen *D.* 9. bartloser *D.* 10. dîne *und* sîne *D.* 11. si blozi ist diner rûhi *D.*

solch plumpes fingerzeigen gewagt? und wenn der könig etwa vier jahr älter war (s. zu s. 18, 36), *so ist der spruch um so bitterer. der einzige erhaltene desselben maßes ist Walthers würdig: dass es ungereimt ist aus dem namen unter dem er uns, unmittelbar vor den unbezeichneten liedern Friedrichs des knechts, überliefert ist* (Lutolt von Seven 21 *A*) *auf den verfasser zu schließen, ergiebt die anmerkung zu s.* 85, 34.

Mich wundert wie den liuten sî, die sich der êren schament,
und schame hin ze rügge legent
dâ man nâch ganzen êren solde ringen.
wê daz ir bein ir arme ir hant ir zungen niht erlament!
ir herze müeze unsælic sîn,
die sich sô gar verschamen an guoten dingen.
schame ist bezzer danne silber unde golt:
zwiu sol dem guot, dem niemen ist ze rehte holt?
swer schame hât, der mac wol friunt gewinnen.
sist aller tugende ein spiegel gar:
bî schame nimpt man aller guoter dinge war.
jâ solten si die rîchen gerne minnen.

17, 22. *vielleicht* die fürsten sazten ander kür.

17, 25. *Meine auslegung beruht auf dem von W. Grimm bemerkten gegensatze des auf- und abgesangs. dieser gegensatz scheint mir zu sein* b o h n e *und* h a l m. *ich glaube, ein tadler, vielleicht der dichter den das nächst folgende gesetz derb abfertigt, hatte Walthers lied vom halmmessen (s.* 65. 66) *verhöhnt; etwa in dem sinne, herrn Walthers halm sei keiner bohne werth, die man dagegen schon eher besingen könnte. 'was,' sagt der dichter, 'ist an der bohne zu loben? sie ist fastenspeise, vor und nach himmelfahrt* (nône) *faul, und von anfang voll würmer; dagegen halm korn und stroh gut und erfreulich und zu jeder zeit brauchbar: aber vor der bohne muss man ein paternoster beten, um ihrer los zu werden'.*

17, 30. *ich denke* von êrste in der niuwe.

17, 31. *man braucht das verderbniss nicht tief zu suchen, weil A und C in dieser und der vorher gehenden strophe aus einer quelle schöpften.* [142]

18, 7. Man heten doch vil bas danne ú *C*] *mit diesem accusativus* iu *könnte man etwa formen wie* flô *für* flôch *und bei Walther selbst* hô lô rû gedîen *vergleichen.*

18, 10. *der dichter dieser strophe giebt dem abgesang zwei gleiche hälften. eben dies bewürkt in der folgenden die lesart von C z.* 24.

18, 15. *Der dichter lobt, glaube ich, den herzog Ludewig von Baiern, der dem markgrafen Dieterich von Meissen zu Frankfurt* (Franken) *ein geschenk für ihn mitgegeben hatte, als beide am* 20. *merz* 1212

---

14. ze ruggen *A*. 17. sint *A*. 20. zw°i *A*. 22. tungende *A*.

sich mit dem heim kehrenden kaiser Otto verbündeten. das geschenk nennt C ein liet, *A* ein lieht: *s. die anmerk. zu s.* 84, 33.

18, 29. *diese strophen giebt C, wie ich glaube, nach sorgfältigerer überlieferung.*

18, 35. lachent *C*] *vergl. Tristan* 6629. 10981 *und Nibel.* 415, 3. 543, 4.

18, 36. *das geburtsjahr könig Philipps ist, so viel ich weiß, nicht bekannt: er ward aber pfingsten* 1197 *auf dem Gunzenleh ritter* (*Otto von S. Blasien cap.* 44. *Weingart. chronik bei Leibnitz* 1, 799). *unter dem jahr* 1185 *nennt ihn Albrecht von Stade* tunc scholarem parvum, *indem er den tod der kaiserin Beatrix berichtet. vergl. die anmerkung zu s.* 17, 11. *Walther besingt hier seine zweite krönung,* 6. *jun.* 1205: *denn bei der ersten,* 15. *aug.* 1198 [8. *sept. nach Böhmers reg. s.* 5, *Abels Philipp s.* 55. *Haupt.*], *war er nicht zugegen. s. zu s.* 19, 36.

19, 3. an sinem *B*] [*Seifried Helbling* 2, 880 daz got im nimmer schône den stein lâz an sîm nacke stên dem alle fürsten nâch gên. *Haupt.*] [143]

19, 5. *Die zeit dieser weihnachtsfeier ist verschieden bestimmt worden. Uhland meint* (*s.* 30), *nach dem thüringischen feldzuge* 1204: *aber den* 12. *november war könig Philipp in Koblenz und ward am* 6. *jan.* 1205 *zu Achen gekrönt. Köpke* (*in Büschings wöchentl. nachr.* 4, 16) *räth auf* 1207: *allein nach den zusammenkünften in Nordhausen und Quedlinburg hielt Philipp auf Andreä* (30. *nov.*) *zu Augsburg hof, und feierte weihnachten nach dem* chron. Alberici p. 446 *zu Metz. auch war ja der erzbischof Albrecht von Magdeburg* (*seit* 1205) *damals Otto zugethan. Benecke hat in der Wünschelruthe* (1818) *n.* 47, *s.* 186, *zur erläuterung folgende worte aus der Magdeburger schöppenchronik angeführt, welche ich nach der Berliner handschrift berichtigt wiederhole.* 'In dem 1198. jare quemen de forsten van Sassen van Beyeren van Swaven und Franken by Ertforde up eyn velt to samene, und koren Philippum, keyser Hinrikes broder. bisschop Ludolff van Magdeborch was de eerste an dem kore, und koning Philippus gaff los bisschop Ludolffe dat ingelt und tins den de bisschop van Magdeborch lange tyd dem ryke gegeven hadden. koning Philippus kam dar na to wynachten hyr mit dren koningen (*muss heißen* mit der koninginne), und hadden groten hof, und gyngk hir gecronet. und mit der koningynne ghingk de ebbedissche van Quedelingeborch und de hertochynne van Sassen. de bisschop van Hildensem was do kentzelere und vorstund den hoff.' *hiezu stimmt, wie zu Walthers gedichte, die erzählung der halberstädtischen chronik s.* 67 *der ausg. von Schatz.* 'Rex autem festum nativitatis domini Magdeburg cum ingenti magnificentia celebravit. ipseque die sancto regalibus indumentis et imperiali dyademate insignitus sollempniter incedebat: sed et coniux sua Erina Augusta regio cultu excellentissime simul ornata, venerabili domina Agnete Quidelingheburgensi abbatissa et domina Iuditta Bernardi ducis

Saxonie uxore aliarumque illustrium feminarum stipante caterva, regem fuit tam decentissime quam venustissime prosecuta. episcopi quoque qui aderant pontificalibus indumentis ornati regem et reginam ex utroque latere tam reverenter quam honorabiliter conduxerunt. Bernardus autem dux Saxonie, qui et ensem regium preferebat, ceterique principes assistentes, viri quoque nobiles, comites et barones, omnisque generis plebs collecta, in obsequio regis et tante sollempnitatis officio sedulitate ferventes erant, omnesque qui aderant, quorum incomprehensibilis exstitit numerus, corde gaudentes, animis exultantes, manibus applaudentes, vocibus perstrepentes, opere vigilantes, huic sollempnitati uniformiter arriserunt, ipsam per omnia debite devotionis tripudio peragentes. dominus autem Conradus imperialis aule cancellarius sagaciter cuncta disposuit et prudenter, et ut ordinate fierent omnia fideliter procuravit.' *sie setzt diesen hof gleichfalls auf weihnachten* 1198. *auch die* historia imperatorum (der koninge buoch [144] *oder die repkauische chronik*) *in Menckens* scriptor. 3, 117 *erwähnt dieser hofhaltung Philipps in Magdeburg*, 'rex eciam Philippus curiam sollempnem Maydeborch habuit, ubi cum coniuge sua in fastu regio coronatus incessit,' (*deutsch nach Eccards* corpus historicum 1, 1399 *oder nach der Berliner handschrift bl.* 50 *rw.* 'de koning Philippus hadde ouyg eynen groten hof zuo Madebuorg, da he gecronet geinc mit sinem wive') *und zwar unmittelbar nach begebenheiten der letzten monate des jahrs* 1198. *der mönch Gottfried von Köln sagt von weihnachten* 1198 'regum quisque suis in partibus natalem domini celebrat', *ohne ausdrücklich zu erzählen dass Otto in Harzburg war und Philipp bei seinem anhänger dem erzbischof Ludolf. dass aber Philipp am ende des jahrs nach Sachsen kam und Goslar von Otto frei machte, sagt Gottfried, und ausführlicher die* historia imperatorum. *die entsetzung Goslars geschah den* 5. *jan.* 1199 *nach der braunschweigischen reimchronik bei Leibnitz* 3, 94), *die aber Philipps hofhaltung zu Magdeburg auf weihnachten* 1199 *und damit die belagerung Braunschweigs vom juli* 1199 *in das jahr* 1200 *verlegt* (p. 96—101); *wohl sicher unrichtig: denn Philipp war den* 9. *aprill* 1200 *zu Straßburg* (*Schöpfl.* Als. dipl. 1, 308), *nachher in Mainz beim begräbniss des erzbischofs Konrads, und den* 28. *juli hielt er mit Otto eine zusammenkunft zwischen Andernach und Koblenz* (registr. Innoc. III. de negot. imp. p. 747b). *wenn unser dichter die Thüringer erwähnt, darf man dabei ja nicht an den landgrafen Hermann selbst denken. er war Jacobi* (25. *juli*) 1198 *von seiner kreuzfahrt heim gekehrt, hatte bald darauf dem könig Otto geschworen, Nordhausen, das ihm zu lehen gegeben war, mit* 1800 *gewapneten nach sechswöchentlicher belagerung um allerheiligen zur übergabe gezwungen, dann gegen weihnachten Saalfeld erobert und geplündert, und erst im folgenden* 1199*sten jahre verließ er Otto und schwur Philipp am* 15. *august* (chron. S. Petr. Erfurt.): *nachher wieder:*

wie er schon 1202 *Philipp nicht mehr getreu erschien* (registr. Innocent. III. ep. 52), *schwur er Otto, nach Philipps nicht glücklichem feldzuge gegen Thüringen, zu Merseburg* 24. *aug.* 1203. *der wankelmut Hermanns, und dass er sowohl von Otto als von Philipp mit Nordhausen belehent ward, hat manchen erzähler dieser begebenheiten verwirrt.* [*nach Böhmers erörterung in den regesten des kaiserreiches von* 1198—1254 *s.* 7 *ist der Magdeburger hoftag könig Philipps auf weihnachten* 1199 *zu setzen. Haupt.*]

19, 13. *der dichter giebt der königin Irene die gewöhnlichen beinamen der jungfrau Maria, weil sie in Deutschland Maria hieß. s. Leibnitz.* script. rer. Br. 3, 108. 114, Godefr. Colon. 1204, *und die* origines [**145**] Guelficas 3, *s.* 304.

19, 31. *Uhland erklärt* (*s.* 15) *schnabelschuhe. passender wäre wohl* mîne kraneches trite, *wie Freidank* 30, 13 Hôchvart diu hât kraneches schrite. [mîne kranechen trite *wird genügen. die schwache form ist überliefert im Biterolf* 6985. *in der hs. D der Klage* 1085, *bei Rüdiger von zwein gesellen* 336, *in beispielen in J. Grimms Reinhart s.* 347, 1525 *und in meiner zeitschrift* 7 *s.* 353, 14. 354, 50. *noch im sechzehnten jahrhundert erscheint sie, z. b. bei Waldis im Aesopus* 1, 60, 4. *Haupt.*]

19, 36. *diese stelle zeigt deutlich dass Walther nach dem tode herzog Friedrichs* (*er starb* 15. *oder* 16. *apr.* 1198 *in Palästina und ward* 11. *oct. zum Heiligenkreuz begraben*) *Österreich verlassen hatte, und jetzt gegen das ende des jahrs* 1198 [*s. den zusatz zu* 19, 5. *Haupt.*] *gastliche aufnahme* (*vergl. Wolfr. Wilh.* 5, 5) *bei könig Philipp fand; nachdem er sich ihm schon durch die strophe* Ich hôrte ein wazzer diezen (*s.* 8, 28) *empfohlen hatte, vielleicht auf dem tage zu Nürnberg, wo herzog Leopold* (18. *aprill*) *zugegen war. warum er nicht bei Leopold blieb, warum sein mahnen s.* 21, 9 *nicht verfing, ob er außer der auswanderung noch etwas andres verschuldete* (*s.* 26, 1), *wird sich nicht entscheiden lassen: er selbst sagt* (*s.* 24, 35), *ihn vertreibe die allgemeine traurigkeit, und* (*s.* 107, 26) *dass ihm daheim gut und ehre fehle. zu Wien finden wir ihn Pfingsten* 1200 (*s. zu s.* 25, 29); *wieder in Philipps umgebung vor und bei seiner zweiten krönung* (6. *jan.* 1205: *s.* 106, 29. 18, 29), *nach welcher er sogar den könig duzt* (*s.* 16, 37. 19, 17). *bald darauf ging er an den thüringischen hof, wie mir scheint nachdem der könig ihm unmilde ein versprechen nicht gehalten hatte* (*s.* 19, 17. 16, 36, 17, 11. 107, 12). *ich finde nicht, dass er wieder zu ihm zurück gekehrt ist.*

20, 4. *Der dichter klagt, dass sein anklopfen am thüringischen hofe nicht helfe: der andrang war so groß* (*Parziv.* 297, 20) *dass man leicht zu spät kam* (*Wolfr. Wilh.* 417, 26). *wie früh Walther in Hermanns dienste ging, habe ich bei s.* 19, 36 *zu bestimmen gesucht. nähere bestätigung giebt Wolframs Parzival. Walthers anrede an des* [**146**] *landgrafen gesinde, die Wolfram im sechsten buch* (297, 25) *erwähnt,* Guoten tac, bœs unde guot, *passt nur für einen einheimischen: ehe aber der landgraf sich dem könig Philipp unterwarf* (17. *sept.* 1204).

ging Walther gewiss nicht nach Thüringen zu dem geheimen und zuletzt öffentlichen gegner seines herrn (*Uhland s.* 38). *aber auch nicht viel später: denn als das siebente buch des Parzivals gedichtet ward, waren bei Erfurt die spuren der belagerung* (1203 *nach pfingsten*) *noch sichtbar* (379, 18). *wenn im dreizehnten buche* (639, 11) *die neuen tänze aus Thüringen auf Walthers noch dauernden aufenthalt deuten, so kann es nach der anmerkung zu s.* 11, 6 *spätestens* 1211 *gedichtet sein. der Tristan und der Wigalois sind älter* (*s. zu Wolfram s. XIX, zum Iwein* 1328. 4533), *aber nach* 1206.

ist zu lesen von ungesunde?

20, 13. *das abgekürzte* fuor *anstatt* fuore *ist kaum Walthers sprechart gemäss, wenn er auch, wo die gemeine sprache nachzuahmen war,* frô bôn *sagte* (*s.* 17, 38) *und* ich lîh dir (*s.* 82, 14), kêrt sîn hant (*s.* 29, 14), mîn frouwen (*s.* 46, 31), tæt dû (*s.* 89, 30). *vielleicht ist* wol *auszustreichen.*

20, 17. [*Lachmanns* ist uns *ist höchst wahrscheinlich blosser druckfehler, denn CD lesen* uns ist, *ohne dass Lachmann die abweichung angemerkt hätte.*]

22, 2. [*O. Abel in der zeitschrift f. d. alt.* 9, *s.* 142 *setzt diese strophe in das jahr* 1207. *Haupt.*] [147]

22, 6. *auch die lesart aus D ist gut; aber die aus C nicht minder:* vil *wird oft hinter das adjectivum gesetzt.*

22, 19. mit sinen wizzen unbehuot *D*] *vergl. die lesarten zu Iw.* 727.

23, 31. die ungeberten *scheint der sinn zu verlangen.* [148]

25, 10. *Welche zeit meint der dichter? nach Herzog Friedrichs tode* 1198? *oder* dô Liupold sparte ûf gotes vart *gegen* 1217? *und wie verhält sich zu diesem spruche s.* 21, 1? *s. zu s.* 19, 36. 83, 14. 84, 20. 104, 32.

25, 14. [Legitur quod eo die quo a Constantino dotata est ecclesia audita est vox angelica, dicens 'hodie infusum est venenum in ecclesia, quia maior est dignitate et minor relligione.' *randbemerkung in der Wiener handschrift* hist. eccl. 29 *bl.* 64, *von einer hand des* 13. *jahrh. s. Pertz, archiv* 7, 475. *vergl. Johannes d. Parisiis tract. de potest. reg. et pop. kap.* 22, 11 (*Schardius Sylloge s.* 147[b]), *Hermann von Fritzlar* 43, 39. *Haupt.*]

25, 17. *etwa* nû ein gift.

25, 22. *s. zu s.* 104, 32.

25, 29. *Der junge fürst der zu Wien ein fest gab, muss wohl, weil ein anderer näher bezeichnet wäre, herzog Leopold VII von Österreich sein, der pfingsten* (28. *mai*) 1200 *im* 24*sten jahre zu Wien das schwert nahm.*

25, 36. *die meinung wird sein* die stelle von den mærhen læren. *s.* 84, 19 *ist nicht zu vergleichen.*

26, 2. 8*r mit der überschrift* Herre walther *ist in diesem ton.*

Ich hœre des die wîsen jehen,
daz ein gerihte sül geschehen,

daz nie deheinez mê wart alsô strengo.
der rihtær sprichet sâ zehant
'gilt âne borg und âne pfant.'
dâ wirt des mannes rât vil kurz und enge.
daz hilf mir, frowe, hie besorgen,
sît daz dort nieman wil borgen,
dur die hœhsten fröude dîn,
die dir der heilige engel ze ôren brâhte,
dô er dir ze tragenne gunde
dâ von sich dîn fröude erzunde
und unser werndez heil sol sîn.
der dir der fröude von alrêrste gedâhte,
des trôst sî an dem ende mîn.

das folgende lied, 74—78 H, habe ich als ohne zweifel unecht in die erste ausgabe nicht aufgenommen. s. zu den Nibel. 2156, 1.

Gehovet, verhovet, und ungehovet,
diu zwei geswechet und verschrovet [149]
sint gar, daz dritte mac wol êren walten.
gehoveter man, dîn werdez leben
ist aller mâze schône gegeben:
des mac dîn zarter lîp in sælden alten.
êren bist dû ingesinde:
trahte daz unfuoge swinde
vor den klâren ougen dîn.
und tuost alsô und volgest mîner lêre,
sô bûwes dû ûf êren strâze.
guot man, ganzer zuht niht lâze,
halt daz reht ân argen pîn,
fliuch falschen rât, mîns herzen trûtgeselle:
sô wirt dîn lop der werlde schîn.
Verhofter schalc, waz sol dîn leben?
dir ist niht anders hie gegeben
wan spot: den trîbes dû zuo allen stunden.
daz ist dîns herzen seiten spil:
des kanst dû trîben alsô vil.
wol hin alzuo den leiden hellehunden!
den reinen dû vil gar verschimpfes,
alliu dinc dû ime unglimpfes:
wê dir, snœder hellebarn!
dir ist alsam dem veigen Kâm verfluochet,
dû luftes niet, dû eiterclûse.
als ûf den hûwen ist dîn grûse,

---

3. daz nie kains wart also me so streng *r.* 8. dert *r.* 10. *vergl.* s. 24, 24. 11. ze tragende kunte *r.* 12. er zunte r.

den man siht des nahtes varn.
kêr zuo im deme dû dienest zallen stunden:
ich mac dich lenger niht gesparn.
Ich wil dem ungehoften man
ein hûs ûf aller schanden ban
hin bûwen als den siechen ûf dem velde.
wand er ist aller tugende fûl:
als ein vil unversunnen mûl
stêt er vil . . . . . ûf aller hande melde:
er slunde alsame ein ruoch alleine
gerne sîne habe gemeine
naht und tac zuo aller stunt.
ouwê daz dich getruoc ie wîbes künne!
daz was ein jæmerlîchiu swære.
gote bist dû gar unmære,
deist mir von dir worden kunt,
dû arger zage, dû snœdez vaz unreine. [150]
wol hin dem tiuvel in den munt!
Got hât im rehten sin gegeben,
swer an im selben hât daz leben
daz man in für gehoften man erkennet.
deme ist sûr und süeze kunt:
an schanden wirt er niht enzunt,
ob er den sin gehoftes muotes wennet.
ein bîspel kieset an Adâme,
dô Kâym, sîn veiger sâme,
zuo der werlde wart geborn:
in ungehôfte sluog er sînen bruoder,
Abel den vil tugende rîchen,
deme sîn opfer werdeclîchen
wac dô für den gotes zorn.
vor gotes ougen sint die ungehoften
sam nezzelkrût und scharpfer dorn.
'Durch got dû sage mir, meister mîn:
sich, daz geteilte wese dîn:
daz beste kius al under disen beiden.
dû solt bî dem verhoften wesen,
bî ungehoftem man genesen.
der zweier solt dû mich durch zuht bescheiden.'
kint, dû tuost eine tumbe frâge,
der ich dich vil gar unträge
minniclîch bescheiden wil.

---

43. varn *fehlt H.* 49. duoginde fol *H.* [50. vil *in H fehlte in Lachmanns text versehentlich.*] 51. *etwa* er vil tumbe. 62. wer *H.* 68. da *H.* 80. ungehoftin *H.*

verhofter lecker der ist sô unmære
vor den klâren gotes ougen:
sô mac der ungehofte tougen
wol erwerben hoves zil.
ich Walther bî den ungehoften balde
belibe durch ir gumpelspil.

höchstens die letzte strophe kann allenfalls waltherisch sein. der schluss würde dann etwa sein müssen

ich Walther bî den ungehoveten wære
beliben, wan ir gumpelspil.

der spruch Reimars über gehovet ungehovet verhovet (*MS.* 2, 124ª) *enthält keine bestimmte beziehung auf diese strophen. strenger entspricht dem waltherischen ton eine strophe unter des Hardeggers namen, MS.* 2, 122ᵇ, *und nach herrn von der Hagens richtiger bemerkung (minnesinger* 4, *s.* 185ª) *zwei in C darauf folgende unter dem schulmeister von Esslingen, MS.* 2, 93ª; *aber auch noch eine s.* 94ª. *für die echtheit der strophe* 8r *ist daher eben nicht einzustehn.* [151]

26, 3. *In dem folgenden ton haben A und C fünf strophen gemein; darunter zwei,* 308 [324]. 313 [349] *C, mit verschiedenen texten: hingegen* 318 [334]. 319 [335] *C lauten ganz wie in A, und* 359 [375] *C ist aus der A ähnlichen sammlung nachgetragen.*

26, 5. *Parzival* 290, 30 diu (Minne) stiez ûf in ir krefte rîs, *sie schlug ihn mit dem stecken als seine zuchtmeisterin. Seifried Helbling* 4, 570 dô ich sînem rîse entwahsen was.

26, 12. *Ist dieses aufrichtige aber nicht sehr christliche gebet aus der zeit als Walther von Otto zu Friedrich ging? Reinmar* (29ᵇ, 72 [80] *C*, 259 *E*) ich hân iemer einen sin, er enwirt mir niemer liep dem ich unmære bin.

26, 32. *Dieses und das folgende gesetz sind noch bei Ottos lebzeiten gedichtet, vor dem mai* 1218; *aber nach dem julius* 1215: *s. zu s.* 11, 6. *kein gedicht in diesem tone, so weit man ihnen die zeit ansehen kann, ist älter: aber alle sind während könig Friedrichs anwesenheit in Deutschland (bis sept.* 1220) *gesungen.*

26, 33. *vergl. Uhland s.* 55. [152]

27, 16. *Der könig ist Friederich: dem Otto, an den Uhland (s.* 55) *denkt, diente Walther nicht eh er als kaiser aus Italien zurück kam. da er vom könige belehent ist, so verlangen die geistlichen den zehnten. 'wie,' sagt er, 'soll ich angeben was ich für volle kisten und ganze schiffsladungen (vergl. Wolfr. Wilh.* 22, 6) *von reichthümern habe? fast möchte ich das lehen aufgeben: es trägt jährlich ganze dreißig mark, und davon behalte ich nichts im kasten.'*

27, 17. *Dieses und das folgende gesetz ist wohl nicht von Walther; noch*

---

87. unsanfte *H.*

weniger aber die namenlose strophe I 20 *n, die herr von der Hagen (minnesinger* 3, *s.* 451) *ihm zuschreibt, obgleich das maß in jeder der fünf letzten zeilen verschieden ist. herr von der Hagen hat aber selbst richtig bemerkt* (4, *s.* 185[a]) *dass der schulmeister von Esslingen die strophe* Mit dienst man iezunt harte kûme guot erwirbet, *MS.* 2, 93[b], *in diesem waltherischen tone gedichtet hat. die aus n setze ich her, weil ich sie mit hilfe einer abschrift von Haupt verbessern kann.*

Rît od gât ein man gevangen und gebunden?
treit ieman ganzen lîp mit hundert tûsent wunden?
ist ieman lebendic unt doch tôt? hât ieman daz befunden?
jâ, daz geschiht von einem unbescheiden wîbe:
swâ sich ein êren gerender man zuo der gesellet hât,
der ist gevangen und gebunden (des ist dehein rât)
und ist ouch wunt und tôt an sêle und an dem lîbe.
aver ein sælic man mac sich wol freuwen immer mê,
deme got hete gegeben ein reine biderbe wîp zer ê:
wan ir güete und ir tugent liez ime geschehen niemer wê.

27, 29. *Haupt vergleicht* gerner ich durch liehte bluomen linde hiure in touwes flüete wuot *bei Konrad von Würzburg* (*Hagens minnes.* 2, *s.* 319[a]). *bei Gottfried von Neifen s.* 20 *und* 31 *Ben. ist zu lesen* sam der (*oder* diu) rôse in touwe (*oder* in touwen) blüete.

28, 1. ain vogt — ain kúnig *B*] [*Hirzelin von der schlacht bei Göllheim in Liliencrons historischen volksliedern nr.* 4 *v.* 116 von Pulle ein chünich, von Rom ein vogt. *K. M.*] **[153]**

28, 10. *Auf diese strophe lässt B eine parodie derselben folgen* (31), *welche C dem truchsessen von S. Gallen zuschreibt* (1, 153[d]),

Der welte vogt, des himels künec, ich lob iuch gerne,
daz ir mich des (*fehlt BC*) hânt erlân, daz ich niht lerne
wie (als *B*) dirre und der an frömder stat ze mînem sange (mit sinem gesange *B*) scherne.
mîn meister klaget sô sêre von der Vogelweide,
in twinge daz, in twinge jenz, daz mich noch nie (das in noch *C*) betwanc.
den lânt si bî sô rîcher kunst an habe ze kranc,
daz ich mich kûme ûf ir genâde von dem mînem (*so B*) scheide.
sust heize ich wirt und rîte hein: da ist mir niht wê,
dâ singe ich von der heide und von dem grüenen klê.
daz stætent ir mir (das solt du steten *C*), milter got, daz ez mir iht (*so BC*) zergê.

---

1. Ryt ader gayt eman (*d. i.* ieman) gevangin ader gebundin *n.* 4. gesziet van eyme unbeszeidine wibe *n.* 5. Wa *n.* 6. des is keyn rayt *n.* 7. und tôt *fehlt n.* 8. *s. zu s.* 100, 15. 9. hatt (*nicht* hait *oder* hayt, *wie sonst für* hât *steht*) *n.* bierve wip zuo der e *n.* 10. geszien nemer keyn we *n.*

in B ist die sechste mit den folgenden zeilen umgearbeitet,

in twinge diz, in twinge daz, daz mich noch nie gewang (*so*).
daz machet daz ich mich sô kûme von dem mînem scheide,
mir geben (*l.* gebe) danne [hôhe herren und] ein schœnez wîp ir habedanc.
sus rîte ich spâte und kume doch hein: mirst niht ze wê,
und singe ouch —

die zeile daz machet *müste nach dem gesetz dieser strophe hinter der folgenden stehn: doch scheint der sinn keine umstellung zu gestatten.*

28, 11. *vom jahr* 1219: *im juli kam der herzog zurück. vergl. Uhland s.* 82 *und die anmerkung zu s.* 83, 14.

28, 18. wol füeget *verstehe ich nicht: ich glaube* volfüeret.

28, 19. *das harte wort, dem Leopold durch sein betragen vorbeugen soll, ist dieses, 'möchte er lieber mit ehren dort todt geblieben sein als sich zur schande und andern zum verderben heim gekehrt!' der vorwurf den Uhland darin findet, Leopold sei zu früh von der belagerung von Damiate heim gekehrt, wäre ungerecht gewesen und widerstritte der* 16. *zeile.* [154] [28, 30. *Hierauf hat* Z (21) *die strophe vorr. p.* XXIX.] 28, 31. [*Den seltnen ausruf* al die werlt (*heutzutage* alle welt) *hat Heinrich vom Türlein* 16289. *Haupt in der zs.* 15, 263.]

28, 37. *für* wîlent *wird* ê *zu lesen sein.* 29, 2. *nicht* sô voller?

29, 14. "*Der böse schwört dass er nichts böses im schilde führe. in der volkssprache heißt noch jetzt einen schwalbenschwanz machen so viel als die beiden finger ausstrecken, einen eid ablegen.*" W. Grimm. [*Hierauf hat* Z (26) *die strophe vorr. p.* XXX.]

29, 15. *Auf dem tage zu Frankfurt im aprill* 1220 *ward der kreuzzug beschlossen: im september ging Friedrich nach Italien. vergl. Uhland s.* 137.

29, 31. *MS.* 2, 174[a] rise dir golt alsam der snê. *Silvester* 1389 ez rîse ûf dich der sælden tuft. *s.* 18, 25 zuo flieze im aller sælden fluz.

29, 34. *der wechsel des indicativus und conjunctivus ist nicht undeutsch, obgleich hier der vers auch* mizzet *erlaubt. Parz.* 337, 23 ze machen nem diz mære ein man der âventiure prüeven kan und rîme künne sprechen. *Nib.* 23, 3 waz êren an im wüehse und wie schœne was sîn lîp. *MS.* 2, 71[b] (*Neidh.* 44, 5) ob si mir verzîhet und ir minne jenen wer. *Barlaam* 330, 31 swenne dû dich im ergîst und dû durch in getoufet sîst. *vergl. Neidhart* 25, 1. *Wolfr. Wilh.* 358, 3. 4.

30, 7. "In tantam versus insaniam ut nec dei nec sui memor esset. Nuntius s. Thomae, *Bouquet* 16, 211." M. Haupt.

30, 11. *ich glaube, sinn und vers fordern* mit der tæte. *die abschreiber zeigen sehr häufig einen ungelehrten widerwillen gegen rührende reime. der dativus* ræte *steht nirgend fester als hier: denn B hat wenigstens auch* mit gewissenen (*statt* gewizzener) ræte. *drei stellen bei Grimm* (*gramm.* 1, 677) *enthalten den genit. plur.: altd. wäld.* 1, 38 *darf man* tæte [155] *vermuten: reimbindungen mit* -æte *beweisen in Maria s.* 105 *und im Wigamur* 40[a] *nichts.*

30, 15. *das abendroth bringt gute botschaft, wie nach dem griechischen sprichwort bei Äschylus (Agamemnon* 264) *die morgenröthe.* [*Matth.* 16, 2 facto vespere dicitis 'serenum erit, rubicundum est enim caelum.' *Haupt.*]

30, 18. [*eine fabel in J. Grimms Reinhart s.* 344 ich nim sîn wâr versagen ê dan ich zwô gâbe gelogene tuo. *Haupt.*] *In* 4 *o ist diese strophe folgender maßen umgearbeitet.*

Mich grusit als mich lachent an de lechelere
Den de zuonge honigit. in das herze gallen hait
Inde magent mir mit lagen selzen mere
Mins vruondes lagen sal sin ayn missedait
Schone als eyn auent rote luterere
Dat bezeygent vruonden guote mere
Bistu vruont. so do mir lecheliche
Of lagge van mir anderswa
Wilg muont mich lachit an uelschliche
De halde sin lachen bi eme da
Van deme neme ich eyn waris neyn
Vor seuene gelogene ia.

30, 24. *vielleicht* der sich mir windet.

30, 29. *in A findet man diese und die folgende strophe unter dem namen des truchsessen von S. Gallen, aber am ende, unter anderen gedichten die ihm nicht gehören, und unmittelbar nach drei strophen Reinmars in fraun Ehren ton.*

muss man aussprechen friunts? *oder ist vielmehr zu lesen* swer stætes friundes sich dur übermuot behêret?

30, 36. nach *C*, von *A*] *ich denke* ouch. *selbst an* gotes lêhen, [156] *an ihre eigenen leute* (*s. Haltaus s.* 743), *werden sie sich noch in der noth wenden müssen.*

31, 3. *ich habe diese strophe, obgleich sie nicht ausdrücklich Walther zugeschrieben wird, aufgenommen, weil sie nicht anders als unmittelbar nach der vorher gehenden verständlich ist. s. auch die anmerkung vor s.* 106, 17. *wer die zwei treulosen freunde sind, fragen wir vergebens.* noch *verstehe ich nicht, und vermute* wan.

31, 5. beide *ist zu gewichtig um in der senkung elidiert zu werden; außer bei Konrad von Würzburg: auch ist der satzbau mangelhaft. ich glaube* diu wâren beidiu ûzen âne valsch geworht, wan innen —

Einen theil der folgenden strophen trägt C am ende der ersten sammlung nach (339—343 [355—359]) *mit den lesarten von A, da hingegen zu andern liedern die ergänzungen aus A oder vielmehr aus einer ihr ähnlichen handschrift erst* 355 [371] *anfangen. unter den früheren strophen hat C in* 323—326 [339—342] *denselben text wie A, weicht aber in* 321 [337]. 322 [338]. 328 [344]. 331 [347] *ganz von ihr ab. B und C stimmen in* 321 [337]. 322 [338] *C, nicht* 323 [339]. 326 [342]. 327 [343]: *s. oben s.* 127. *Die zeit einiger und vielleicht noch nicht der ältesten* (*s. zu s.* 12, 12) *sprüche in diesem tone, die sich auf den stock beziehen, bestimmt das* chronicon Urspergense, Delatae fuerunt istae litterae anno domini 1213, tempore paschali. *die jüngsten gehen wohl nicht über* 1219 *hinaus. da der vorher gehende ton zu ehren Friedrichs II erfunden zu sein scheint* (*s. zu s.* 26, 32), *vielleicht nachdem dieser hier ihm gefallen hatte* (*s.* 26, 27), *so wird die bitte um ein haus hier s.* 31, 32 *an Otto IV gerichtet sein. gegen Friedrich ward sie dann mit freudigerem zutrauen wiederholt s.* 28, 1.

31, 14. den treben *A*, die trabe *BC*] Trabena *oder* Travena *ist der rechte name des polabischen flusses.*

31, 17. *für* ie *wäre besser* ê.

31, 20. mit *BC*, zuo *A*] *s. Freidank* 165, 24.

31, 26. [herberge *ABC, vgl.* 101, 22.] [157]

31, 33. *s. zu s.* 83, 14.

32, 5. *statt* Osterrîche *zu verkürzen hat Walther eher gesagt* ûz Osterlant.

32, 11. *dass Stolle, bei dem die hofleute den dichter verklagen, ein 'elender scribent' gewesen sei, kann Bodmern* (*proben s. XXXV*) *kein nachdenkender mehr glauben. ich meine, er war ein geistlicher rath landgraf Ludwigs, der gegen ihn Walthers gesang* verkêrte. *der dichter fordert hier* (*z.* 8—10) *was ihm sein herr schuldig ist, er drohet* (*z.* 12. 13) *mit grobem schelten: jetzt endlich wolle er sich an herzog Leopold wenden und bei ihm trost suchen. s. zu* 83, 14. *es wäre zwar auch denkbar dass unser spruch nach Kärnten gehörte: aber die schälke an herzog Bernhards hofe sind wohl in den zwei folgenden hinreichend gescholten, und nach der anmerkung zu s.* 35, 9 *scheint Walther von da nach Thüringen gezogen zu sein, nicht nach Österreich.*

32, 16. *vergl. MS.* 2, 146[b] mir ist geswollen ie der muot aldâ daz herze lît: und ist daz manz niht wider tuot, sô muoz ich mîn brust rûmen durch den munt. *schon bei Otfried* 3, 3, 26 sô suillit uns thaz muat sâr.

32, 17. *s. zu s.* 35, 9.

32, 29. *Benecke vermutet* sô leckers fuore unt miuse klanc kumt ûz ir klûs, *ich* des leckers rede, der miuse klanc, kumts ûz ir klûs. *dem dichter ist sein gesang zum nachtheil ausgelegt worden. er weiß nicht von wem: aber dass es schälke sind, zeigt die sache selbst: sie verrathen sich wie die mäuse durch schellen.* die maufs verrath sich zuletz selbs *ist ein sprichwort* (Gruteri florileg. 2, prov. Germ. p. 25). *W. Grimm erinnert an die sitte die an einigen orten herscht, eine maus lebendig zu fangen, ihr eine schelle anzuhängen, und sie wieder los zu lassen, damit sie durch den lerm und klang die andern mäuse verjage. wie man eine solche maus, wenn die schelle aus ihrem loch heraus klingt, gar leicht erkennt, so erkennt man den schalk an worten und werken.* [158]

32, 36. *die lesart aus B, wiewohl sie dem versmaße genügt, ist nicht echt:* durch waz er *ist gegen den zusammenhang, der vielmehr das* wer *fordert. vielleicht sollte es heißen* waz ich sunge.

33, 1. verkêret *Uhland s.* 125.

33, 2. beitet] seren *A*, seret *C*. *dies scheint zu den* stricken *nicht wohl zu passen. das active* beiten (*ahd.* peitan, peiten) *ist ursprünglich wohl das gegentheil von* verhengen, *anhalten, zwingen*, bîtan *lassen, s. Tatian* 228, 2. *hymn.* 14, 2; *daher führen*, leiten, *womit Otfried den ausdruck* iawihtes gibeiten, *jemand zu etwas bringen, zu verbinden pflegt.* sih peiten *oft bei Notker, sich auf etwas richten, bestreben.* ungebeit *für* unbetwungen *Erec* 1783. mit klage si sich peiten *Dietr.* 3798, *betrugen sich klagend.* durch ein guotez wîp, diu mit êren hât ir lîp gebeitet schône unde wol *Wilh.* 3, 108[c]; ein wol erbeiten lîp *a. Heinr.* 297; *wie gesagt wird* daz leben leiten (*s. Benecke zum Iwein* 6397).

33, 5. *apostelgeschichte* 8, 20 *Petrus zu Simon* pecunia tua tecum sit in perditionem, quoniam donum dei existimasti pecunia possideri.

33, 10. "*Bei Liutprand* 6, 6 *steht unter den vorwürfen die die Welschen ihrem pabst Johannes machen* (*dem XII, den Otto* 963 *absetzte*) testes sunt sanctae apostolorum ecclesiae, quae non stillatim pluviam, sed totum intrinsecus supra ipsa etiam sacrosancta altaria imbrem admittunt." J. Grimm. *die fehler der früheren erklärungsversuche, bei denen zum theil die unzweifelhafte überlieferung in z.* 7. 8 *angetastet war, hat Wiggert gezeigt in einer lesenswerthen anmerkung* (*Scherflein zur förderung der kenntniss älterer deut. mundarten und schriften Magdeburg* 1832, *s.* 32—34). *die cardinäle sind römische, die edeln pfaffen deutsche bischöfe, und die röhre dienen zum decken des daches. ich beziehe nun den ganzen spruch auf die simonie. 'ihr deutschen bischöfe solltet den pabst nicht als Petri statthalter erkennen und doch durch euer geld gewinnen. Petri lehre ist es nicht, geistliche ämter kaufen und verkaufen. mag er solche lehre, und rohr für sein dach, das ihr ihm liefern sollt, aus seinem zauberbuche* (*vergl. s.* 22), *das ihm der teufel statt des messbuchs gegeben hat* (*vergl. s.* 34, 2), *heraus lesen: ihr cardinäle mögt mit dem deutschen rohr euren chor trefflich decken: unser altar, die deutsche kirche, ist ohne schutz unter der traufe.'*

33, 19. 20. *gebt acht, wer mir dieses lied übel deutet: dadurch werden sich die päbstler verrathen.* [159]

34, 7. [Alman *darf man nicht schreiben: dem deutschen sprachgebrauche des dreizehnten jahrhunderts war dieser name fremd geworden und einheimische bezeichnung der deutschen überhaupt war er niemals. die wälsche form schärft den spott. ebenso höhnend läßt ein erdichteter brief des kaisers Friedrichs des ersten an den erzbischof Hillin von Trier die Italiäner reden* (*in Wattenbachs Iter Austriacum, Archiv f. k. österr. gesch.* 14, *s.* 88), certe vos ipsi vidistis et audistis quam derisui nos habuerint Romani, vocantes nos stultos Alamannos, quod ad praeceptum eius (*des papstes*) staremus subiecti, quorum dextras totus orbis ferre non posset. *Haupt.*]

34, 8. *bei der lesart aus A müste das erste* unde *wegbleiben.*

34, 10. *Schmeller hat im baierischen wörterbuch* 2, *s.* 590 *die redensart aus dem oberlande* 'ich bin ann stock gment, *d. h. in großer verlegenheit', nämlich gefesselt. Wolfram im Wilhelm* 437, 23 mit swerten an den furt gement, *des Larkants. dass Walther den* truncus concavus *meint, ist klar.*

34, 11. welschen] *die verbesserung ist von Uhland s.* 124 *und wird vom dichter des Welschen gastes* 8, 8 (1216) *bestätigt, der Walthern um dieses spruches willen straft. ich gebe die stelle nach abschriften von Benecke und W. Grimm.*

Er (der bâbest) het sîn brediger gesant
durh daz vil heilige lant,
dâ Krist was lebendic unde tôt
und dâ er leit grôze nôt
durh uns alle. unser sin
riet uns, er tæt ez durh gewin,
dâ von daz er geschaffet heit
durh der armen gwarheit,
daz man einn stoc setzen solte
in die kirchen; swer dan wolte [160]
helfen zer vert, daz erz dar leit.
wan wizzet für die wârheit,
man möht der helfer mêr ervarn
dan der die selbe wolten varn.
seht, daz tet er gar durch guot:
dô riet uns unser tœrscher muot
daz erz tæte durh gewin.
daz dûht uns ein grôzer sin,
daz wirs gedâhten, deist wâr:
ez dûhte mich ein unsin gar.
wande ich bin dâ gewesen,
dâ ich hôrt offenlîchen lesen
sînen brief, daz er wolde
daz manz guot behalten solde
dâ dâ manz gesamnet heit,
unz manz in gotes dienest leit.
des bâbstes bot den brief las
dâ manic biderb man was.
Nû wie hât sich der guote kneht
an im gehandelt âne reht,
der dâ sprach (spricht *Goth.*) durch sînn hôhen muot
daz der bâbest wolt mit tiuschem guot
füllen sînen welschen (sîn welschez) schrîn.
hiet er gehabt den rât mîn,
er hiet daz wort gesprochen niht,
dâ mit er hât gemaht enwiht
manege sîne rede guot,
daz man ir nimmer war tuot.

die herren und die tihter
und dar zuo ouch die brediger
suln sprechen mit grôzer huot.
swenne ein herre iht sprichet oder tuot,
er ensol niht sô harte gâhen,
er merke ê wie manz müge vervâhen.
der brediger sol gerinclîchen
sprechen und bediuteclîchen,
daz man sîn rede niht müge verkêren
(der übel geist pfligt des ze lêren),
und daz man in müge vernemen.
dem tihter mac ouch niht gezemen,
wil er sîn ein lügener:
wan beide er und der brediger
suln bestæten die wârheit.
ein man mac der kristenheit [161]
mit eim wort mê ze schaden kumen
dan er ir hin vür müge gefrumen.
Ich wæne daz sîn gesanc,
ez sî kurz oder lanc,
müge got niht sô wol gevallen
sô im daz ein muoz missevallen.
wand er hât tûsent man betœret,
daz si hânt überhœret
gotes und des bâbstes gebot.
uns kumet boten unde bot
beidiu von himel und von der helle:
swar man nû varen welle,
dâ enpfâhet man uns wol
dar nâch, als man tuon sol.
nû sage mir, lieber vriunt mîn,
getrûwest du mit al dem dîn
bî allem dînem leben
sô vil almuoses geben,
sô dû hâst verirt in kurzer zît
in der werlte vil wît?
kanst dû dich nâch mîner rede verstân,
dû muost sîn grôze schame hân.
zewâre ez ist mir leit umb in:
er hât erzeigt zuht unde sin
an maneger sîner rede guot;
dâ von ez mir noch wirser tuot.
wan missesprichet ein man
der sich niht verstên kan,
man aht drûf lützel ode niht:
anders dem wîsen man geschiht:
wan swaz er spricht, des nimt man war.

dâ von sol er sich hüeten gar,
daz man nin spreche daz er ist
warden tobent ze der vrist.

34, 12. [sie ezzent hüenr und trinkent wîn *Gervelin* 11 *J. Haupt.*]

34, 12. 13. *die letzte zeile aus A erkläre man nach dem schlusse der vorher gehenden* [162] *strophe, und vergleiche die altdeutschen blätter* 1, *s.* 223, 253—256 *und* von des tôdes gehügede *z.* 153—156. *in der vorletzten kann* rögel *sein rogner oder dreijähriger bars* (*s. Schmeller* 3, *s.* 70), *wenn man nicht lieber mit Wackernagel* 2, *s.* 147 vogele *lesen will: das übrige verstehe ich nur wenn man schreiben darf*

mîne pfaffen die suln rogel ezzen, jene (*die laien*) der slahte rasten.

34, 18. *hier verräth Walther seine österreichische mundart* (*vergl. Ottokar s.* 37ª pfarren: verwarren, schorren: verworren *s.* 239ᵇ), *obgleich er sonst nicht* dart wart geswarn *sagt.*

34, 23. [*Hahns Stricker* 7, 51 daz er niht wan tôren suochte, 11, 130 deist niht wan daz man tôren jaget, *Ulrich von Türheim Wilh.* 166ᵇ her künec, ir suochet tôren: der sult ir hie niht vinden. *Haupt.*]

34, 28. ê daz *AC*] *von* êr *mit dem accusativ hat Graff* (*althochd. präposit. s.* 274) *zwei beispiele aus Otfried* I, 15, 12. V, 20, 139. *vergl. Klage* 1811 *A. gewöhnlicher ist* êdes: *auch könnte hier* ê dô *stehen.*

34, 34. *Dass diese strophe zwischen* 1219 *und* 1223 *fällt, zeigen Uhland s.* 83. 84 *und Wackernagel* 2, *s.* 166 f. *s. zu s.* 83, 14.

34, 35. [*Helmbrecht* 1398 sô schrîet mir mîn pfanne, sô ist gelesen mir der wîn und sint gefüllet mir diu schrîn, sô ist gebrouwen mir daz bier unde ist wol gemalen mier. *anhang zu Schmellers Laber s.* 192 sô dem fiwer ist berochen, sô siudt mîn kezzel unde siust mîn pfanne. *Haupt.*]

35, 4. *herzog Leopolds oheim Heinrich von Medlick wird verglichen mit Welf dem milden von Baiern, herzog von Spoleto, markgrafen von Toscana, über dessen lebensweise man die* origines Guelf. 3, 381. 388 *nachsehe. er starb* 1191.

35, 7. *s. zu s.* 11, 6.

35, 9. *der fürst dessen wandelbare laune Walthern vertrieb, wird kein andrer sein können als herzog Bernhard von Kärnten, s.* 32, *z.* 18 *und* 36 *deuten darauf.*

35, 17. *Dieses lied ist sehr schwer zu deuten und herzustellen, zumahl da man von den beiden verschiedenen recensionen keiner durchaus folgen, wenigstens sicher nicht gleich entscheiden kann, welche ursprünglicher sei. man* wünschet des mannes, *wenn man seine anwesenheit wünscht* (*MS.* 2, 19ª, *Flore* 7639). *ist also das* mîn *welches C in der* 18*ten und* 19*ten zeile hat richtig, so war herzog Leopold* ze walde *und wünschte Walthers gesellschaft. Walther verweigert sie; aber warum? aufs feld wolle er mit dem herzog lieber gehn, reuten* [163] *könne er nicht. was hätte der herzog auf dem felde machen sollen? und was* *that er im walde, das man auch nur zum spott* r e u t e n *nennen konnte? Bodmer meint (proben s. XXXIV), Leopold habe den dichter 'bei einer* h e t z e *haben'* wollen, *Walther aber ihn gebeten 'dass er ihn lieber mit sich* i n s f e l d *nähme': aber dagegen sind die worte. ich zweifle nicht dass Beneckens sinnreiche und einfache erklärung zugleich die wahre ist. er giebt sie scherzhaft, aber anschaulich, in form einer erzählung. "Leupold ward eins mahls harte zornig und sprach 'ich wollte dass du im Treisamer holze stecktest wo der wald am dicksten ist.' darauf tichtet Walther einen scharfen spruch, und der herzog, der ihm immer guten willen trug, liess ihn gewähren." dann heißt der schwierige zweite vers 'der wald ist mir zu wild, ich bin urbares land gewohnt, dahin verwünsche mich lieber.' so darf aber nicht* mîn *bei* wünschen *stehn, sondern entweder der accusativ, den Benecke überall setzen will —* wünschen *mit dem accusativ heißt zaubern (s. Benecke z. Wigal. s.* 759) —, *oder nach der anmerkung zu den Nibel. 25, 3 auch der in A überlieferte dativ, vielleicht mit dem unterschied dass* ich wünsche dir dar *mehr heißt 'ich wünsche dass du dahin kommest',* ich wünsche dich dar *'ich schaffe dich durch meinen wunsch dahin'. danach habe ich* mich *gesetzt wo es C gewährt, statt* mîn *aber das* mir *aus A.*

35, 18. *Walther soll nach der verwünschung in den wald: er will aber lieber* ze hove *mit menschen gesellig sein, lieber das blühende feld, das ihn schöner als heide und wald dünkt* (*s.* 64, 16), *und die fröhliche thätigkeit* (veltgebû *s.* 76, 18) *betrachten, als im wilden walde thun was da zu thun ist, ihn ausreuten.* riuten *ist sprüchwörtlich für schwere arbeit. in Türheims Wilhelm* 235[c] *sagt ein heide* den glouben den ich mîniu jâr hân gehabt, den wil ich haben: und solt ich riuten unde graben, daz wil ich lîden durch die gote. *im Lohengrin s.* 110 sô hert wart nie kein riuten, ez wær dâ bî (*gegen die schlacht die eben geschildert wird*) ein senftez leben. *vergl. Gregor.* 2630. [*Kellers erzählungen aus altd. hss. s.* 297 ob noch ein frouwe minniclich durch friuntschaft unde liebe kraft hilft einem manne ûz sorgen haft, wolte er sich des rüemen, den solte man vertüemen ze walde von den liuten; dâ solte er stocke ûz riuten und nimmer komen ze keiner stunt dâ in gruozte ein rôter munt oder lieplich ougen sæhen an. *Haupt.*] *der ausdruck* riuten *macht unwahrscheinlich dass die verwünschung noch härter ausgedrückt war, er sollte als werwolf oder zu den waldteufeln ins holz fahren: s. Grimm, mythologie s.* 1013 f., *Wackernagel in Haupts zeitschrift* 2, *s.* 537 — 540. *aber deutlich giebt Walther z.* 22. 23 *dem herzoge die verwünschung in den wald zurück unter der wendung dass es ihm da wohl gefallen möge. und ich glaube nicht dass Leopold ihm diesen spruch verziehen hat: wenigstens findet sich keine spur von späterem verkehr.* [164]

35, 20. bidder manne *A*, min ebenre man *C*] *meint C bloß den genitivus plur.* biderbere manne? *oder steckt noch etwas anders darin? der sinn der zeile ist 'du wünschest einem manchmahl auch gar zu übles.'*

35, 21. tuost du mir *A*, tuost in *C*] tuost in *ist gegen den vers*, tuost dû in *gegen Walthers gebrauch. s.* 36, 26 *steht zwar* daz dû in ie: *aber ist der spruch sicher echt? s. zu s.* 61, 22.

35, 24. sit *A*] sît *scheint keinen sinn zu haben.*

35, 28. zewich *haben beide handschriften: es soll aber wohl* ze weich *heißen, wie auch Benecke vermutet: s. W. Grimm zum Ruland* 262, 6; *oder* ze wîz (*vergl. Benecke zum Iwein* 3129), *die farbe des zaghaften, wie z.* 36.

35, 33. welt ir erkennen wol] *s. zu s.* 66, 17.

36, 1. *nach dem juli* 1219. *s. Uhland s.* 82 *und die anmerkungen zu s.* 28, 11. 84, 20.

36, 33. kündet *hier und* erzeiget *s.* 37, 17 *sind präterita; wie* kündet samelieret *Georg* 4021. 5009, üebet suochet wîset *Ernst* 5026. 4008. 3692, büezet sloufet virret *Ottokar* 24ᵃ. 25ᵃ. 59ᵃ, erstricket *Kolocz.* 172, blicket *altd. wäld.* 2, 141; *und* vereinet *Maria* 113, ouwet gesellet *Nibel.*, spîset *Georg* 1902. 3196, roubet endet *Ernst* 3008. 690, schouwet *Ottokar* 190ᵇ, erwachet *Helmbrecht* 861, erbarmet *Kolocz.* 164. *eine solche härte würde sich Walther niemahls erlauben. eben so auffallend ist der infinitivus* büeze *s.* 37, 13; *wenn man nicht lesen will* Jôhannes, dû der lieben swære büeze. *ich erkenne in dem ganzen liede nicht Walthers sprache und ton.* [165]

38, 7. *hier ist wohl zu lesen* dîn valewische (*vergl. Simrock* 1, *s.* 173): *denn diese weise ist eine variation der obigen s.* 36, 11, *von welcher sie sich durch die widerholten zeilen* 3—5. 6—8 *unterscheidet. ganz ähnlich ist die widerholung des abgesangs s.* 74, 16—19. *freier sind bei der zu s.* 34, 12. 13 *angegebenen veränderung die zweite dritte und fünfte zeile dem ton hinzugefügt. ob übrigens Walther würklich in dem ton s.* 36, 11 *gedichtet hat, scheint mir sehr unsicher: denn auch die erste strophe bezweifle ich: sie ist der s.* 37, 24 *im inhalt gar zu ähnlich, die länge mehrerer zeilen ist unsicher, und die formen* gloubt *und* bouwen *sind nicht ohne bedenken.*

38, 10. *Dieser gesangweise ist unter den sicherer waltherischen keine ähnlich. ich kenne nur folgende zwei strophen desselben maßes, deren stellung in A* (Reimar der videler 11. 12) *kein zeugniss über ihren verfasser giebt.*

Got welle sône welle, doch sô singet der von Seven
noch baz dan ieman in der werlte. frâget nifteln unde neven:
geswîen swiger sweher swâger jehent, ez sî wâr.
tageliet klageliet hügeliet lügeliet tanzliet leich er kan,
er singet kriuzliet twingliet schimpfliet lobeliet rüegliet als ein man
der mit werder kunst den liuten kürzet langez jâr.

---

3. swager ez en si war *A*. 4. hugeliet zugeliet tanzeliet *A*. 5. crûceliet tvuingliet schimphiet. lobeliet. regeliet *A*. *ist für* twingliet *zu lesen* wineliet? [twingliet *wird richtig*

wir mugen wol alle stille swîgen dâ hêr Liutolt sprechen wil:
ez darf mit sange nieman giuden wider in.
er singet alsô hô ob allen meistern hin:
ern werde noch, die nû dâ leben, den brichet er daz zil. [166]
Daz êrste wîp dem êrsten man den êrsten schaden riet,
dâ von got vil menege sêle von dem paradîse schiet.
dirr itewîz der wirret guoten reinen wîben niht.
wîp unde wîp, gelîcher name, vil ungelîchez leben.
der werlde heil uns einiu nam, daz habt uns einiu wider geben.
ein engel und ein reine wîp sint wol in einer pfliht.
vil reiniu muoter unde magt, diu uns von Even stricke nam,
dîn werdikeit behüet uns noch diu reinen wîp.
so gewinnet wegescheiden hie der zweier lîp;
die guoten dort, die übelen hie. wer ist den beiden gram?

---

* *Unter unzweifelhaft waltherischen gedichten* (21—30) *hat a die folgenden zwei sprüche* (28. 29) *in einem mir sonst nicht bekannten ton, mit einer wunderbaren gleichheit der reime, wie man sie auch s.* 36, 35. 36. 37, 3. 8—13. 20—22 *bemerken wird.*

Ein wîp mit wîbes güete,
diu rehte in wîbes sinne treit ein wîplich hôhgemüete,
diu wîbet sich sô schône daz ir wîpheit sælde birt.
wol ir diu sich sô wîbet,
daz si in rehter wîbes tugent bî wîbes zuht belîbet.
der weiz ich eine, diu des niemer fuoz verstôzen wirt.
diu reine minneclîche tuot
sô rehte an allen dingen,
dâ von ir stæte wîbes êre sint behuot,
und ouch ir lîp
vor valsche gar. si ist sô guot,
daz ich si næme, und solt ich weln ûz al der welte ein wîp.

---

sein. Lutolt von Seven 20 *A* swaz si *(die scheltenden sänger)* alle mugen twingen. *bruder Wernher* 8 *J* Wie sol ein singer sich bewarn, sint man diu lop für smeichen hât und ouch diu bîspel für ein spot (*l.* spel für spot), sîn twingen für (*l.* für ein) schelten zelt. *der Meissner* 25 *J* sît des niht ist, sô wil ich ûf sie singen; mit ir missetât wil ich sie twingen; ich rüege ir werc. *Robyn* 2 *J* er hetzinc mit getwange kunde guot bejagen. *Haupt.*] rüegliet *ist von Wackernagel.* 8. gv̊den *A.* 9. swinget *Wackernagel.*

11. wip den *A.* eriet *A.* *Rudolf von Rothenburg* (*Benecke s.* 109) Daz êrste leit daz êrste wîp dem êrsten man geschaffen hât. 13. diert *A.* 14. wil *A.* 15. einiu *A (Pfeiffers* eniu *falsch).* 16. sint beide wol *A.* 19. gewinnent *A.* zweir *A.* 20. hie die sint den *A.* *vergl. s.* 58, 37.

Nû hœrent, lât iuch wîsen,
wie sich ein sælic f r o w e sol für ander frowen prîsen,
sô daz ir lop bekêret nâch der besten folge sî.
si sol die hôhfart mîden,
dâ mite ein sælic frowe mac ir wîbes zuht versnîden,
und sol doch rehtes hôhes muotes niemer werden frî.
si minne zuht und hôhen muot,
sî stæte an allen dingen,
bescheidenlîche frô und doch dar under guot
(diemüetec lîp
dâ bî den allen rehte tuot),
rein unde erbermic herze habe, und sî nâch wunsche ein wîp. [167]

II.

39. *In den liedern des zweiten buchs* (40—107 *B*, 126—239 [132—247] *C*) *ist zwischen B und C ihr gewöhnliches verhältniss: sie folgen beide derselben sammlung, bis auf kleine irrungen in gleicher ordnung, doch so dass die zahl der aufgenommenen lieder und gesetze in B weit geringer ist. ein lied* (65, 25 = 101 *B*) *überging C, weil sie es schon in die sammlung die bei mir das dritte buch bildet aufgenommen hatte. von den wenigen strophen die C zwischen* 355 [371] *und* 378 [394] *aus der quelle von A nachliefert, findet man in B keine. E giebt den grösten theil dieses buches, aber mit zusätzen, die C nicht ohne grund verschmähte, falls sie sich schon in dem älteren exemplar der sammlung E, dessen sich C bediente, gefunden haben. gleich vor dem ersten liede hat sie folgende zwei strophen* (192. 193),

Wölt der winter schier zer gan.
so liez ich alle min sorge die ich han.
anders hat er mir niht getan.
wenne daz er lenget den lieben wan.
mir sol ein fraude mitten in dem meyen enstan.
Ich wünsche daz der winter zerge.
wenne er en hat fraude niht me.
wenne kalten wint und dor zuo regen unde sne.
daz tuot den augen unsanfte we.
selic si gruene laup unde cle.

und fügt diesen schluss hinzu (196),

Swaz mir nu wirret des wirt allez rat.
swie mir der muot bi der erden nu stat.
noch kummet die zit daz er in die sunnen gat.
tuot man daz man mir gelobet hat.
owe wie hohe denne min hertze stat.

---

34. fur anderin *a*. 39. kiuschen? 42. diemuoteit lib *a*
44. Reine *a*.

eine parodie dieses liedes findet sich in Docens miscellaneen 2, 197 *und in Schmellers carm. Bur. s.* 177 *aus M,*

Der starke winder hât uns verlân.
diu sumerzît ist schône getân:
walt unde heide sih ich nu hân
loup unde bluomen, klê wolgetân.
dâ vón mag uns fröude nimmer zergân. [168]

40, 26. *Erec* 4863 Gâwein, daz tuo ich an Keiîn unde an dich. [*Haupt in der zs.* 15,263.]
40, 30. was *ABCE*] *dennoch vermute ich* bin. *s. zum Iwein* 4098, *s.* 476.
41, 4. *In E schliesst sich an* (31) *die folgende strophe, die von z.* 3 *ab* (ir) *auch in* U^x (17) *steht.*

Frauwe minne ir sült mir lonen.
baz denne einem andern man.
unde sült min (ir mir *U*) schonen.
baz wonde ich ü baz gedienet han (baz als ich iu gedienen kan *U*).
waz sol üch (sold iu *U*) der nüwe site.
daz ir manigen eret (heret *U*).
der üch hin (hin *fehlt U*) wider uneret.
da verderbet ir die besten mite.

41, 35. *Simrock* 1, *s.* 212 *'gedanken über die vergänglichkeit und falschheit alles irdischen glücks, über die unzertrennliche verbindung des herzeleids mit aller herzensfreude.'* [169]
42, 36. [*Ulrich von Lichtenstein* 556, 4 mich nimt wunder daz die jungen und die rîchen trûrent bî ir zît. *Haupt.*]
43, 13. *das ursprüngliche war wohl* nû wil ich mêr diu tiurre sîn.
43, 20. *vielleicht* sô wære et ich. [170]
43, 31. gemeit sîn *ist* gemeitheit: *dies teuschte die abschreiber: daher ihre unstatthaften veränderungen. spuren der wahren lesart* kumt iu *haben noch BC und besonders F.*
43, 36. *die übereinstimmung von F und a ist in diesem liede überall entscheidend. ob* wîben *oder* frowen *zu lesen sei, könnte man zweifeln, wenn Walthers meinung darüber nicht bekannt wäre, und eben so bekannt dass die gewöhnliche meinung seiner zeit die entgegen gesetzte war, daher auch die schreiber hier schwankten.*
44, 2. *auf* wan *führen die lesarten.*
44, 6. 7. *so ungefähr muss der ursprüngliche text gelautet haben.*
44, 10. *vergl. Grimms rechtsalterth. s.* 184. *Haupt erinnert an Frisch* 1, 237 *'ich hab nicht einen faden von euren sachen'* [171] *und an Parzival* 306, 16—20. *gehört auch bei s.* 61, 32 *z.* 40 *hieher? sonst bedeutet ein faden vom kleide an die erde geworfen auch vollkommene verzeihung und friede: Pertz,* scriptores 2, 374. [*in der stelle des Parzivals nimmt Cunneware* ein snüerelîn *von ihrer seite und zieht es in Parzivals mantel. dass eine solche schnur auch* vaden *genannt*

werden konnte zeigt das wort brisvadem *bei Konrad von Haslau* 93 (*zeitschr. f. d. alt.* 8, 553). *eben so zu verstehen ist vielleicht* diu schœne — diu mir næhest mînen arn vernæte *in dem unechten liede s.* xv, *z.* 8. *Haupt.*]

44, 29. guoter *C*, guotes *E*] *s. Benecke zum Iwein* 6003.

44, 34. *E fügt noch zwei strophen hinzu* (149. 150),

Noch dulte ich taugenlichen schaden (*l.* haz)
von einem worte daz ich wilnt sprach.
waz mac ich zürnen ûm daz
ich wil iehen daz ich wilnt iach.
ich sanc von der rehten minne.
daz sie were sünden frî.
der falschen (minne *fehlt, oder* der) gedahte ich auch da bi.
unde rieten mine sinne.
(mir *fehlt*) daz ich sie hiezze umminne. daz tete ich
nu vehent mich ir undertan (*l.* undertâne)
als helfe û got werde ich vertriben.
ir frauwen so behaltet mich.
Mac ieman deste wiser sin.
daz er an siner rede vil lüte hat.
daz ist an mir (nû *fehlt*) cleine schin.
ez gat die werlt wol halbe an minen rat.
und bin ich doch (*l.* idoch) verirret.
daz ich lutzel hie zuo kan.
ez mac wol helfen einem andern man.
ich merke wol daz ez mir wirret.
und wil die fründe (*l.* friunt) nu baz erkennen ie mer me. [172]
die guote mere niht verkerent
wil ieman loser mit mir reden.
ichn mac mir tuot daz haubt we.

der verfasser dieser strophen beruft sich auf eine andere (124 *E*), *die zu s.* 120, 24 *angeführt werden soll. dass ein dichter der einen vers mit* tet ich *schließt, weder Walther noch Hartmann von Aue sein kann, versteht sich* (*s. zum Iwein* 4098), *wenn auch* tæt ich *bei Hartmann nicht ganz unerwartet wäre* (*s. zu s.* 110, 33). *ob Reimar ein lied zuzutrauen ist* (*MS.* 1, 80[a]), *in dem dasselbe* daz tet ich *vorkommt, und zugleich das zu s.* 119, 34 *getadelte* stat *für* state, *ist bei der bisherigen vernachlässigung der liederdichter noch nicht zu entscheiden.*

45, 7. Ain *B*, Min *AC*] *die* frouwe *hier kann nicht dieselbe sein wie z.* 17. schedelichen *A*, vrævenlichen *B*, frevellichen *C*] [*Welscher gast* 397 ein vrouwe sol niht vrevelîch schimpfen, daz stât vröuwelîch. *K. M.*]

45, 8. *vergl. s.* 58, 22. 48, 22.

45, 25. *vergl. Goldne schmiede* 1912. *MS.* 1, 195[b]. [*Mai und Beaflor* 9, 30. *Haupt.*] [173]

47, 2. *das lied* Herzeliebez frowelîn *scheint zufolge dieser zeile älter zu sein als dieses.*

47, 12. ich bin *E und* kumt herzeliebe *BC sind besserungen, welche den ton dieses liedes dem vorher* [174] *gehenden gleich machen sollten. an die erste strophe wagten sich die besserer nicht.*

47, 16. *ob Walther oder Reimar verfasser ist, wird zweifelhaft bleiben und scheint mir für den ruhm beider dichter gleichgültig. in demselben ton, aber nicht von Walther, ist die 23ste strophe des anhanges zu dem Heidelberger Freidank n.* 349,

Got herre, verre mane ich dich,
niht verre, herre, mir
dîne hulde. schulde hân ich vil:
nâch schulde hulde die suoch ich.
sît niuwe riuwe dir
bringet riuwe niuwe swâ du wil,
sô bedenket
wol dîn güete
daz mich hât betrogen
der werlte süeze.
ir valschen ræte
hânt bekrenket
mîn gemüete:
dicke ich hân gelogen.
gern ich dir büeze
missetæte.
êre sêre mich verriet:
si liuget, triuget vil der diet.
Krist der wîse wîse dar
mich dâ dîn wünne künne wesen gar.

47, 24. selic *A*] *das große wunder* (unbilde) *besteht darin dass ihn ein weib bezwingt die selber frei* (ledic) *bleibt. dass das häufige wort* unbilde *ein wunder bedeutet,* des nie dehein bilde wart (*dergleichen nie geschehen ist, Gregorius* 2814, *Parzival* 238, 18), *ist schon aus den Nibelungen bekannt.* ein ledic man *s.* 69, 19.

47, 35. kunnen *C*] künne *würde heißen 'wenn ich mich anders genug auf das was sich schickt verstehe':* kunde *enthält den bescheidenen zusatz dass er sich nicht genug darauf verstehe.*

47, 36. *in e steht vor dem liede zwar* her reymar, *aber eben so unrichtig als vor den meisten übrigen von* 342 *bis* 376: [175] *denn es ist ein anhang von liedern verschiedener dichter. nach den handschriften sollte eigentlich die folgende strophe voran stehen: aber ich habe lieber willkürlich als unpassend ordnen wollen.*

48, 10. *richtiger* waz.

48, 11. [*Haupt in der zs.* 15, 246].

49, 13. *vergl.* 56, 25—29, *auch* 72, 7. [176]

50, 34. *Auf diese strophe lässt E* (66) *eine andere folgen, die wohl eine ausführung dieser sein soll;*

Sie beginnent alle
miner frauwen fuezze nemen war.
mitten in dem schalle.
so sich frauwe auch under wilen dar.
ümme die merkere.
la dir sin ummere.
den griffe ich wol naher baz.
daz versueche alrerst so denne daz. [177]

53, 6. *Statt der beiden folgenden strophen hat E* (48. 49) *diese,*

Sie hat mir bescheiden (*l.* geschadet) vil manigen tac.
unde versumet mir (*l.* mîn) vil schone leben.
als ich sie (*l.* ichs) nu niht mer geliden mac.
so wil ich ir auch eine (ein ende *Haupt: vergl. Haltaus* 313*f.*) geben.
tuot sie mir gnade [da *nachgetragen*]
so diene ich ir mit eren.
sol aber ich mich keren
von ir gar so tantze ich aber anderswar (*l.* sô tanze abe anderswâ).
Maniger claget sin frauwe spreche nein.
so clage ich daz mine sprichet ia.
aller worte kan sie nür (*l.* niwan) ein.
daz hœr ich vil selten anderswa.
ichn weiz ob sie spotte min.
sie versaget mir nimmer
sie gelobet mir immer.
gern unde ia daz muoz unselic sin.

53, 17. *Es sieht aus als entschuldige Walther seine strophe* 56, 30. *doch kann auch sein dass er auf ein gewöhnliches sprichwort anspielt: denn Neidhart sagt eben so MS.* 2, 77[a] (36, 7 *Ben.*) swer daz lant nâch wîben gar durhfüere, der deheiner gunde ich baz, nu [178] wizzent daz, mîner lieben muoter zeiner snüere. *vergl. Rubin MS.* 1, 169[b].

53, 34. *Simrock ordnet die folgenden strophen so,* 54, 27. 53, 35. 54, 17. 7. *aber das lied war nicht bestimmt mit allen gesetzen gesungen zu werden, namentlich* 54, 3. 12 *und* 28. 33 *nicht zugleich. nach der hier befolgten anordnung von A sind es zwei lieder von drei strophen:* 53, 25 *muss vor* 54, 17 *widerholt werden.*

54, 11. *ich denke* an ir mündel.

54, 21. *in dem scheltnamen* her schanden deckeblôz, *MS.* 2, 234[b], *ist der imperativ zusammen gesetzt. substantiv ist* decke *bei Lichtenstein s.* 516, 10 ich hân in bî dînem [179] lîbe ofte funden decke blôz. [181]

57, 22. *Zu dem folgenden liede hat E* (24) *eine eigene erste strophe, deren mängel ich zwischen klammern ergänze.*

Ich han ir gedienet [sô]
daz (*l.* diu) do heizet frauwe minne.
daz iz (mac *fehlt*) immer clage.
[wîser man si wiget unhô,
und] der gauch ist guoter sinne.
daz mich der sol veriage.
der min tore solte sin.
da wir zwene werben ümme ein ding.
daz dinc tuot fürder nimmer muez es werden min.

58, 20. *Die anordnung der folgenden strophen in den handschriften ist unerträglich.*

58, 34. *es fehlt etwa* nû dar *oder* wâ nû. [182]

59, 21. *vielleicht* si jehent daz niht lebendes âne wandel sî.

59, 32—36. *Türheim im Wilhelm* 219^a 'si hât vor valsche sich behuot, daz si hât schœne und êre. ichn darf ir loben niht mêre: die sint mit vollen beide dâ.' 'Rennewart, lobe anderswâ: dû hâst hie gelobet wol.'

60, 33. *E fügt hinzu* (119. 120)

Werlt wie lange sol ich gern.
du weist wol wes unde wa.
du muost miner fraude enpern.
mir enwerde buoz alda.
get heim hie ist gesungen.
wirde ich hie verdrungen.
so beslüzze ich mine zungen. [183]
Ich han ir (*l.* dir) gedienet so.
werlt daz ich mis niht schame (*l.* enschame).
swie du mich mit lone (*etwa* mich nien) maches fro.
dir geschiht vil lihte alsame.
ich wölte oc (*deutlich*) ein vil cleine.
weistu waz ich meine.
wider liebe liep daz eine.

61, 18. *Folgende strophen haben nur E* (175. 176. 177) *und F* (31. 30. 32).

Sit mir denne (*l.* dein *F*) nit mer werden mac.
wenne als (das *F*) ich kume dich gesehe (kunne mich verstee *F*).
so wünsche ich [dir *F*] heiles al den (h. nacht und *F*) tac.
und bin doch (bin doch *fehlt F*) immer [mer *F*] an der (meiner *F*) fle.
daz dich got vor falscher diet bewar.
und leite ze allen ziten in der (und leite dich an aller *F*) engel schar.
auch bite ich dich (dich *fehlt F*) swa du mich sehest (ersehest *F*).
daz du (tuo *E*) [mir *E*] taugen.
schone (ein lutzel *F*) mit den augen.
dich (*fehlt F*) zuo mir neiges.
und mir ein cleine liebe (lieb *F*) erzeiges.

ion ruoche (so enruch *F*) ich ob du mich (mir *F*) mit worten vehest (flehest *F*).
Man mac wol offenbare sehen.
din scheiden an den augen min.
nu sprich wie wer (were *F*) mir geschehen
het ich getan den willen din.
son (so *F*) würde ich nimmer rehte vro.
du enkummest wider ich wirde ie doch also (du kemest doch wieder in mein tan ye doch so *F*).
du bist (pist du *F*) mir ein fremder man. [184]
we war ümme (Wir wurden ymmer *F*).
clage ich (clagen *F*) so sere ich tumbe (tumer *F*).
durch daz eine.
daz wir ie warn mit rede gemeine (das waren gut mit reden ie gemeine *F*).
doch (so *F*) wizze [got *F*] daz ich dir zelebene wol (wol zu lebene *F*) gan.
Ich han vil cleine andir beiaget.
wenne under wiln einen gruoz.
du hast mir aber so vil gesaget (so wol versaget *F*).
daz ich dir immer dienen muoz.
ob (Seint *F*) ich an dir niht erworben han.
[so *F*] wol mich son (so *F*) hat ein ander noch (auch *F*) getan.
also kanstu wesen gemert (*l.* gemeyt *F*).
got dir lone.
daz du mich hielde also (das du mir helffest *F*) schone.
[nun *F*] wis geswünde (pisz gesunde *F*).
we daz (Ob *F*) ich dich also fünde.
frauwe nu (nun frawe *F*) gedenke an alle [mine *E*] stetikeit.

61, 22. *ich glaube, es muss heißen* ich eine hân von in vernomen dâ mite ich mange erwerben sol. *'ich bin zwar nur einer, aber ich habe jetzt etwas von den weibern gehört, womit man sie scharenweise gewinnen kann: man verschwört jeder seele und leib dass man nur sie liebe.' für* ein rede *ließe sich anführen* sîn hant *s.* 29, 14, guldîn katzen *s.* 82, 17, mîn frouwen *s.* 46, 31, mîn sünde *s.* 36, 22, ein schœne frowen *s.* 27, 35, in sîn reine sîten *s.* 37, 20, ir wîplîch güete *s.* 109, 27, ein senfte unsenftekeit *s.* 119, 25; *die drei ersten scherzhaft (s. zu s.* 20, 13), *die übrigen vielleicht unecht (s. zu s.* 35, 21. 27, 17. 36, 33. 110, 10. 119, 34). sîn hantgetât *s.* 7, 19 *ist nominativus.*

61, 32. *Die erste zeile ist ein fragment oder eine art überschrift. denn dass der ton mit den folgenden versen vollständig ist, zeigen diese vier strophen derselben art, die sich nur in E* 178—181 *finden.*

Ich wil nu mer uf ir genade wesen fro.
so ferre als ich immer mac.
ichn weiz ob allen lüten si also.
nach eime guoten kummet mir ein so bœser tac. [185]

so ich zuo frauden niht enkan.
so get ez an ein scheiden. des
pflac ich von kinde gerner denne ieman.
in ruoche wer min dor üm lachet.
zware wunschen unde wenen
hat mich dicke fro gemachet.
Ich wünsche so werde daz ich noch gelege (*l.* gelige).
bi ir so nahen daz ich in ir auge sehe.
und ich ir also vollenclichen angesige.
swes ich sie denne frage daz sie miers veriehe.
so sprich ich wildus immer me.
beginnen du vil selic wip
daz du mir aber tuost so we.
so lachet sie vil minnecliche.
wie nu swenne ich mir nu so gedenke
bin ich von wünschen denne niht riche.
Min ungemach daz ich durch sie erliden han.
swenne ich mit senenden sorgen also sere ranc.
sol mich daz also cleine wider sie vervan.
han ich getruret ane lon und ane danc.
so wil ich mich gehaben baz.
waz ob ir denne lieber ist
min fraude denne min truren ich wünsche auch daz
und sint ir denne beide ummere.
so spilt ich denne des einen gerner
denne iens daz do gar verlorne were.
Owe daz mir so maniger (*l.* manegiu) missebieten sol.
daz clage ich hüte und immer rehter hofescheit.
ir ist doch lützel den ir schapel ste so wol.
ich enfünde in doch ein hertze werendez (herzeberendez *Haupt**) leit.
und wer er (*l.* et) von in anderswa.
wenne daz ich gerne bi ir (*l.* in) bin
daz ist der schade ich bin oc gerne da.
des muoz ich missebieten liden.
ie doch swer sine zuht behielte
dem stuende ein schapel wol von syden.

trotz dem vervân *statt* vervâhen *im reim, und trotz den argen verderbnissen, die manches ganz unverständlich machen, sind diese strophen zum theil gewiss echt; namentlich die zweite, in der man nur schreiben muß z.* 11 Ich wünsche mir sô werde, *dann z.* 16 (*wenn* [186] *wir anders s.* 62, 1. 2 *das echte haben*) *etwa* dû vil sælic frouwe, *und am ende z.* 19. 20

---

*) [*Gottfr. lobges.* 45, 10 von herzeberendem leide, *Ulrich von Türheim Wilh.* 117^{a} herzeberndiu sêr, 123^{b} herzeberndiu leit, 171^{b} in herzeberndem swære, *Haupt. zs.* 15, 264].

wie nû? swenn ich mir nû sô denke,
bin ich von wünschen niht der rîche?

Haupt bemerkt dass Rubin (7 *C*, *MS.* 1, 167^{a}) *dieselbe strophe nachahmt,* Ich wünsche daz ich ir gelige sô minneclîche nâhe, daz ich mich in ir ouge ersehe, und daz mîn stæte an ir gesige, daz si mich umbevâhe, und daz si mîn ze friunde jehe. sô træt ich ûz leide in hôhgemüete.

62, 34. ir, *nämlich* iuwerr worte: *aber sollte für* habt *nicht* nemt *oder* tuot *stehen?*

63, 5. ir *heißt, glaube ich,* der wât, *des kleides wegen.*

63, 7. *zu verstehen* dâ keiser umbe spiln müge.

63, 26. unrehte lûte *Klage* 1572. [187]

[64, 30. *G fügt noch eine strophe hinzu* (17),

Ich han di mære durch di oren mein vernomen
zetal untz in daz hertz mein
mein bot ist mir mit brahten sorgen wider chomen
daz wirt an meinen vreuden schein
nu sagn me von minne wi vil guet si sei
des geloub ich nicht wan allez daz ich wil
ir lop hat von mir endes zil
daz was ir ie mit trewen
nach got fur allen dingen bei.]

64, 34. *vielleicht* daz die.

65, 12. *man erwartet* dâ volg ich.

65, 32. *Ich möchte Uhland* (*s.* 99) *nicht gern zugeben dass Walther mit seinem harten tadel einen so ausgezeichneten dichter wie Neidhart meine. mich dünkt, er hätte das müssen durch den hier so passenden ausdruck* neid *andeuten. auf seinen namen gründete dieser dichter selbst den grösten theil seiner höfischen dorfpoesie* *), *in der er ja fast überall als der neidhart erscheint. auch Wolfram von Eschenbach, wo er ihn erwähnt* (*s. zum Iwein s.* 347), man muoz des sîme swerte jehen, het ez hêr Nîthart gesehen über sînen geubühel tragn, er begundez sînen friunden klagn, *spielt zugleich auf diesen inhalt seiner lieder an, und auf das sprichwort vom neidischen,* maneger lobt ein vremde swert: het erz dâ heime, ez wære unwert (*Freigedank* 61, 11). "*Ich beziehe das lied auf das tolle leben saufen und* schallen *auf der Wartburg.*" Benecke.

Vor dem nächsten liede hat F (20) *diese strophe.*

Do got geschuff so schöne ein weyp
do geschuff er jr so schöne synne
Das man sie lobet für mangen leyp
jr schone ist auch tump dorjnne
Wie sol ich die erwerben die so rechte (*zu tilgen*) selig ist

*) *Das war sie: Neidhart dichtete nicht etwa zur unterhaltung seiner bauern, MS.* 2, 76^{b} daz wil ich mit gesange nu den hoveliuten klagen.

mit meiner selde erwirbe ich lützel dann (*l.* dâ) [188]
ich wil mich rechte an jr gnade lan (*l.* lâzen) ja
das ist mein ennde rat und auch mein ende list.

65, 33. *der dativus* wân *ist unrichtig: soll man lesen* Uf einen zwîvellîchen wân?

66, 1. *ein fuß fehlt: man kann* leider *oder* rehte *hinzu setzen.*

66, 10. [*der Meissner* 93 *J* (*Hagens minnes.* 3, 102) Weiz aber ein man ob ich noch rehte milte müge erwecken? ich tuon, ichn tuon, ich tuon, ichn tuon: trœstet baz, ir werden recken: ich tuon, ichn tuon; ich mizze ein halm ze lange. *Haupt.*]

66, 11. *das echte wort ist hier verloren: es kann geheißen haben* swie dicke ichz everte. *s. J. Grimm, rechtsalterth. s.* 126, *Simrock* 1, *s.* 195.

66, 14. *man lese* vil wol.

66, 15. *vielleicht* daz ich ir sihe ze manegen bî.

66, 17. *es ist unnöthig zu schreiben* als ichz erkenne *wie* 1, *s.*48, 39. *Iwein* 2859 ich rede als ich erkennen kan. *oben* 1, *s.* 35,33 welt ir erkennen wol. *so auch* dem ist wol erkant *Nibel.* 1534, 2. 972, 2. *Gudr.* 856.

66, 18. '*ich bin jetzt überzeugt dass sie niemand mir wankend machen kann.*'

66, 19. '*es freut mich dass die betrogenen liebhaber nun, wenn das orakel in erfüllung geht, wissen was sie betrogen habe, nämlich ihre zuversicht* (ruom): *und es dauert mir nur allzu lange eh die eiteln bis auf den letzten sie zu besuchen aufhören.*' [189]

III.

In den ersten liedern dieses buchs s. 69—78, *einige kleinigkeiten ausgenommen, stimmt A so genau mit C, dass beide eine gemeinschaftliche quelle voraus setzen lassen. in diesem verhältnisse stehn beide handschriften auch sonst öfter, aber in einer ganzen reihe von liedern der handschrift C nur hier* 240—273 [248—291] *und in den ergänzungen* 339—343 [355—359] *und* 355—378 [371—394]. *merkwürdig ist dass zu der hier folgenden reihe C doch noch aus der quelle von A ergänzungen nachliefert* 355—358 [371—374] *und* 369—373 [385—389]: *diese strophen hat mithin A vielleicht anders woher genommen als die übrigen gemeinschaftlichen* 240—243 [248—251] *und* 246—273 [255—291]. *aus der sammlung E trägt C* 401—403 [418—420] *nach: s. zu s.* 113, 31. *B enthält nichts von allen.* [190]

69, 20. *ich bin C gefolgt, weil unwahrscheinlich ist dass eine so lange zeile nicht einen bestimmten abschnitt haben sollte.*

69, 21. *Hier folgt in E* (160) *und F* (48).

Ich wil also singen immer:
daz sie denne sprechent er gesanc (er ensanck *F*) nie baz.
[und *F*] des gedankest (endanckest *F*) du mir nimmer.
daz verwizze ich dir (dich *F*) alrest [so *E*] denne daz.
weistu wes (wie *F*) sie wünschent (wunschet *F*) dir.
daz sie selig si von der (durch die *F*) man uns sust (uns so schone *E*) singet
sich frauwe den gemeinen wunsch hast (hastu *F*) auch von mir.

70, 12. *es fehlt etwa* jarâjâ [*so Lachmann, der U nicht kannte und dessen text daher hier und in der folgenden zeile lautete:* . . . si mugen zuo deme Komen der ir niht sô schône pfliget: sô lâzen].

70, 14. [weme *ist* eteweme *wie* waz 48, 36 *verkürztes* etewaz, *auch bei Kelin HMS.* 3, 22ᵃswer mir waz lobet, *Rudolf von Rotenburg HMS.* 1, 74ᵇ âne waz, *Obernburg HMS.* 2, 226ᵃ êst âne waz, *Gliers HMS.* 1, 103ᵃ ân allez waz. *Haupt.*] [191]

71, 13. *entweder* des *für* dâ von, *oder man tilge* sô.

71, 14. *besser* und wil er.

71, 19. *Diesem liede fügt A* (24. 26) *und C² unter den nachträgen* (355. 357 [371. 373]) *noch zwei strophen hinzu,* Ich lebte ie nâch der liute sage *und* Ist daz mich dienest helfen sol. *beide hat C noch einmahl unter Reinmar dem alten* (14. 19), *desgleichen E unter Reymar* (332. 333), *die zweite B ebenfalls unter Reinmar* (13). *das versmaß ist anders als in unserm liede in der dritten und fünften zeile.* 72, 6. *wohl* swiechs alle dur si êren muoz. [192] *[*73,31. *Lachmann meinte, C habe* der*]*.

74, 5. *man lese* vil wol *oder* den sol.

74, 19. *warum er* [193] *seine geliebte Hiltegund nennt, erklärt Uhland s.* 17 *sehr gut. er hat damit die zum besten, die nach ihrem namen fragten* (2, *s.* 63). *den wahren namen der geliebten in einem liede zu nennen galt in Deutschland für die äußerste* unzuht.

Die folgenden fünf gesetze habe ich gegen die handschriften nach gutdünken in zwei lieder geordnet. s. 75, 9—24 *ist die z.* 1 *angekündigte erzählung.*

75, 6. *nicht* frowen, *s. zum Iwein* 3384.

75, 25. *Singenberg, der dies lied Walthern ausdrücklich zuschreibt* (*MS.* 1, 157ᵇ), *und Rudolf der schreiber* (*MS.* 2, 181ᵇ) *haben in ihren nachahmungen auch grade sieben zeilen. vergl. Lichtenstein s.* 443.

76, 2. o wi o wi *Bodmer. die interjection* ô *kennt das dreizehnte jahrhundert nicht. in Bertholds predigten s.* 249 *steht* o ir *für* ore: *vergl. s.* 277. *s. zum Iw.* 349.

76, 3. *gehört diese zeile hinter die folgende?* [194]

76, 14. [daz jaget der winter in ein strô, *das macht der winter verzagt. 'sie schwätzt ihn in einen strohhalm' führt Schmid wörterb. s.* 628 *als eine schwäbische redensart an. vergleichen lässt sich 'einen ins bockshorn jagen' und* in rutae folium conicere *bei Petronius. Haupt.* — *Fischart Garg. cap.* 8 ich wolt dich in ein stroh sauffen. *Haupt in der zs.* 15, 264.]

76, 21. "*das hochdeutsche* t *für slavisches* d *ist ganz recht und wie in* tuonowe, *wofür wir nachher wieder ohne noth* donau *geschrieben haben. auch* toberan *wird früher für* doberan *geschrieben.*" J. Grimm. *auffallend ist dass am ende das* g *fehlt* (lug *wiese, aue,* dobry *gut*), *wiewohl man auch* dobirluch *findet und in Menckens* scriptor. 2, 837 doberlau.

76, 31. *'wir sehnen uns nach der überfahrt ins gelobte land.'*

77, 23. *diese worte sind wohl nicht als schlachtruf zu nehmen: wenigstens weiß ich nicht dass sie so gebraucht worden sind. den auf mehreren kreuzzügen üblichen* (*s. Wilken* 4, *beilage s.* 34. 5, *s.* 37) deus, adiuva me, et sanctum sepulchrum *erwähnt auch Cäsarius von Heisterbach* (dial. mirac. 10, 12) *bei dem kreuzzuge von* 1190. *anstatt des alten* leisen (*vergl. Hoffmanns gesch. des kirchenliedes s.* 61. 129) 'In gotes namen vare wir' *in der Wiener meerfahrt* 283 *rufen im Renner* 10214 *die Baiern von denen dort dieselbe geschichte erzählt wird,* wol dan, helde, über mer! der künc kumt ouch mit sînem her.

77, 40. *deutlicher* helde.

78, 3. *genügt* sîn *für* den? *Wackernagel* 2, *s.* 193 *will* des heilegeistes. *allerdings findet man oft genug* der almahtigot, *und auch* der heiliggeist, *Maria* 59. 122, *arm. Heinrich* 863; *aber soviel ich weiß nur* des heilegen geistes, *höchstens* dem almehtingote, *Grieshabers altd. sprachdenkmahle s.* 12, dis almehtin gotis *Diutisca* 2, 297. [*in der beichtformel bei Müllenhoff denkm.* 230, 27 *hat die hs.* demo almahtigote, *in einer Heidelberger hs. des Augsburger stadtrechtes bei Wilken s.* 382 *steht* deş allmacchtigottes. *Haupt.* — *Sainte Marherete herausg. von Osw. Cockayne s.* 1 hâligâstes. *Haupt in der zs.* 15, 264.]

78, 8. *die verbesserung* helleheizem wallen *würde einen verkürzten dativ in den reim bringen: vergl. s.* 27, 18 an ze schouwen *in einem unechten liede und s.* 86, 23 *C.* wal *in den Nibel.* 1467, 3 *A scheint zwar nur ein schreibfehler zu sein: aber von Wackernagel* 2, *s.* 193 *und zu der angeführten stelle der Nibelunge sind sichere* [195] *beispiele gegeben.* den wal *Stricker* 11, 170, dem walle *Troj. kr.* 10701.

78, 24. *es wäre thöricht an der echtheit der lieder dieses tons zu zweifeln, obgleich sie uns nur in C überliefert sind.*

79, 17. [*ist erweiterung eines sprichworts. Haupt in der zs.* 15, 467.]

80, 30. *vergl. Wolframs Wilhelm* 52, 29. 189, 23.

81, 4. "*Der* Bogenære *ist graf Diether (nicht, wie Uhland s.* 42 *aus Dilich hat, Wilhelm) von Katzenelnbogen, dieses namens der zweite. er nahm* 1219 *das kreuz, war aber schon* 1222 *wieder daheim. ob er würklich im heiligen lande war, weiß man nicht.**) *er starb nicht lange vor* 1245. *über alles dies Wenk* 1, 265—267, *der nur darin fehlt, s.* 335, *dass er Diether den dritten* († 1276) *für den besungenen hält. Walthers worte* 80, 30 *deuten an dass sich Diether damahls in Polen oder Russland auf dem wege nach Griechenland befunden habe***)." J. Grimm.

---

*) *Er verließ das heilige land im sommer* 1220 *und rettete sich vor dem griechischen feuer saracenischer seeräuber durch schwimmen. s. Wilken* 6, *s.* 308.

**) *Oder vielmehr dass er sich eben zur abfahrt dahin rüstete. vielleicht aber bezeichnet Walther auch nur sprichwörtlich den* vremdesten man der ie ze Riuzen hûs gewan, *Iwein* 7584.

81, 7. [*Teichner s.* 24 *Karajan.* maneger spricht 'wær ich ein rise, ich wolde slahen jene und dise.'

81, 9. *Otloh in Pez thesaurus anecdotorum* 3, 2, 491 Bellator fortis qui se poterit superare. *K. M.*]

81, 12. [*in einem spruche* 210 *D* (*Hagens minnes.* 3, 440) Scham die man borget durch die geste, diu scham diu'nist niht gar nôtveste. *Haupt.*]

81, 20. '*zu undank* (*s. Wolfr.* [196] *Wilh.* 179, 29) *feil sein ist doppelt schmählich: dabei verliert ihr eure ehre, und es zielt doch nur auf hoffnung die teuscht.*' *die adjectiva* veile *und vorher* wolveile *stehn nach gewöhnlichem sprachgebrauch für die abstracta feilheit und wohlfeilheit. eben so erkläre man s.* 92, 1 *das participium* bî gelegen *durch den infinitiv* bî gelegen sîn.

81, 23. rich, *auch s.* 7, 34 *nach k. s. zum Iwein* 5522, *s.* 508 *und MS.* 1, 96^a. 2, 92^b.

82, 4. *der Stricker sagt*

Swelch goteshûs gemachet stât
und man ez wol gewîhet hât,
swer im den schaden danne birt,
daz ez der wîhe âne wirt,
der ist wert grôzer swære.
daz tuot islich huoræere
und islich huoræerinne.
daz si dâ heizent minne,
deist valsch nâch minne geslagen.
sô si den valsch beginnent tragen
für der minne münzære,
sô wirt ir buoze swære.

vergl. Benecke zum Iwein 360. [*Berthold s.* 265 *Kl.* sô hât der tiufel falsche minne geslagen ûf die wâre minne. *Haupt.*]

Die zweite abtheilung dieses buchs enthält eine reihe vermischter gedichte, die C 30—125 [130] *liefert, und von denen man in B nichts findet, in A unter Walthers namen nur drei, drei in der kleinen sammlung a, in E ein einziges* (*s.* 85, 34) *das vielleicht nicht einmahl echt ist. zwei töne die doch auch B hat,* 104 [109]. 124 [129]. 125 [130]. 363 [379]. 364 [380]. 112—116 [117—121] *C, habe ich lieber ins erste und zweite buch setzen wollen, damit dort die verbreitetern lieder beisammen stünden.*

82, 11. *Den spott auf herrn Gerhard Atzen verstehe ich nicht ganz.* "Gerhardus et frater eius Heinricus cognomine Atzo *zeugen in*

Biterolf 8055 er het in (*Dietrich seinen meister Hildebrand*) alsô gerne als einen Riuzen erslagen. *Helmbrecht* 1809 des hebt iuch, ungetriuwer Rûz, balde für die tür hin ûz.

einer urkunde des landgrafen Hermann, prid. non. Febr. 1196, ind. XV. *Vermischte nachrichten und anmerkungen zur erläuterung und ergänzung der sächsischen besonders aber der eisenachischen geschichte,* 3. *sammlung (von C. W. Schumacher), Eisenach* 1767, *s.* 42." M. Haupt. *er hatte dem dichter ein pferd erschossen und, wie es scheint, sich dem bezahlen durch einen s.* 104 *verspotteten nichtigen vorwand entzogen. hier wird nun dem diener der nach hofe reiten soll, statt des fehlenden rosses herr Gerhard Atze zu reiten angeboten. zum pferde fehlt ihm nur das heufressen, außerdem ist er gauch und affe. nur ist auf dies wandelbare thier kein verlass: wer es reiten will, muss zu fuße* [197] *gehen.*

82, 15. *nicht* ich rîte?

82, 23. *ursprünglich wohl ohne mittelreim und verständlicher* nû krümbe dîn bein selbe dar, sît Atzen hâst gegert. *sein bein zu hofe krümmen, dahin gehen, wie* 28, 23 *seine beine zum rathe biegen,* an den rât gên, *und wie bei Neidhart* 10 *A* (47, 5 *Ben.*) al die wîle und mir der stegereif ze hofe waget. *Spervogel* 19 *AC* sô dem nôthaften waget dur daz lant der stegereif.

82, 24. *Das gedicht Reinmars des älteren, von dem MS.* 1, 68ᵃ *nur zwei strophen stehen und eine* (45a) *fehlt, bezieht Docen* (*Museum* 1, 167. 216) *nach Bodmer (proben s. XXXII) auf den tod herzog Leopolds des siebenten* 1230, *und lässt danach Reinmarn und Walthern dieses jahr überleben*). aber warum könnte Reinmars klage nicht auf Leopold den sechsten gehen, der in den letzten tagen des jahres* 1194 *starb? ist doch der leich des von Rugge nach Docens richtiger erklärung gleich auf die nachricht vom tode kaiser Friederichs* (*erst november* 1190 *nach F. von Raumers gesch. der Hohenstaufer* 3, 10) *gedichtet: und kaiser Heinrich dem VI schrieb man liebeslieder zu, nicht etwa spät nachdem sich die erinnerung verdunkelt hatte, sondern im dreizehnten jahrhundert. die lieder Heinrichs von Veldeke sind vielleicht alle, die Friedrichs von Hausen alle, älter als* 1190 (*s. die anm. zum Iwein* 4431. 6943). *ja Hartmann lässt seinen längst verstorbenen armen Heinrich von Aue**)*

---

*) *Dass Reinmar gegen* 1220 *todt war, ist jetzt streng erwiesen: s. Haupt zu Hartmanns kleineren gedichten s. XII. XIV. vergl. zu s.* 83, 14. der alte *heißt er nur in der handschrift C, nicht weil er 'zu den ältesten minnesingern gehört,' sondern, wie es schon Adelung richtig nahm, weil* zwêne Regimâr *sind, in beziehung auf den von Zweter. einen zunamen hat her Reinmar nicht gehabt.*

**) *Nach den neuesten betrachtungen in Haupts vorrede s. XXI kommt man natürlich auf die Auer in der Ortenau [im Breisgau, Stälin wirtembergische geschichte* 2, 319. 762. *K. M.*] *zurück: dass aber die herren von Wesperspül an der Thur dahin gedient haben, wird freilich herrn von der Hagen* (*minnes.* 4, *s.* 262) *wohl niemand glauben.* Henricus de Owen *bezeugt im jahr* 1112 *der zäringischen herzoge Bertholds III und Konrads*

(71) *von minne singen: er war also gewiss nicht der meinung dass diese poesie erst bei seiner erinnerung (er mochte* 1170 *geboren sein) von den fahrenden an die edeln gekommen wäre. und so muss man auch, um die vierzig jahre die Walther sang* (*s.* 66, 27) *heraus zu bringen, seine ersten jugendversuche noch vor* [198] 1190 *setzen, etwa* 1187. *aber weiter als* 1170 *gehn die namen der liederdichter nicht zurück. älter sind Kürnberg und der burggraf von Regensburg nicht* (*s. zu den Nibelungen s.* 5); *Meinlo von Seflingen und Spervogel (Haupt, vorr. zu Hartm. liedern s. XVI f.) jünger als Kürnberg, weil sie einzeln schon überschlagende reime haben, selbst neben ungenauen: Dietmar von Eist bequemt sich sogar zu den künstlich verschlungenen versen der folgenden dichter. vielleicht er unter jenen allein: wenigstens gesellet nur ihn Heinrich vom Türlein zu Reinmars ebenfalls verstorbenen zeitgenossen* (die dô wâren), *Heinrich von Rucke, Friedrich von Hausen, Ulrich von Gutenburg, Haug von Salza. in dieser reihe ist wohl der von seinen kriegsgenossen so schmerzlich beweinte Friedrich von Hausen der bedeutendste: er, scheint es, versuchte zuerst künstliche töne, und zuweilen lieder von beträchtlicher länge mit strengerem zusammenhang**). *Heinrich von Veldeke, den erst der Marner als liederdichter lobt, wird Hausens weise gefolgt sein, so dass er sich höchstens durch den genaueren reim auszeichnete. — höchst schädlich sind irrthümer die durch missbrauch von urkunden das bild der deutschen poesie verzerren; dass Dietmar von Eist* 1143 *gedichtet habe, Leutold von Seven* 1147 *bis* 82, *Spervogel um* 1230. *so, wenn Gervinus (geschichte der deutschen dichtung* 1, *s.* 326) *auf solchen irrthümern fußend ganz richtig schließt, unter denen die das eigentliche minnelied 'aufs feinste ausgebildet und am reinsten gehalten haben' scheine uns der vorzüglichste ganz zu fehlen, wie soll man sich den, von* 1147 *an, mit seiner vollendeten ausbildung einsam denken zwischen den zarten naturlauten und der armen kunst der übrigen?*

83, 14. *von Wackernagel* 2, *s.* 159. 175 *nebst dem folgenden spruch richtig auf kaiser Otto bezogen, also zwischen* 1212 *und* 1215 *gedichtet. dass alle strophen dieses tons in Walthers zweiten aufenthalt in Thüringen* (*s. zu s.* 11, 6) *fallen, ist nicht erwiesen: es ist*

---

bestätigung des klosters S. Peter im Schwarzwalde, in Schannats vindemia litteraria 1, p. 160. Heinricus de Owon curtem suam, cum domo et omnibus quae ibi possidebat, S. Petro donavit in presentia domini sui Bertholdi tertii et fratris eius domini Conradi, *in Schöpflins* historia Zaringo-Badensis 5, p. 64. *der zeit nach kann dies der arme Heinrich sein. Hartmanns herr wird nur dann können als nachgewiesen gelten, wenn was wir von ihm wissen zutrifft, dass er um* 1196 *gestorben ist. der Reichenauer abt Diethelm von Krenkingen* (*Lassberg in Greiths* spicilegium Vaticanum *s.* 163) *kann es nicht sein, weil er nach* 37*jähriger regierung* 1206 *gestorben ist.*

*) *Die strophen* 11. 12 *C sind von* 1175. *s. Haupts vorr. s. XVI.*

unrichtig, wenn Docens vermutung (altd. museum 1, s. 167) so wahr ist wie sie mir noch immer scheint, die schon verstummte nachtigall aus Hagenau in Gottfrieds Tristan sei Reinmar: s. zu s. 20, 4. lange scheint Walther nicht mehr in Thüringen geblieben zu sein, seitdem er sich [199] *seinem jungen herrn, dem landgrafen Ludwig durch den spruch s. 85, 17 wohl eben nicht empfohlen hatte. in seine letzte thüringische zeit gehört vielleicht die erklärte sehnsucht nach Wien s. 84, 11 und der trotzige abschied s. 32, 7. wie bald er aber den trost den er s. 32, 16 bei Leopold sucht gefunden hat, ist nicht klar: erst 1219 rühmt er ihn darum, s. 34, 37. 35, 3. etwas früher, im sommer 1219, finden wir Walthern in Wien die rückkehr des herzogs von seinem kreuzzug (frühling 1217 bis juli 1219) erwartend, s. 28, 11. damahls ihrzt er ihn noch: die strophen mit dem vertrauten du, s. 32, 5. 35, 17, müssen wohl jünger sein. es sind die letzten: s. zu s. 35, 18. dass er 1216 oder januar 17 zugleich mit Leopold in Nürnberg war, aber ohne von ihm* hôfschen trôst *zu erhalten, ergiebt der spruch s. 84, 14 mit der anmerkung zu s. 20.* 83, 16. dâ] *oder* des. 84, 11. hirmen *bei Graff 4, s. 1304.*

[84, 13. Einen weiteren spruch im Reimarton enthält 1 w^XX, s. die vorrede p. XXVII.*]* 84, 14. *s. zu s. 10, 3.*

84, 20. *die fahrenden wollen nicht sagen dass der könig und die fürsten karg gewesen sind: sie sagen nur, unsere heimischen fürsten, die österreichischen, seien von so glänzender art, dass Leopold der einzige freigebige gewesen sein würde, wenn er sich nicht entschuldigt hätte dass er als gast nicht genug bei sich habe (vergl. Erec 2266, Parzival 775, 29). später 1219 rechtfertigt der dichter Leopolds damahlige sparsamkeit mit den zurüstungen zum kreuzzuge, s. 36, 1: denn ich denke der Nürnberger tag vom 1. mai 1216 wird gemeint sein, oder der vom 21. januar 1217, bei welchen beiden herzog Leopold anwesend war. an den hof könig Heinrichs vom 23. juni 1224 (Pertz.* leges 2, p. 569) *darf man nicht denken, weil Walther damahls wohl nicht mehr umher zog: s. zu s. 124, 7. in diese zeit aber gehört ein spruch bruder Wernhers, in dem der* künsterîche varnde man (Wirner 51 *J*) *meister Walthers entschuldigung der sparsamkeit Leopolds wie sonst genug anderes nachsang, als gegen den juli 1224 an den herzog und an andre fürsten neue aufforderungen zum kreuzzuge vom kaiser kamen und könig Heinrich um des dänischen Waldemars willen nach Sachsen ging.*

Siusâ wie wünneclîche der ûz Ôsterrîche vert!
sît er sich dur des obersten küneges êre
lîbes wîbes guotes und dar zuo der kinde hât bewegen.
daz er dâ her behalten hât, wie schône er daz nu zert!
mich wundert, swenne der künec gein Sahsen kêre
und er gein Akers, wederr dâ baz verdienen müge der Sælden segen.
daz ist ein sælicllchiu vart,

die got mit hundert tûsent lônen giltet.
swelch man sîn guot dar ûf erspart, [200]
der dunket mich ein gouch swern drumbe schiltet.
het ich getriuwet solher dinge an den von Ôsterlant,
dêstwâr im wær mîn schelten hiute und iemer unbekant.

dem bruder Wernher gehört dieser spruch wohl gewiss zu, obgleich er unter seinen tönen vereinzelt steht (MS. 2, 164^b): denn der einzige gleich gebaute, den ich kenne, ist den liebesliedern eines andern Wernhers angehängt, des von Teufen, MS. 1, 45^{ab}. sein ältestes bestimmbares lied ist es aber nicht, sondern eins von 1220, in dem könig Heinrich küneges kint *genannt wird,* 38 *J, nicht* keisers kint *wie in einem späteren MS.* 2, 163^a. *das jüngste ist von* 1248, 12 *J (Docens miscell.* 1, *s.* 99 *f.), wo für* zwênzic *offenbar* zwei *zu lesen ist. herr von der Hagen lässt ihn in absätzen funfzig jahr singen.*

84, 22. *gesang* draben *ist mir sonst nicht vorgekommen, und* mittelswanc *setzt wohl ein anderes bild voraus: auch wird der gedanke ein präteritum verlangen. vielleicht* ich traf dâ her vil rehte drîer slahte sanc.

84, 24. *ich lese* daz mir die rederîchen ie gelîche sagten danc.

84, 25. *der sinn scheint zu fordern* die drîe ir eime *oder* wem könd ich der drîer einen. *denn im folgenden ist offenbar wieder der hohe niedre und mittelsang gemeint, nicht aber leute von hohem niederm und mittelstand.*

84, 28. *erzbischof Engelbrecht von Köln ist der getreue* rât *(d. i. rathgeber, vergl. Reinhard* 1528 = *J. Grimms sendschreiben s.* 43) *oder wie es nachher* (85, 6) *heißt pfleger könig Heinrichs, der, längst für Sicilien gekrönt (s. Pertz.* leges 2, p. 229, 4), *im aprill* 1220 *zu Frankfurt gewählt, nach des vaters abreise (sept.) und kaiserkrönung* (22. *nov.* 1220) *von ihm die königsweihe zu Achen am* 8. *mai* 1222 *empfing. diese beiden strophen sind also frühestens von* 1221 *oder* 22. *dass die folgende s.* 85, 9 *zwischen Martini* 1225 *und Martini* 1226 *gedichtet ist, haben Köpke und Uhland schon ausgeführt. hat Walther vielleicht alle zu Würzburg gesungen? s. zu s.* 124, 7. *freilich ist unter den vier Würzburger urkunden könig Heinrichs, die Böhmers regesta von* 1222 *bis* 25 *angeben, so viel man sehen kann keine in der Engelbrecht vorkommt.*

84, 31. danken lân *und* 33. gesendet, *weil kaiser Friederich in Italien war.*

84, 33. kerzen *C nach Bodmer [so die hs.!],* herzen *nach der Bremer abschrift. ist auch vielleicht* kerzen *und nachher* hât *für* hânt *nur vermutung* [hat *C!*], *die ausdrücke* besengen *und* blenden *bestätigen sie, wie das ihr entsprechende* lieht *s.* 18, 15 *(denn* liet *ist sinnlos) von dem geschenke Ludwigs. beide mahle wird kerze oder licht gesandt und überbracht: der strahlende schein der gnade kann es also nicht sein. kerzen, etwa geweihte, als gabe geschickt ziemen weder den gebern noch dem empfänger. ein symbolischer gebrauch, dass der geber zum zeichen der begabung eine kerze bis zu dem* [201] *beschenkten gehen läßt* (vert *heißt es s.* 18, 17), *muss der sprichwörtlichen bezeichnung des geschenkes zum grunde liegen, ist aber bis jetzt nicht nachzuweisen.* [*anders Wackernagel bischofs und dienstmannenrecht von Basel s.* 43. *Haupt.*]

84, 34. dû hat *C nach der sammlung* [*so die hs.!*], dû hant *nach den proben. sie stach uns allen in die augen.*

84, 35. *viel augen sind hier zu lande blind geworden vor dem schein der kerze.*

84, 36. *wenigstens haben alle einen großen theil des weißen im auge zu mir gewandt, neidisch nach meinem glücke geschielt.*

84, 37. *mein nutzen und eure gnade hat ihren neid zu schanden gemacht.*

85, 27. *vielmehr* nâhe gelac. *die ganze strophe ist daktylisch.*

85, 31. *ich denke* nû alsô krump die rihtære sint, *und in der letzten zeile* waz nû geschehe dâ von, meister, daz vint.

85, 34. *unter Leutold von Seven hat A keine von den strophen die ihm B und C zuschreiben, sondern außer* 8 *sonst unbekannten eine von Wißenloh (zu der aber auch eine unter den* 8 *neuen gehört),* 3 *von Heinrich von Rugge,* 2 *von Dietmar von Aist,* 2 *vom burggrafen von Regensburg, und die sämmtlichen lieder Friedrichs des knechts: die übrigen zehn* (4—9. 43—46) *giebt C* (42—44. 175—177 [181 —183]. 180 [186]. 374—376 [390—392] *Walther von der Vogelweide, aber nur das lied an dem wir stehen mit zustimmung einer anderen handschrift.*

86, 16. der *C,* zer *AE*] *MS.* 1, 176[b] wie sol ich der werlde und mîner klage geleben? [202]

87, 3. [*Geiler von Kaisersberg im Brösamlin bl.* 62 wen ein wort nit ist als ein streich, da wirt auch niemer guots ufs. *Haupt.*]

88, 1. *Dies, um ein altes sprichwort eigentlich zu brauchen, 'ist kein gesetz an dem liede': denn hier stehen die stumpfen reime voran, die umkehrung giebt keinen sinn. ohne zweifel ist dieser spruch nicht von Walther, sondern aus Freidank* 57, 6 *hier beigefügt. (s. dagegen W. Grimm zu Freidank s. CXXVII, dessen verbesserung aber schwerlich genügt.) übrigens findet er sich noch in einer spruchsammlung des sechzehnten jahrhunderts,**) *und zwar ohne vermittelung des brantischen Freidanks* (*cap.* 52), *in folgender fassung:*

---

*) *In einer solchen erinnerte sich Uhland ihn gelesen zu haben. ich fragte meinen nachbar herrn von Meusebach, und war des erfolgs gewiss. er reichte mir ein dünnes büchlein in kleinem format über den zaun,* Eins Freyharts Predig, sampt hundert alten Sprüchen, der Welt Lauff betreffend, nützlich vnnd sehr kurtzweylig zu lesen. Getruckt zuo Franckfurt; *am ende* Getruckt zuo Franckfurt am Mayn, durch Johan Lechler, in verlegung S. F. vnd S. H. 1563. *einen andern als diesen feierabendschen druck erwähnt Benecke in den Göttinger gel. anz.* 1812 *s.* 1869. *den spruch hat auch Eschenburg, denkm. s.* 412

Ein ander schôner Spruch.
Welchem Mann glück ist beschert
Der ist daheim wo er vmbfehrt
Wil aber glück nicht zu dem Mann
So hilffts jn alles nicht was er kan
Vnd doch niemand geleben mag
Dreissig jar vnd einen tag
Ihm gebricht liebs *(so)* oder guts
Darzû weiszheyt oder nutz, *(so)*
Dann wir alle thûn nicht so sehr
Als das wir streben nach gut vnd ehr
Vnd so wir dann das alles erwerben
So legen wir vns dann nider vnd sterben.

88, 3. *die meisten handschriften Freidanks haben* im gebrest ê, *und vermutlich alle setzen* guotes *in die dritte,* muotes *in die vierte zeile.* [203]

89, 8. *dass ich nicht dafür kann, dass ichs nicht ändern kann.*

89, 20. *Bis hieher kann niemand der die dichter des dreizehnten jahrhunderts kennt gelesen haben ohne zu bemerken dass Walther in seinem einzigen tageliede sich selbst ganz unähnlich ist. auch wird einmahl erinnert, gewiss jeder zugeben dass es im stil Wolframs von Eschenbach sei. ganz das sehnsüchtige ahnungsvolle, die verbindung entfernt scheinender gedanken, die unverknüpften sätze, wie überall bei diesem dichter,* [*mit dessen liede s.* 7, 41 *unseres eine bestimmte ähnlichkeit zeigt, selbst in dem verstecken der reime.*] *gleichwohl bin ich nicht abgeneigt zu glauben, das gedicht sei von Walther, der,* [*wie sonst häufig Reinmars, hier*] *Wolframs art aus irgend einem grunde nachahmte,* [*unabsichtlich, meint herr von der Hagen, minnes.* 4, *s.* 182b] *vielleicht weil er sie eben für tagelieder geeignet hielt,* [*und weil, wie ich zu Wolframs liedern s. XIII bemerkt habe, die gattung von ihm erfunden war.**)] *denn wäre dies lied von Wolfram selbst.*

---

*) [*Auffallend ist dass von tageliedern, mit ausnahme der eschenbachischen, uns keine die Walther allenfalls erlebt haben könnte erhalten sind, ausser von O. von Bodenlaube und von Singenberg.* [*s. zu des minnes. frühl.* 143, 22. *Haupt.*] *dies wäre vielleicht in anschlag zu bringen bei der frage ob die sprüche s.* 38, 10—19 *und daselbst in der anmerkung z.* 1—20 *unserem dichter zuzuschreiben sind. die lieder des verspotteten Leutolds von Seven selbst heben in der handschrift A* (*s. zu s.* 85, 34) *mit dem anfange eines tageliedes an, zu dem ich die fortsetzung nirgend finde. tageweisen zum gebrauch der wächter hat gewiss nie ein namhafter dichter gemacht: wie alt ist aber sitte und wort? in Crescentia bl.* 71a dô die lerche sanc (gesanc) einen vrôlîchen ganc (sanc?), des morgenes, alse iz tagete, der wachtêre sagete ubir alle die burc mêre, daz sîn hêrre comen wêre (*in der umarbeitung z.* 284 der kamerære). *Herbort* 1295 des morgens, dô ez tagete, der wehter mêre sagete, er

so [204] *würde nicht* dû wil *im reime stehen, sondern* du wilt, *und es würden vermutlich die kecken und schwierigen ausdrücke nicht fehlen, die schlechte nachahmer für seine einzige eigentümlichkeit hielten, und hinter deren pracht und wunderlichkeit sie ihre gedankenarmut versteckten.* [*nicht einmal was Lichtenstein s.* 509, 14 *so anstößig fand, des wächters* lêre *oder* rât *oder* warnen, *wie es Wolfram nennt, hat unser dichter aufgenommen, sondern die liebenden hören nur eben des wächters morgenlied und lassen sich dadurch warnen, s.* 89, 35. 90, 10; *wie freilich auch bei Wolfram in der ersten seiner fünf tagweisen, s.* 1, 1: *in der fünften s.* 7, 43 *wird des wächters gar nicht erwähnt.*] — *ich bin hier gezwungen, wiewohl es anmaßend scheinen kann, mit dieser meinung mich nur an k e n n e r zu wenden. so lange man noch allerlei höchst kindischen urtheilen begegnet, Wolframs erzählung sei theilweise chronikenartig, der Titurel sei von ihm gedichtet, nur später umgearbeitet, muss man von den kennern die trägen absondern. die sich zum gesetz gemacht haben immer fünf oder sechs jahr zurück zu sein. werden sie sich niemahls aus dem schlaf ermuntern, und auch das augenscheinliche nicht sehen? dass z. b. der dichter des Parzivals und des heiligen Wilhelms sich nie ein wort von verehrung der jungfrau Maria entfallen läßt, wovon der Titurel voll ist.* [*geschrieben* 1826.]

89, 29. [= *Rubin* 20, 34 *Zupitza. K. M.*]

90, 15. *die folgenden lieder bis s.* 94, 10 *schreibt Walthern sonst keine unserer handschriften zu. doch stehen die zeilen s.* 93, 15—18 *in s nach den waltherischen strophen s.* 50, 27—51 *und vor einer die ihm wenigstens C giebt, s.* 52, 7, *auf die dann ein stück einer sicher echten folgt, s.* 50, 11. 12. [90, 24—91, 8 *auch in G*]

91, 17. *dasselbe versmaß in Reinmars liede MS.* 1, 71ᵃ Sage [205] daz ich dirs iemer lône. *nur in der letzten zeile unterscheidet sich die weise s.* 113, 31, *die Reinmar ebenfalls hat, MS.* 1, 72ᵇ West ich wâ man fröide enpflæge.

---

rief von der zinnen 'ich sie daz lant brinnen.' 4179 der wehter ûf der zinnen saz, sîne tageliet er sanc daz im sîn stimme erklanc von grôzme dône. er sanc 'ez taget schône: der tac der schînet in den sal. wol ûf, ritter, über al! wol ûf! ez ist tac.' *Heinrich vom Türlein* hie mit er zehant entslief. dar nâch vil snelle rief der wahter an der zinne. nâch der âventiure gewinne verslief er (*Gawein*) den morgen. *Ulrich vom Türlein s.* 65ᵇ schier si den wahtære hôrt, der gein dem tage blies die waht. *in Gudrun* 1530 *heißt es von Horands gesang am morgen* wem mac er ze dienste als ungefüege tagewîse bringen? *wo die beziehung auf den wächter verschwindet; wie in einer neueren handschrift ein lied wohl nur darum* Ein tag weis *überschrieben ist* (*Wackernagels lesebuch,* 2. *ausg.* 1, *s.* 615) *weil es anfängt* Got gebe der lieben guoten tac, *obgleich in derselben strophe folgt* und vergizze ir niemer an dem âbent guoter naht dar zuo.]

92, 12. [= *Rubin* 4, 21 *Zup.*]

92, 18—20. *noch mehr trost, als bei der sommerzeit und dem bloßen hoffen, ist bei der geliebten: denn ihre schönheit ist mehr als schönheit, sie ist anmut* (lieber lîp: *s.* 50, 6).

93, 24. 25. *etwa* ine weiz niht daz zallen fröiden hôher tüge, denne swâ ein wîp —

93, 32. verhêret] *die hüter schließen sie ein, und gegen mich ihr stolz. Benecke will* verherzet: *aber das kann ich mit den schlüsseln z.* 35 *nicht reimen.*

93, 38. *warum wird* næme *widerholt? ich glaube* und hete iemer.

94, 6. [= *Rubin* 17, 6 *Zup.*]

94, 11. *die vielen meist wenig bedeutenden abweichungen deuten auf zweierlei aufzeichnung aus dem gedächtniss. [durch die auffindung von* U^x *ergiebt sich eine berichtigung dieser ansicht. der CU gemeinsame fehler* 95, 8 *zeigt, daß beide hss. auf eine quelle zurückgehen, die in C wol gedächtnissmässig reproduziert wurde. A wird, wo U übereinstimmt, somit als echt erwiesen: damit fallen die gründe, auch für A gedächtnissmässige aufzeichnung anzunehmen. da ferner A ausser schreibfehlern nur eine sichtlich falsche lesart bietet* (94, 22, *aus* 94, 15), *während U und besonders C deren viele haben, so ergab sich für die kritik der grundsatz, A auch dort zu bevorzugen, wo sie gegen CU steht. Kraus.*]

94, 11—14 *sind zum anfang einer erzählung verbraucht in dem so genannten liederbuche der Hetzlerin s.* 183[a]. **[206]**

94, 20—23. [*Lachmanns text:* Ûf dem anger — dâ getroumde mir ein troum. ich was zuo dem brunnen gegangen von der sunnen.]

94, 22. 23. *in C ist die verbindung der gedanken besser.* [*doch s. zu* 11.]

94, 35. [*Lachmanns text:* mir niender wê.]

95, 7. [*Lachmanns text:* suontac.]

95, 32. ich vil leider, *ich der ich der geliebten leid bin? man sollte denken* ich nû leider.

96, 29. *von hier bis s.* 100, 23 *ist wieder nur C dafür zeuge dass die lieder von Walther sind.*

97, 32. *man lese etwa* dû solt mich des iedoch geniezen lân.

98, 14. *ist für* wol *zu lesen* niht, *und sind die hüter gemeint?*

98, 27. er frâget mich der lieben *scheint mir nicht deutsch: es müste* von *stehen. der dichter sang* Vil maneger frâget mich der mære, wer si sî.

98, 40. *vermutlich* brinc si des inne daz diu minne twingen kan. *denn die sich suchenden silben* iedoch frô: hie noch sô *statt des klingenden reimes, z.* 6. 9, *zeigen dass die zwei ersten zeilen der stollen zusammen gehören und nur durch inneren reim getrennt* **[207]** *sind. dies ist auch der fall bei den zwei ersten zeilen der stollen in dem liede s.* 93, 20, *wie man aus dem reim* gebenne: lebenne *sehen kann: denn Walther bedient sich zum klingenden endreime nirgend der dreisilbigen endungen, ja er reimt nicht einmahl* sagte: dagte, gerten: werten. *wer an herausgeber mittelhochdeutscher lieder die forderung* *stellt, innere reime überall von den endreimen zu unterscheiden, der sollte sie uns erst mit sicherheit erkennen lehren. oder kann etwa jemand der die weise des liedes 'Wie schön leucht uns der morgenstern' nicht kennt, wissen dass der abgesang auf folgende art will geschrieben sein?*

lieblich,
freundlich,
schön und herlich, groß und ehrlich, reich von gaben,
hoch und sehr prächtig erhaben.

100,15. aber *hat Walther sonst nicht nach schwäbischer art voran gestellt. vielleicht sagte er* wan.

100,35. *die abkürzung* gedenk *ist Walther nicht geläufig. vielleicht* gedenke wie ich dirz erbôt.

101,10. *etwa* des muoz ich jehen.

102,15. *Wackernagel vergleicht* 2, *s.* 176 *die nachahmung des Strickers* 12, 117—166 *in der kleinen sammlung von Hahn. dass Rudolf von Ems die vorher gehende strophe* meister Walther *zuschreibt,* [208] *ist bekannt: s. Altdeut. museum* 1, *s.* 563. *die drei folgenden töne giebt Walthern nur C, deren quellen im dritten buch überhaupt reicher waren als unsere.*

102,19. *vielleicht auch* mit gewalte.

103,9. "*derjenige dem eine solche frage lästig fällt, kümmert sich nicht darum ob er gut oder schlecht lebt: er will nur gut scheinen, nicht gut sein.*" Benecke.

103,17. *ich denke* spilende als ein kint.

103,23. *passender scheint* lât erz, des wehset wunder.

103,33. sprâche *Bodmer.*

104,23. *vergl. Wackernagel* 2, *s.* 158.

104,24. [*die bestimmte beziehung des ausdruckes auf gastfreundlichkeit habe ich in meiner zeitschrift* 6, 390 *gezeigt. Haupt.*]

104,32. *man sieht, Walther that auch was seinem herrn Otto dem IV vorgeworfen ward, er nannte die frauen* wîp *und die äbte* münche. *welcher ist der kaiser Otto, von dem bruder Wernher* (*MS.* 2, 165[a]) *ein wort anführt, das Walther* (*s.* 49, 20) *auch nachgesprochen hat,* mir ist umbe dich rehte als dir ist umbe mich? *Wackernagel meint* 2, *s.* 159, *Otto der große. Otto IV soll Friedrichen* den pfaffenkünic *genannt haben: bezieht sich darauf s.* 25, 22 der pfaffen wal, *und ist also die strophe zwischen* 1212 *und* 15 *gedichtet?* [*so O. Abel in der zeitschr. f. d. alt.* 9, *s.* 144. *Haupt.*] *aber es ist nicht erweislich dass Walther so spät noch in jener weise gesungen hat* (*s. zu s.* 25, 29. 10); *daher man die pfaffenwahl richtiger mit Wackernagel* 2, *s.* 126 *auf Ottos wahl am* 1. *mai* 1198 *deuten wird.*

104, 33. *Diese strophe steht in A einzeln zwischen liedern des zweiten buchs, in C unter den nachträgen aus A.*

105, 13. *Auch diesen ton vereinzelt A, und C giebt ihn unter den nachgetragenen. die erste strophe ist wohl 1215 kurz vor dem tode des landgrafen Hermanns gedichtet, der starb als er sich eben wieder von Otto hatte gewinnen lassen und im begriff stand sich mit ihm zu verbinden. s.* chron. S. Petr. Erfurt 1215 (*Mencken* 3, 242). [*s. zu* 11, 6. *Haupt.*]

105, 22. *ist* dûf *so viel als* diube? *W. Grimm führt dazu folgende verse aus* cod. vindob. 428. n° 212 *an,* swer ouch dem diebe sîner diufte machet stat, so enwirt er diuft nimmer sat. *im Tundalus* 50, 14 diufe unt roubes. [209] [*in Hartmanns Credo* 1777 mit diufe und mit lugene, *im welschen gaste* 7253 swer sich an roup verlâzen wil und an diuve, 7399 diuve, *in herzog Ottokars landfrieden im archiv für kunde österr. geschichtsquellen* 1, *s.* 58 iz sei diufe od raub, — ist aber daz guot diuflich. *Haupt.*]

105, 26. dro *A,* dû *C*] *mag eins oder das andre richtig sein, immer fehlt ein fuß, den ich so wenig zu ergänzen als den sinn der zeile zu errathen weiß. keins der folgenden sprichwörter scheint hieher zu passen.* liep machet liebe durch liebe ze diebe (*Neidhart im rosenkranz*), betwungeniu liebe wirt dicke ze diebe (*Freigedank* 101, 13), lieb würt umb lieb kaufft und verkaufft, liebe bringt (erwirbt) liebe, liebs zeucht (sucht) liebs (*Seb. Franckens sprichwörter* (1541) 1, 34 *rw.* 56 *rw. Gruters* proverb. Germ. *im* florileg. 2, 71. 72).

106, 4. *wir kennen nur das eine lob s.* 12, 5.

106, 7. *s. zu s.* 12, 3.

106, 11. *wie konnte Walther dem markgrafen nützen? und wann?*

106, 15. waz *scheint Bodmer in Casparsons vorr. z. Wilh. v. Or.* 1, III *für* waz dar umbe *zu nehmen. ich kenne kein solches* waz. *Walther droht* (*vergl. z.* 10. 11): *das richtige scheint also* wan, '*nur aber.*' *so auch W. Grimm zu Freidank s.* CII.

106, 16. erwirbet *verbessert Bodmer a. a. o. der dichter meint aber* '*manches geht verloren, weil man sich nicht darum bemüht.*' *Seb. Frankkens sprichwörter* 1, *bl.* 22 *vw. auch* 50 *rw.* 139 *rw.* Vil verdirbt das man nit wirbt. Es ist all tag jag tag. Treibs so gehets. Iage so fahest. Alzeit angel, so gewinst keyn mangel. *vergl. W. Grimm a. a. o. und altdeutsche blätter* 2, *s.* 29, 457 (= *Cato* 4, 9).

A hängt der liedersammlung des truchsessen von S. Gallen zuerst drei gesetze Reimars von Zweter an (106—108). *darauf folgen* (109. 110) *zwei strophen, von denen sonst eine Walther zugeschrieben wird und die andere sich auf jene bezieht* (*oben s.* 30, 29—31, 12). *unmittelbar dahinter stehen zum schluss die folgenden* (111—118), *die gewiss Walthers nicht unwürdig sind. dass die letzte nicht von ihm ist, sieht jeder: Singenberg schreibt man diese vielleicht richtig zu, denn sie ist in seinem ton* Der ich diene und al dâ her gedienet hân (72 *A*, 8 *B*, 8 *C*). [210]

106, 18. *soll auch hier ein innerer reim sein, so muss man schreiben* wirt daz ze rehte wol bereit *und z.* 20 hât er ein herze als man dâ seit.

106, 21. die treffe *A*] "*ich denke mir,* treffe *ist für* reife *verschrieben, und Walther will sagen 'die reife sind abgenutzt oder abgesprungen: ist nun auch der wein nicht kräftig, so taugt getränk und gefäß nicht; handlung und gesinnung.' da vom starken weine die reife bersten* (die reife brestent hart schier von starkem wîne, *Welsch. gast* 14[b]), *so müssen sie beim schlechten zusammen fallen: nämlich er füllt das fass nicht, verzehrt sich schnell.*" W. Grimm. *ich habe diese wunderschöne verbesserung ohne bedenken in den text gesetzt. die reife werden mit dem triebel angetrieben: die leere des fasses treibt sie hinunter, sie fallen ab. Haupt vergleicht aus Fischarts Gargantua cap.* 5 *s.* 104 da ihn das new faß anlacht, welchs hielte der fuder zwentzig siben, welche im recht die reiff antrieben.

106, 29. *verwitwet war das reich nach Heinrichs VI und nach Philipps tode: der könig der hier angeredet wird, muss entweder Philipp oder Otto sein. es handelt sich nicht darum, wer der bräutigam sein soll, — der könig ist schon gewählt: es wird gestritten, wer der braut binden solle, — wer dem könig das reich zu geben habe. Ottos neue wahl* 1208 *geschah ohne widerstand: hingegen bei Philipps krönung zu Mainz am* 15. *aug.* 1198 *war allerdings streit, die erzbischöfe von Köln und Trier weigerten sich den gebannten zu krönen. der vorwurf (die witwe ließ sich das gebände nicht von den streitenden parteien gut oder schlecht aufsetzen, wie damahls der könig die krone, sondern sie band ihr selber) liegt darin dass Philipp nicht von einem deutschen sondern von dem erzbischof von Tarantasia gekrönt worden war. dieser spruch ist aber nicht aus jener zeit (s. zu s.* 18, 36. 19, 36), *sondern er muss kurz vor der zweiten krönung gedichtet sein, bei der Philipp ganz in Walthers sinne, der fürsten wahlfreiheit anerkennend, königsnamen und krone ablegte und nach einstimmiger wahl am rechten ort, zu Achen, und vom rechten bischof, dem von Köln, gesalbt und geweihet ward* (6. *jan.* 1205).

106, 34. *ich vermute* Wan sol in schulde und êre geben, der manen dran geschiht.

106, 35. [*Lanz.* 6692 sît Lanzelet du Lac sîn selbes man sîn mahte, *Wigamur* 1339 alsô wart nâch ritterlîchen siten Wîgamur sîn selbes man, 1399 den zôch ich selbe in mînem hûs unz er wart sîn selbes man. *Haupt.*]

107, 6. *die welt wird nicht immer böser: im goldenen zeitalter Karls war weit* [211] *weniger recht als jetzt. nämlich damahls war die verwaltung des rechts einfach: jetzt kann ein ding und zugleich das entgegen gesetzte recht sein.*

107, 9. *der richter welcher dem ungetreuen sein unrecht für gut nimmt, kann ihm nicht schaden: das ist gutes gericht, — nachgiebiges ohne ernst.*

107, 34. *der fürst den der dichter beklagt starb jung: dies passt unter Walthers bekannten gönnern nur auf Friedrich von Österreich, der im 24sten jahre* 1198 *in Palästina starb. dass er* gelêret (litteratus) *gewesen, wird zwar nicht ausdrücklich berichtet: aber da der nachmahlige bischof zu Passau* (1215—1221) *Ulrich Leopolds lehrer heißt, so wird er den nur zwei jahr älteren bruder wohl auch unterrichtet haben. in der vorher gehenden strophe scheint der dichter zu erklären, er bliebe gern in Österreich, wenn er da ehre und gut hätte. er altre vor der zeit, sagt er: er mochte nicht viel über dreißig sein. wäre er* 1198 *im eigentlichen sinne vor seinen tagen gewesen, noch nicht einundzwanzig jahr, so hätte er mit neun jahren angefangen zu singen: s. zu s.* 82, 24. *woher kommt die angabe in Wackernagels lesebuch* 3, 2, *s.* 1495, *er sei nach* 1175 *am Rhein geboren?*

108, 8. nâch im *ist leicht vermutet, aber schwer die wortstellung zu rechtfertigen.*

108, 9. *besser* waz frumet nû swaz er ê der welte erkande?

108, 12. sît dem *ist wohl soviel als* sît diu (*Nibel.* 1109, 2), *und* ze wege *soviel als* en wege, ûf ir wege (*Iwein* 2166 *B, wo aber die echte lesart ist* ûz ir wege. *vergl. Maria s.* 117). *Erec* 2371 nû wârn die besten dâ ze wege geherberget nâch ir pflege.

IV.

Dass nur Eine strophe dieses buches von Walther sei, ist wenigstens äußerlich nicht zu beweisen. die alten sammlungen AB(D)a haben nichts davon, kein anderer dichter erwähnt irgend eine stelle daraus. "Den naiven wettstreit um die länge zwischen blumen und klee 114, 28 *müste Walther sich selbst abgeborgt haben, wenn das lied* Muget ir schouwen *s.* 51 *sein ist und nicht vielmehr Leutolds von Seven. auf keinen fall verleugnet sich hier Walthers schule, der vor* [212] *allen andern der von Singenberg angehört. nicht unwaltherisch scheint mir der ausdruck* wunder liebe machen 109, 17, ich liez ir wunder dâ 115, 11, wunder rede 115, 26, des si wunder treit 116, 26, *verglichen mit* bluomen wunder 21, 5, rôsen wunder 102, 35." J. Grimm. *besonders schwach ist die sicherheit bei den liedern s.* 109, 1—113, 30, *die in C von verschiedenen orten her zusammen gelesen sind und nicht einmahl die jüngeren sammlungen EF für sich haben.*

109, 1. *Die beiden ersten lieder sind der ersten großen sammlung in C angehängt, unmittelbar vorher* (344—347 [360—363]) *Raumelands lied* Got in vier elementen.

109, 19. *hier fehlt eine silbe, und der gegensatz ist unvollkommen ausgedrückt. es kann geheißen haben* dû lêrst trüeben muot ûz spilnden ougen lachen.

109, 27. *besser* ir wîbes güete.

110, 8. und wirt al mîn *Benecke.*

110, 10. danne] *in einem unstreitig echten liede* (*s.* 49, 2) *stand* denne
110, 16. des] *ich denke* der.
110, 17. *vielmehr* gescheiden von ir.
110, 23. *besser* ie *vor* fröiden.

110, 27. *Die nächst folgenden lieder setzt C* (374—389 [390—405]) *ans ende der nachträge die aus einer A ähnlichen sammlung genommen sind: doch steht noch eine nachgeholte strophe* (378 [394] = *s.* 41, 5) *dazwischen, und zwar nach den beiden liedern die auch A, jedoch unter andern namen, gewährt. ob diese in der A ähnlichen sammlung unter Walthers liedern standen, kann man bezweifeln, weil* 378 [394] *C nicht sogleich an der rechten stelle* (*hinter* 357 [373] *C*) *sondern erst später nachgetragen ist.*
110, 32. versinnent *AC*] [*Haupt in der zs.* 15, 256 *f.*]
110, 33. sung ich] *solche versschlüsse sind zwar auch bei guten dichtern nicht unerhört, wie* minn ich sorg ich *Iwein* 7437, rât ich *Freidank* 118, 10, lîd ich *Reinmar MS.* 1, 65ᵃ, ruoch ich *Reinmar* 82ᵇ (*Diutisca* 1, 94), suoch ich *in einer bei s.* 47, 16 *angeführten strophe: aber Walther hat in den sicherer echten liedern nichts ähnliches.*
111, 12. Niüne *A*] *unter diesem namen giebt A, nach dem leich und den liedern die ihm auch C zuschreibt, eine menge lieder von andern dichtern, sogar von Neidhart und Ulrich von Lichtenstein. vergl. die anmerk. zu s.* 117, 29.
111, 13. *Benecke* an wîz und rôt ganz- [213] lîcher stæte. *ich glaube* al wîz rôt, ganzlîcher stæte.
111, 14. ungemâlet *scheint den vers zu überladen. das übrige soll wohl bedeuten 'mag sie auch nicht baumwollenzeug, sondern nur leinen tragen.'* daz *ist richtig,* doch *wäre deutlicher.*
111, 16. *wohl richtiger* doch niene erbæte, *und dann* jâ hôrt ich gerne.
111, 22. *spott über folgende strophe Reinmars des alten, ohne zweifel vor seinem tode* (*s. zu s.* 82, 24. 83, 14).

Ich wirbe umb allez daz ein man
ze werltlichen fröiden iemer haben sol.
daz ist ein wîp der ich enkan
nâch ir vil grôzen werde niht gesprechen wol.
lob ich si sô man ander frowen tuot,
dazn nimt si niemer tac von mir für guot.
doch swer ich des, sist an der stat
dâ si ûz wîplîcher tugent nie fuoz getrat.
daz ist in mat.

111, 24. doch nieman *Benecke.*
111, 25. 26. *ich habe, da die überlieferung hier überall schlecht ist, zu setzen gewagt was zur sache dient,* ir sî mat *für* si sî. *nur indem er seine geliebte in der parodierten strophe über alle frauen erhub, hatte er sein spiel* verboten, *zu hoch verwettet* (*vergl. Wernher* 45 *J*),

nicht dadurch dass er sie anderswo (*MS.* 1, 68[b]) *seinen osterlichen tag nannte. noch deutlicher wäre* swenn andriu wîp —, in sî mat.

111,30. mîner frouwen *spöttisch, 'der dame'; wenn man nicht lieber das bestimmtere* sîner frouwen *will.*

111,32. *abweisende antwort auf Reinmars strophe*

> Mac ich, daz mirs mîn sælde gan,
> ab ir wol redendem munde ein küssen noch versteln,
> gît got daz ich ez bringe dan,
> sô wil ichz tougenlîchen tragen und iemer heln.
> und ist daz siz für grôze swære hât
> und vêhet mich dur mîne missetât,
> waz tuon ich danne, unsælic man?
> dâ nim et ichz und legez hin wider dâ ichz dâ nan,
> als ich wol kan.

ich glaube nicht dass Reinmar die provenzalischen oder die französischen verse nachahmt, welche Diez über die poesie der troubadours s. 253*f. anführt: aber form und art der älteren lieder, zumahl Hausens Veldecks und Reinmars, mit den welschen genau zu vergleichen wäre für die geschichte unserer poesie höchst wichtig. die bei den Deutschen seltenen körner* (*wie s.* 110, 17. 24. 119, 23. 32) *sind ohne* [214] *zweifel von den Welschen entlehnt: woher aber stammen pausen* (*wie s.* 66, 25) *und schlagreime* (*wie s.* 47, 16)? *und wer hat jede dieser künste zuerst gebraucht? unsre historiker werfen so einfache fragen gar nicht auf, geschweige dass sie sie beantworten sollten. ihnen ist nicht einmahl das plötzliche erscheinen zwei- und dreifüßiger verse ein eräugniss, ja selbst die daktylen nicht. wird die geschichte der andern künste auch so unfleißig behandelt? ist das auffinden der thatsachen nicht des historikers geschäft? oder ist das muster das Diez in der geschichte einer fremden poesie aufgestellt, bei unserer keiner nacheiferung werth?*

112,20. mich] *warum nicht nach der regel* mîn? [*Gottfried von Neifen* 29, 27 der ich mich für eigen jach, *der Tanhäuser MS.* 2, 60[a] daz ich mich ir für eigen jach. *Haupt.*]

112,23. *man lese* inme herzen.

112,35. *'ein schwaches lied', sagt Simrock* 1, *s.* 193 *mit recht. es ist Walthers unwürdig.*

113,31. *Hier folgen die lieder die C von* 390 [406] *bis* 441 [464] *aus der sammlung nachgetragen hat, die uns in E erhalten ist. ob auch* 442—447 [465—470] *C dazu gehören, ist, wenn auch wahrscheinlich, doch nicht ganz sicher, weil der handschrift E etwa vier blätter* (70 *strophen, wenn nicht das* getiht des Ruphermans *abzurechnen wäre*) *am ende fehlen. ich habe die neuen strophen* 442 [465] *und* 444 [467] *dahin gesetzt wo B und C die dritte bedeutendere haben*

(2, *s.* 65*f.*). 445—447 [468—470] *giebt C noch einmahl unter* meister Heinrich Teschler (*MS.* 2, 90[ab]), *dem sie weit eher gehören. noch habe ich* 401—403 [418—420] *C*=42—44 *E hier ausgelassen und dahin gestellt wo schon zwei gesetze davon standen* (*s.* 70).

113, 31. *s. zu s.* 91, 17. [215] *[Vor diesem liede steht in* U^x *eine strophe, die in e* (376) *unter Reimar steht, s. MF. [Vogt*[2]*] s.* 436.*]*

113, 31. [*Lachmanns ohne kenntniss von* U^x *hergestellter text bot*: 114, 2. wîle sô enhulfe ez niht; 4. muot ist kûme eines; 5. 6. Wil er mich vermîden mêre, sô versuochet; 8. ich muoz verjehen; 12. 13. mich twingent in dem herzen mîn beide den âbent und den morgen; 19. ich ouch im vil.] [215]

114, 4. [*das ursprüngliche bietet auch UF nicht, denn der syntaktische einschnitt fällt nach ausweis der übrigen schlusszeilen hier um einen fuss zu früh. aber UF helfen wenigstens von dem hiatus.*]

114, 20. in mîme] *besser* inme.

114, 23. [*Lachmanns text bot* 25. hôrt; 27. wider den grüenen klê; 29. seit ich; 115, 1. wære an fröide ein; 3. alle.]

114, 34. *der zeile fehlt ein fuss, etwa* sêre *vor* wære. [*so Lachmann ohne kenntniss von* U^x.] *[*115, 5. *Hierauf folgen in* U^x (15. 16) *die strophen vorr. p.* XXV.*]*

116, 4. *vielleicht* si wil nidern sich. *Benecke* Wils anders niht wan daz. Wie stât — 116, 15. *etwa* wan alsô.

116, 30. *dass sie zauberkünste verstehe, das soll man aufgeben* (übergeben, *vergl. Morolf* 2850. *Boner* 30, 25. *Amur* 105 — *eigentlich im spiel etwas vorgeben Wilh.* 2, 162, 22, *und sich dadurch schaden Wigal.* 6371): *aber ihr reizendes wesen macht mir schmerz und lust.*

116, 33. *ich habe diesen ton von dem folgenden getrennt. sogar bei Ulrich von Lichtenstein, der doch selbst seine lieder zusammen schreiben liess, stehn auf s.* 421 *zwei strophen die hinter s.* 419, 21 *gehören: ohne zweifel waren sie auf dem rande nachgetragen, und fehlen daher der handschrift C gänzlich.* [216]

117, 13. *vielleicht* deist nû, *die ehemalige freudigkeit ist nun,* sender muot mit gernder arebeit.

117, 29. Niûne *A*] *unmittelbar vor der strophe* Selpvar ein wîp (*s.* 111, 12). *C und E [sowie* U^{xx}*] vermischen das folgende lied oder bruchstück mit diesem: aber das versmaß ist in der ersten zeile des abgesangs verschieden. die beziehung auf s.* 42, 31—36 *bezeichnet den verfasser; den wahren, glaub ich. vergl. s.* 97, 34—98, 5.

118, 16. *über guten und bösen* aneganc *s. J. Grimm in den Wiener jahrbüchern* 32, 222 *und mythol. s.* 1072. *ich glaube, ein mädchen spricht wie bei Reinmar MS.* 1, 81[b] *und nennt sich einen* unsæligen lîp.

118, 17. "*In dieser zeile liegt ein wortspiel. 'dem begegnet unglück' kann eben so gut heißen dem' widerfährt unglück' als 'dem kommt unglück in leibhafter gestalt entgegen.' über* aneganc *s. noch Rudolf chron.* mihi 214. *Brem. wb. b.* 3, 192." Benecke. *[*118, 23. *Hierauf folgen in* U^{xx} (3. 4. 5. 6) *die strophen vorr. p.* XXV *f.]*

118, 28. *etwa* seht, sô stîgent. *dies vermutet auch Benecke.* [217]

119, 32. *man lese* seht, dô schôz mir *oder* dô schôz mitten.

119, 34. diu stat *für* state *ist in einem liede das Walther zugeschrieben wird höchst auffallend, weit mehr als im Biterolf* 7026, *im Wigalois* 4786. 11581, *im Georg* 2239. *besser wäre* gestat: *s. zum Iwein* 7654 *und Benecke zu* 2190.

120, 24. *wenn man liest* dazs an mir niht versûme sich, *so stimmt das maß dieser strophe vollkommen mit drei andern überein, die A und C Hartmann von Aue geben* (*s.* 16, 25—18, 4 *bei Haupt*), *und die mit einer vermehrt E unter Walther* 121—124 *von unserer durch das dazwischen gesetzte lied s.* 119, 17—120, 15 *trennt. dem sinne nach schließt sie sich an die vereinzelte, welche zu den zwei hartmannischen nicht passt, bei Haupt s.* 17, 13 (Hartm. 3 *A*, 44 *C*, Walth. 123 *E*).

Mîn êrste rede dies ie vernan,
dienpflenc si deiz mich dûhte guot;
unz si mich nâhen zir gewan:
zehant bestuonts ein ander muot.
swie gerne ich wolte, ich enmac von ir niht komen:
diu grôze liebe hât sô vaste zuo genomen,
daz si mich niht enlæzet frî:
ich muoz ir eigen iemer sîn.
nu enruoche, êst doch der wille mîn.

und auch die A und C fehlende strophe ist ähnliches sinnes (Walther 124 *E*, heren Walthers zanch 29^4*s*),

Swer giht daz minne sünde sî,
der sol sich ê bedenken wol.
ir wont vil manic êre bî, [218]
der man durch reht geniezen sol,
und volget michel stæte und dar zuo sælikeit:
daz immer ieman missetuot, daz ist ir leit.
die valschen minne mein ich niht:
diu möhte unminne heizen baz:
der wil ich immer sîn gehaz.

wenn diese strophe, die der dichter einer zu s. 44, 34 *gegebenen z.* 5 *bis* 9 *sich zueignet, nicht zugleich mit den beiden andern entstanden ist, so darf man vermuten dass diese beiden andern ihren eigenen ton haben und in den letzten zeilen* nû enruoche *und* dazs an mir ouch *zu lesen ist. über den verfasser giebt die form* vernan *schwerlich eine entscheidung: Walther hat* genan *s.* 63, 3 (*nicht s.* 31, 11), kan *s.* 106, 26 (*nicht s.* 115, 26), *Hartmann sonst nur, wie viele dichter, mit langem vocal* œhein *und* ruon: *s. Haupts vorrede zu den liedern s. VI.*

---

10. Wer saget *s.* 11. sich versinnen *s.* 12. manige *E*, menige *s.* 13. genesen *s.* 14. Der volget michel truwe und stedicheit *s.* 15. immer *fehlt s.* ir *s*, mir *E.* 16. der valschen minnen dye in meyn nicht *s.*

120, 31. *vor* fröiden *fehlt* der, an, hôher, *oder* aller.
121, 18. eht *C*, ich *EF*] [*Rubin* 3, 15 *Zupitza.* son ruoche ich waz ich kumber dol. *K. M.*]
122, 7. ouwê dir Welt *Benecke.*
122, 13. *verständlich wäre* sô selch als [219] ich armer bin: *so wäre ich wohl als reicher thor eben so viel werth als so beschaffen* (*d. h. als so weise*) *wie ich armer bin.*
122, 24. *die zwei letzten zeilen der stollen und die beiden vorletzten des abgesangs scheinen nur durch innere reime getrennt zu sein. Wackernagel bezeichnet in der zweiten ausgabe seines lesebuchs sp.* 390 *das ganze lied als unecht: ich kann nicht einsehen warum.* [*Wackern. altfranz. lieder und leiche s.* 218. *Haupt.*] *die vermutung Simrocks, dass Walther z.* 24 *auf den eingang des Parzivals* 1, 20—25 *weise, hat beifall gefunden: mir scheint sie bedenklich, weil Walther wohl wuste dass Wolfram nicht* l a s (*s. zu Wolfram s. IX*), *und weil dieser von des* b l i n d e n *traume spricht. es bleibt also das gedicht noch zu finden, auf welches Walthers anspielung zielt.*
122, 34. 35. *vergl. s.* 43, 33. 34.
123, 4. kan *Wackernagel.* ich verstân *steht auch s.* 71, 27.
123, 11. gebære *müste für* gebâre *stehen. Benecke* daz er niht swære an mir verbære.
123, 15. *etwa* zer sælde gedingen.
124, 7. geborn *CE*] *die sinn- und reimlose lesart hätte nicht teuschen dürfen. es ergiebt sich aus s.* 32, 14. 84, 20. 107, 25 (*vergl. die anmerkung zu s.* 34, 18) *dass Walther von kind auf für einen Österreicher gegolten hat: ihm ein andres geburtland zu suchen ist grundlos, und ist unnütz, wenn man ein altes geschlecht von der Vogelweide doch nirgend nachweisen kann**). *wissens werther ist ob er vielleicht die letzten jahre seines lebens, etwa* [220] *sieben bis acht, sich zu Würzburg aufgehalten hat, wenn auch arm* (*s.* 125, 5), *doch wie es nach der erzählung von seinem vermächtniss* (*Uhland s.* 153*f.*) *scheint ohne zu darben, aber nicht heiter. nach* 1219 *finden wir ihn weder am österreichischen hofe* (*s. zu s.* 35, 18. 83, 14) *noch an einem andern: er darf aber mit dem erzbischof Engelbrecht vertraulich reden, und der kaiser sendet ihm ein geschenk* (*s. zu s.* 84, 28. 31. 33).

---

*) *Nach der vermutung des herrn von der Hagen* (*minnes.* 4, s. 160[b]) *hat er erst mit seinem lehen den namen willkürlich angenommen. aber das lehen erhielt er nicht vor* 1220: *den namen nennt Gottfried* 120 7/8, *Wolfram* 121 5/6, *und Singenberg* (*s. zu s.* 28, 10) 12 19/20 *noch ehe sein meister die erbetene feste wohnung bekam. wenn, wie Lucas meint* (*über den krieg von Wartburg s.* 229), *der dichter seinen namen von dem vogelfan en Walthers von Spanien entlehnt hat, so muß ihm dies in der sage wichtiger erschienen sein als uns in dem lateinischen gedichte* (*v.* 419), *nach welchem eher sein fischen* (424) *bedeutend ist* (434. 442). *woher Lucas die bezeichnung* Waltharius auceps *nimmt, weiss ich nicht.*

124,13. *hier kann unter andern herzog Leopold gemeint sein, der am ende des jahres* 1227 *daheim war.*

124,16. flac *C*] *kann eine flake, ein fischernetz, gemeint sein? Georg* 1333 mîn kleinez her — fünf hundert und niht mêre: daz was als der eine bêre (*fischreuse*) wirfet in den breiten sê. *Bodmer* (*proben s.* 270) *und Uhland verbessern* slac, *womit Benecke vergleicht MS.* 2, 253[b] [*Winsbeke* 35, 10] in einen bach ein slac. *so Neidhart* 7 *B* (*in Graffs Diutisca* 1, 106) ich wil noch hiute in îsen howen sam in einen wâc. *vergl. J. Grimms rechtsalterthümer s.* 108. *J. Grimm führt ferner an MS.* 1, 155[b] (*wo* bach *aus A einzuschalten ist*), *Wackernagel Gervelin* 12 *J, Haupt seine zeitschrift* 1, 131, [*Moriz von Craon* 357 als in daz mer ein slac.] *und Eyering* 1, 19 (Wie man auch spricht zu aller frist, Wenn jemands (*fehlt* müh?) vergeblich ist, Es ist nichts denn ein wasser schlagen).

124,18. 19. tuont, stuont] *ich glaube* gânt, stânt. *Wackernagel will z.* 19 den ê vil freweclîchen; *wobei, wie Haupt bemerkt, hinter* tuont *stärker zu interpungieren wäre: ist aber das widerholte* tuont *zu loben?*

124,26 *s. zu s.* 10, 1. 14, 38.

124,28. *etwa* ich lebte ê wol.

125,6. jon *Wackernagel.*

Verzeichniss der strophenanfänge.

wie kumt daz ich so wol verstan 124^{a} III, 71
der anegenge nie gewan 126^{b} III, 78
in einem zwivellichen wan 142^{a} II, 65
ein tumber wan 141^{b} IV, 122
mich hat ein wünneclicher wan 124^{a} III, 71
wer sol dem des wizzen d*anc* 110^{a} III, 97
man hohgemac, an friunden kranc 126^{b} III, 79
nu sing ich als ich e sanc IV, 117
ich drabe da her vil rehte drier slahte sanc 105^{b} III, 84
disen wünneclichen sanc 140^{a} IV, 118
die losen scheltent guoten wiben minen sanc 120^{b} II, 58
min alter klosenære, von dem ich so sanc 109^{a} I, 10
do er den tievel do gesch*ande* 104^{b} I, 15
wol mich der stunde, daz ich sie erkande 135^{a} IV, 110
dar nach was er in dem lande 105^{a} I, 16
da hin da her wart nie so wert in allen tiuschen l*anden* III, 107
owe waz eren sich ellendet [von] tiuschen landen 103^{b} I, 13
ir fürsten, die des küneges gerne wæren *ane* 131^{a} I, 29
diu kristenheit gelepte nie so gar nach wane I, 33
ich han des Kerndæres gabe dicke enpf*angen* 132^{a} I, 32
ich kam gegangen 113^{b} II, 39
herzoge uz Osterriche, ez ist iu wol ergangen 135^{a} I, 28
ich han gegen ir mangen s. XXVII
mir hat ein lieht von Fr*anken* 111^{a} I, 18
die wile ich weiz dri hove so lobelicher m*anne* 133^{b} I, 34
do beduhte mich zeh*ant* 109^{a} III, 94
nemt, frowe, disen kr*anz* 125^{a} III, 74
AR. der blic gefröwet ein herze g*ar* 108^{b} III, 92
Minne was min frowe so gar 120^{a} II, 57
ez troumte, des ist manic jar 129^{a} I, 23
wer gesach ie bezzer jar 139^{b} IV, 118
wære ich bi ir tusent jar s. XVIII
owe war sint verswunden alliu miniu jar 141 IV, 124
als ich mit gedanken irre var 114^{a} II, 41
ich wil nu teilen, e ich var 115^{b} II, 60
si sehe dazs innen sich bewar 141^{a} IV, 121
mirst diu ere unm*ære* 112^{b} III, 102
bin ich dir unmære 117^{b} II, 50
frowe, vernemt dur got von mir diz mære 137^{b} IV, 112
ich han dem Missenære 136^{b} III, 106
ich trage in minem herzen eine swære 137^{b} IV, 112
frowe, ich trage ein teil ze swære 123^{a} III, 69
vor den merk*æren* 110^{b} III, 98
genuoge herren sint gelich den gougelæren 132^{b} I, 37
der künec min herre lech mir gelt ze drizec m*arken* 130^{a} I, 27
ligents an angest unde w*arme* s. XVII
von Rome vogt, von Pülle künec, lat iuch erb*armen* 131^{a} I, 28
do er sich wolte übr uns erbarmen 104^{b} I, 15

Vergleichung der bodmerischen seitenzahlen mit gegenwärtiger ausgabe.

MS. I, 101=3, 1—6, 30. 102=6, 31—10, 5. 103=10, 6—12, 5. 13, 5—27. 104=13, 28—15, 40. 16, 8—24. 105=16, 1—7. 25—35. 82, 11—84, 27. 106=84, 28—87, 16. 107=87, 17—91, 16. 108=91, 17—93, 36. 109=93, 37—96, 31. 110=96, 32—99, 24. 111=99, 25 — 101, 34. 18, 15—28. 112=101, 35—103, 25. 64, 31—65, 32. 113=103, 26—104, 32. 16, 36—17, 10. 18, 1—14. 39, 1—40, 26. 114=40, 27—43, 18. 115=43, 19—45, 36. 60, 34—61, 7. 116=45, 37—47, 35. 48, 12—49, 11. 117=47, 36—48, 11. 49, 12—51, 37. 118=51, 38—54, 12. 17—36. 119=54, 13—16. 37—55, 1. 8—57, 22. 120=55, 2—7. 57, 23—60, 12. 121=60, 13—33. 64, 4—12. 61, 8—63, 9. 122=63, 10—64, 30. 66, 5—67, 19. 123=67, 20—71, 14. 124=71, 15—73, 22. 35—74, 1. 125=74, 2—35. 75, 9—77, 34. 126=77, 35—80, 26. 127=80, 27—82, 10. 18, 29—19, 28. 20, 16—19. 128=20, 20—23, 10. 129=23, 11—25, 36. 130=25, 37—26, 2. 23—27, 36. 28, 21—29, 14. 131=29, 15—24. 30, 9—18. 26, 3—12. 28, 1—10. 30, 29—32, 13. 132=32, 14—36. 33, 21—34, 23. 37, 34—38, 9. 35, 17—26. 36, 1—14. 133=36, 15—37, 33. 33, 1—10. 34, 24—35, 16. 134=35, 27—36. 109, 1—16. 25—110, 12. 135=109, 17—24. 110, 13—26. 71, 19—26. 28, 11—20. 12, 6—13, 4. 17, 11—15. 136=17, 16—38. 104, 33—106, 16. 73, 23—34. 74, 10—19. 75, 1—8. 137=75, 17—24. 110, 27—113, 6. 41, 5—12. 138=113, 7—115, 29. 139=70, 1—21. 115, 30—118, 17. 140=118, 18—121, 2. 141=121, 3—124, 8. 142=124, 9—125, 10. 65, 33—66, 20.

www.ingramcontent.com/pod-product-compliance
Lightning Source LLC
LaVergne TN
LVHW042236300926
849161LV00003B/368